Beobachtungen

und

Entdeckungen

aus der

Naturkunde

von

der Gesellschaft naturforschender Freunde

zu Berlin.

Zweiter Band.

Mit Kupfern.

Berlin,

bey Friedrich Maurer, 1788.

Vorerinnerung.

Bey Ueberreichung dieses Bandes, welcher, wie die vorigen, eine Sammlung wichtiger und schätzbarer Aufsätze enthält, haben wir unsern Lesern nichts weiter zu sagen, als daß die Gesellschaft nunmehro der verheissenen Königlichen Gnade theilhaftig, und in den Besitz eines Hauses gesetzt worden ist. Außer dem ist bey unserer Societät im verflossenen Jahre keine Veränderung vorgefallen, und wir begnügen uns also blos diejenige verdienstvolle Gelehrte nahmhaft zu machen, welche in diesem Zeitraume unserer Verbindung beygetreten sind, von deren Bestrebungen unsere Societät wichtige Vortheile zu erwarten, berechtigt ist.

Als ordentliches Mitglied ist

der Königliche Ober-Bergrath Herr Ferber aufgenommen.

Zum hiesigen Ehrenmitgliede ist erwählt:

der Königliche Geheime Ober-Finanz-Krieges- und Domainen-Rath, wie auch Ober-Hof-Bau-Intendant, Herr von Wöllner.

Als auswärtige Ehrenmitglieder sind unserer Gesellschaft beygetreten:

Herr P. E. Abilgaard, der Arzeneygelartheit Doctor öffentlicher Lehrer und Vorsteher der Königlichen Vieh-Arzeney-Schule zu Kopenhagen; der Königl. Dänischen und Norwegischen Gesellschaft der Aerzte, und der physiographischen, zu Lund Mitglied.

Herr Fr. Jacob Bindheim, Apotheker zu Moskau.

Don Pausto d'Elhuyar, Königl. Spanischer Generaldirector sämmtlicher Bergwerke in Mexico.

Herr

Herr Johann Gottlieb Groschke, der Arzeney Gelahrtheit, Doctor und Professor der Naturgeschichte zu Mietau.

Freyherr Carl Wilhelm Benno von Heinitz, Churfürstl. Sächs. Kammerherr und Berghauptmann zu Freiberg.

Herr Wilhelm Herrschel, Astronom und Mitglied der Königl. Londner Societät der Wissenschaft.

Herr Paul Erdmann Isert, Doktor der Arzeney-Wissenschaft in Guinea

Herr August Wilhelm Knoch, Hofmeister am Carolinum zu Braunschweig.

Herr Christian Friedrich Ludewig, der Weltweisheit und Arzeney-Gelahrheit Doktor, Professor der Naturgeschichte, Mitglied der ökonom. Gesellschaft zu Leipzig.

Herr Blasius Merrem, D. der Weltweisheit und Prof. zu Duisburg.

Herr Johann David Schöpf, D. der Arzeney-Gelahrtheit und Leibarzt in Anspach.

Herr

Herr Johann Hieronymus Schröter, Königl. Amtmann zu Lilienthal bey Bremen.

Herr Georg Christoph Silberschlag, General Superintendent der Altmark, in Stendal.

Herr ** Stoutz, Königl. Spanischer Aufseher über sämmtliche Bergwerke in Spanien: Correspondent der Königlichen Akademie zu zu Turin.

Herr ** Titius, Doktor und Aufseher des Naturalienkabinets zu Dresden.

Herr Johann Friedrich Westrumb, Apotheker zu Hameln; Mitglied der Churfürstl. Maynzischen Akademie der Wissenschaft zu Frankfurt.

Durch den Todt sind unsrer Societät, der Hr. Bergmeister Lommer zu St. Georgenstadt und der Pastor Frisch in Grüneberg entrissen.

Innhalt des 2ten Bandes.

VII.

Innhalt des 2ten Bandes.

XVI.

Innhalt des 2ten Bandes.

Maschi=

Innhalt des 2ten Bandes.

Beobachtungen
und
Entdeckungen
aus der
Naturkunde
von
der Gesellschaft naturforschender Freunde
zu Berlin.

Zweiten Bandes Erstes Stück.
Mit einer Kupfertafel.

Berlin,
bey Friedrich Maurer.
1787.

I.

Beschreibung neuer Blatkäferarten,

von

Cl. Fr. Hornstedt.

1ste Tafel.

Unter denen Insekten, welche ich auf meiner indischen Reise zu beschreiben Gelegenheit gehabt habe, finden sich auch folgende Chrysomelen, die noch nicht beschrieben sind.

1. **Der japanische Blatkäfer,** Chrysomela japonica. Fig. 1.

Eyrund, braun, der Brustschild fahl, mit einem Hinterrande, und fünf schwarzen Punkten, die Deckschilde schwarzblau.

Chr. ovata, testacea, thorace livido, margine postico, punctisque 5 nigris, elytris nigro-coeruleis.

Aus Japan; ich fand sie in einer Insekten-Sammlung, die aus Japan nach Batavia im Jahr 1783 gebracht worden.

So groß, wie Chrys. alvi, der Leib eyrund, ohne Rand. Der Kopf runzlicht, schwarz, am Maule abgestuzt. Die Lippe ganz, schwarz. Die Kinnladen halb cylindrisch, schwarz. Von den 4 Freßspitzen ist das äussere Paar oben dicker, das innre Paar faden-

 förmig.

förmig. Die Augen rund, aschgrau mit einzelnen schwarzen Flecken. Die Fühlhörner stehen vor der Stirn, sind paternosterartig, doppelt so lang, als der Brustschild, die zwey untersten Glieder rostfarbig, die übrigen zehn schwarz. Der Brustschild ist gerandet, glänzend, fahl, der Hinterrand nahe am Schildlein schwarz, vier schwarze Punkte stehen in der Breite neben einander, der fünfte kleinste in der Mitte läuft mit dem Hinterrande zusammen. Das Schildlein dreyeckig, schwarzblau. Die Deckschilde sehr gewölbt, schwarzblau, gerandet, glänzend. Die Flügel durchscheinend schwarz, adrig. Die Brust schwarz; der Bauch gewölbt, gelb, die fünf Ringe haben zehn schwarze Flecke. Die sechs Lauffüsse schwarz, die Hüften doppelt so breit, als die Schienbeine, diese so lang, als die Hüften, die Fußblätter haben drey Glieder, wovon das erste länger ist; am Ende stehen zwey Klauen.

2. **Der rostfarbige Blatkäfer.** Chrys. ferruginea. Fig. 9.

Eyrund, Kopf, Brustschild und Füsse rostfarbig, die Deckschilde schwarz kupferglänzend, der innre Rand rostfarbig.

Chr. ovata, capite, thorace pedibusque ferrugineis, elytris nigro-aeneis, margine interiore ferrugineo.

Er ist in Malakka, Sumatra und Java zu Hause.

Der Leib eyrund, die Grösse und Gestalt der Chr. marginata, ohne Rand. Keine Lippe; die Kinnladen stark, mit scharfen Spitzen, rostbraun; zwey fadenförmige Freßspitzen. Die Augen rund, schwarz. Die Fühlhörner beym Männchen schnurförmig, ausserhalb dicker, so lang, wie der Brustschild, die ersten fünf Glieder rostfarbig,

farbig, die übrigen sechs schwarz, der Brustschild schwach gerandet, rostfarbig, glänzend. Das Schildlein dreyeckig, rostfarbig, die Deckschilde gewölbt, schwarz kupferglänzend, der Aussenrand schwach rostfarbig. Die Flügel durchscheinend, adrig. Von den Bauchringen sind vier schwarz kupferglänzend, das lezte rostfarbig. Die 6 Laufsüsse rostfarbig. Die Hüften wenig dicker, als die Schienbeine, diese so lang, als die Hüften, die Fußblätter dreygliedricht, mit einer doppelten Klaue.

3. **Der zweybindigte Blatkäfer.** Chrysomela bifasciata. Fig. 6.

Länglich rund, gelbe Deckschilde, mit zwey rothen Binden.

Chrys. oblonga, elytris flavis, fasciis duabus coccineis.

Er ist in Java zu Hause.

Der Leib ist länglich rund, ohne Rand, so groß, wie die Chrys. vulgatiss. Der Leib ist gelb, am Maule abgestuzt ausgeschnitten, mit rothen Nacken. Die Lippe ist ganz, schwarz; die Kinnladen kaum sichtbar; die zwey Fühlspitzen fadenförmig, die Augen rund, groß, schwarz. Die Fühlhörner stehen vor der Stirn, sind fadenförmig, so lang, wie die Deckschilde, haben neun gelbe Glieder. Der Brustschild ist rund, gerandet, glatt, gelb. Das Schildlein sehr klein, roth. Die Deckschilde kaum gerandet, gelb, mit zwey rothen Binden, die erste dicht an der Wurzel, die zwente hinter die Mitte, welche den äussern Rand nicht berührt. Die Flügel durchscheinend, adrig. Die Brust roth, der Rücken schwarz, der Bauch sehr gewölbt, vier Ringe sind gelb, und der lezte kleinste

 schwarz.

schwarz. Die sechs Füsse gelb, die Hüften wenig dicker, als die Schienbeine, diese so lang, als die Hüften. Die Fußblätter haben drey Glieder, deren erstes das längste ist. Am En de stehen zwey Klauen.

4. **Der zweygefleckte Blatkäfer.** Chrysomela bimaculata. Fig. 4.

Länglich, gelbe Deckschilde, in der Mitte ein kastanienbrauner Fleck.

Chrysomela oblonga, elytris luteis, macula in medio castanea.

Aus Sumatra; seltener zu Java.

Der Leib länglich, ohne Rand, so groß wie die Chrys. vulgatissima. Der Kopf ist am Maule abgestuzt, ausgeschnitten, gelb. Die Lippe gespalten, schwarz. Die Kinnladen kegelförmig, schwarz. Sechs Fühlspitzen, die fadenförmig sind, das äussere Paar ist dreymal grösser, als die übrigen. Die Augen rund, schwarz. Die Fühlhörner fadenförmig, stehen vor der Stirn, sind fast so lang, als die Deckschilde, haben eilf gelbe Glieder. Der Brustschild rund, kaum gerandet, glatt, gelb. Das Schildlein sehr klein, gelb. Die Deckschilde länglich, glatt, gelb, in der Mitte stehet ein länglicher, kastanienbrauner Fleck. Die Flügel sind durchscheinend, adrig. Der Bauch ist gewölbt, kastanienbraun, hat fünf Ringe. Die Hüften der sechs Füsse sind roth, dicker, als die Schienbeine, diese sind gelb, kaum so lang, als die Hüften. Die Fußblätter haben drey braune Glieder, deren erstes das längste ist, und am Ende stehen zwey braune Klauen.

5. **Der Koffeebaumblatkäfer.** Chrysomela Cofveae. Fig. 7.

Länglich, eine Querfurche auf dem Brustschilde, der Bauch grün, die Deckschilde gelblich.

Chrysomela oblonga, thorace sulca transversa, abdomine viride, elytris flavescentibus.

Sie ist in den Bantamschen KoffeePlantagen sehr gemein.

Der Leib ist länglich, ohne Rand, und die Grösse, Gestalt und Farbe ist einer Koffeebohne ähnlich. Der Kopf ist am Maule abgestuzt, ausgeschnitten, pomeranzengelb, im Nacken schwarz. Die Lippe ganz, glänzend, schwarz. Die Kinnladen kegelförmig. Sechs Freßspitzen; das äussere Paar keulförmig, gelb; die übrigen Paare kleiner, fadenförmig, schwarz. Die Augen rund, schwarz. Die Fühlhörner stehen vor der Stirn; sind fadenförmig, so lang, als die Deckschilde, haben eilf gelbe Glieder. Der Brustschild ist ziemlich platt, gerandet, hat vier Ecken, ist glänzend, gelb, eine Querfurche steht etwas hinter der Mitte. Das Schildlein ist sehr klein, schwarz. Die Deckschilde sind länglich, gelb, etwas kürzer, als die Deckschilde, gerandet. Die Flügel halb durchscheinend, schwärzlich, adrig. Die Brust grün, der Bauch gewölbt, mit fünf grünen Ringen. Das erste Fußpaar ist roth, der äussere Rand der Hüften grün; die übrigen Paare sind grünlich. Er variirt mit pomeranzenfarbiger Lippe, die einen schwarzen Rand hat; mit orangegelben Brustschilde, und mit lauter gelben Füssen.

6. **Der morgenländische Blatkäfer.** Chrysomela orientalis. Fig. 3.

länglich, gelb, der Brustschild roth mit einer Querfurche, die Deckschilde schwarzblau.

Chrysomela oblonga, flava, thorace rufo, sulco transverso, elytris nigro coeruleis.

Man findet ihn zu Java, Sumatra, Malakka, Prinz-Eyland.

Der Leib ist länglich, ohne Rand, so groß, wie die Chrys. phellandrii; der Kopf runzlicht, am Maule abgestuzt, gelb, mit hervorragenden rothen Augenwimpern. Die Lippe ist ganz, gelb, die Kinnbacken gelb mit rothen Spitzen; sechs gelbe Freßspitzen, das innre Paar keulförmig, die übrigen fadenförmig u. kleiner, die vorragenden Augen rund, schwarz. Die Fühlhörner stehen vor der Stirn, dicht neben einander, sind fadenförmig, so lang, wie die Deckschilde, haben eilf gelbe Glieder, deren 3tes, 4tes und 5tes vom Kopf an am Hinterrande gezahnt sind. Der Brustschild ist rund, gerandet, glänzend, roth, in der Mitte eine Querfurche; das Schildlein roth; die Deckschilde länglich, glänzend, schwarzblau, gerandet; die Flügel aschgrau, durchscheinend; der Bauch gewölbt, hat fünf gelbe Ringe. Die sechs Füsse sind gelb, die Hüften wenig dicker als die Schienbeine, welche fast so lang sind, als die Hüften; die Fußblätter haben 3 Glieder, und am Ende stehen zwey Klauen.

7. **Der Bataver.** Chrysomela Bataviensis. Fig. 12. Länglich, Kopf, Brustschild, Deckschilde und Füsse fahl.

Chrys. oblongiuscula, capite thorace elytris pedibusque lividis.

Aus Java.

Der

Der Leib länglich, ohne Rand, etwas platt, fast so groß, als die Chryſ. nymphaea. Der Kopf fahl, am Maule abgestuzt; die Kinnbacken kegelförmig, fahl, die Lippe ganz, die 6 fahlen Freßspitzen sind fadenförmig, die runden Augen schwarz; die vor der Stirn stehenden Fühlhörner fadenförmig, so lang, als die Deckschilde, haben zehn fahle Glieder. Der Brustschild etwas platt, glatt, gerandet, fahl, der Schild sehr klein; fahl, etwas länger, als der Leib; die aschgrauen Flügel sind durchscheinend, adrig; die Brust schwarz, der aschgraue Bauch hat fünf Ringe; die Füsse sind weißlich; die Hüften sind viel dicker, als die Schienbeine, und diese so lang, als die Hüften, am hintern Paare bewafnet; von den drey Gliedern der Fußblätter ist das erste das längste, und am Ende stehen zwey Klauen.

8. **Der Fallblatkäfer.** Chryſomela cryptocephala. Fig. 2. 5. 8. 11.

Cylindrisch, schwarz, Brustschild und Flügeldecken roth, mit schwarzen Flecken, die schwarzen Fühlhörner sind an der Wurzel röthlich.

Chryſ. cylindrica, atra, thorace elytrisque rubris, maculis nigris, antennis baſi rufeſcentibus, nigris.

Aus Java.

Der Leib cylindrisch, ohne Rand, Grösse und Gestalt der Chryſ. 4 punctata; der Kopf runzlich, schwarz, am Maule abgestuzt, eingebogen; die Lippe ganz, roth, die Kinnladen cylindrisch, schwarz, an der Spitze gespalten. Die sechs Freßspitzen sind fadenförmig, deren vorderes Paar sehr rauh, und sehr klein. Die Augen eyrund, schwarz. Die Fühlhörner sind beym Männchen schnurförmig,

förmig, schwarz, so lang, als der Brustschild, die ersten zwey Glieder von unten sind schmaler, länger, röthlich. Der Brustschild ist rund, glatt, roth, schwarz, gerandet; das Schildlein roth, die Flügel röthlich, durchscheinend; die Deckschilde sind glatt, roth, jede hat drey schwarze Flecke, deren zwey an der Wurzel gleicher Grösse sind, der dritte steht etwas hinter der Mitte, ist groß, doch berührt er den Seiten- und Innern Rand nicht. Die sechs Füsse sind schwarz, so auch die Brust und der Bauch. Sie variirt mit einem rothen, zwey, drey und viermal punktirtem Brustschilde Fig. 11. 8. 5.; mit zwey mittlern grossen Flecken, und mit zwey zusammengeflossenen mittlern Punkten Fig. 2. Man findet ihn am Cap mit einem kleinen Punkt an der Spitze der Deckschilde, wie D. Fabricius sagt. *)

9. Das Braunhorn. Chrys. fuscicornis. Lin. S. N. 595. 66.

Aus Java; der Leib etwas grösser, als die Chr. rufipes Fig. 10. Mit cylindrischen, gespaltenen, schwarzen Kinnladen, vier fadenförmigen Freßspitzen. Die Fühlhörner schnurförmig, ausserhalb dicker, braun, an der Wurzel röthlich. Die Deckschilde glatt, glänzend.

*) *Cryptocephalus* 10 *maculatus*, niger, thorace elytrisque rubris, punctis quatuor nigris. Fabric. Syst. entom. 106. 3.

II.

Doctor Marcus Elieser Blochis
Abhandlung
von den
vermeinten männlichen Gliedern des Dornhayes.

2te Tafel.

Im sechsten Band der gesellschaftlichen Schriften habe ich gezeigt, daß diejenige Theile des Stachelrochens, die man für die Zeugungsglieder hielt, eine Art von Hände sind, die zum Festhalten des Weibchens während der Begattung dienen; so sehr ich es auch wünsche eben diese Theile auch bey den übrigen Rochen-arten untersuchen zu können; so waren doch meine bisherige Bemühungen welche zu erhalten fruchtlos gewesen. Bey meiner Entfernung vom Meere, hält es sehr schwer, frische Seethiere, besonders von der grossen Art zu bekommen. Ich vermuthe, daß diese Theile in ihrem Bau eben so als die Rochenarten selbst verschieden seyn müssen, wenigstens finde ich, daß sie beim Dornhay (Squalus Acanthias) und der Seeratze (Chimaera monstrosa) von den vom Dornrochen sehr abweichen. Ersteren werde ich gegenwärtig, und letztern künftig beschreiben. Ich erhielt von meinem würdigen Freund den Hrn. Kunstverwalter Spengler zu Koppenhagen zwey Männchen vom Dornhay

 im

im Weingeist, die ich beide zergliederte, und in ihrem Bau übereinstimmend gefunden habe. Ihre Länge, die fast einerley ist, beträgt von der Schnautze bis zum Schwanzende beinahe 2 Fuß 2 Zoll. Da diese Hayart ziemlich groß wird; so müssen wohl die meinige noch Junge gewesen seyn. Es wäre überflüssig, wenn ich den Fisch, von dessen vermeinte Zeugungstheile hier die Rede ist, beschreiben wolte, da ich dieses bereits im dritten Band meiner Naturgeschichte der Fische Deutschlandes gethan habe. Ich schmeichele mir, daß diejenige Naturkündiger, welche diese gesellschaftliche Schriften sich anschaffen, und denen dergleichen Aufsätze intereßiren, auch mein Fischwerk besitzen, oder es doch bey einem ihrer Freunde leicht finden werden. Beim Dornhay findet man zwischen den Bauchflossen zwey länglichtrunde Körper, davon ein jeder in einer stumpfen a) und scharfen Spitze b) tab. 2. Fig. 1. auslaufen. Auf der Rükkenseite (um alle Verwirrung zu vermeiden, werde ich diejenige Oberfläche, welche mit dem Bauch zugleich gesehen wird, die Bauchseite, und die entgegengesetzte, die Rükkenseite nennen) nimt man unterwärts eine Furche wahr, in der man mit einem Sucher weit hinauf kommen kann, wenn man durch ein Röhrchen c) Luft hinneinbläst; so hebet sich die Haut an der Bauchseite bis d) in die Höhe. Wenn man die äussere Bedeckung davon ablöst und die darunter befindliche Theile vorsichtig von einander absondert; bemerkt man erstlich einen röhrenförmigen Gang e) der in die Blase f) führt, die sich bis d) erstreckt, zweitens drey Muskeln g) h) i) drittens fünf Knochen Fig. 2. a) b) c) d) e). Da die Muskeln an den Knochen

chen befestiget sind; so müssen wir diese zuerst kennen lernen. Der Schenkelknochen a) bewegt sich oberwärts mit dem Hüftknochen f) und unterwärts mit dem obern Ende des Schienbeins b), das untere Ende des letzteren ist mit drey übrigen Knochen, welche den Unterfuß ausmachen, verbunden. Hiervon werde ich den an der hintern Seite c) wegen seiner Aehnlichkeit mit dem Sporn am Hahn den Sporn nennen, den darauf folgenden d), weil er breiter als die übrigen ist, den breiten Knochen, der dritte oder letztere e) wegen des gekrümten und zugespitzten Endes mit dem Nahmen Haken belegen. Das ganze Knochengebäude hat die Gestalt eines Vogelfusses. Der Schenkelknochen ist flach und wie die übrigen festen Theile dieser Thierarten von knorpelichter Substanz. Das Schienbein Fig. 3. ist rundlicht und hat die Härte der gewöhnlichen Knochen. Am untern Ende desselben wird es stärker, hat doppelte mondförmige Ausschnitte, und ist mit zwey Hervorragungen a) d) (processus) versehen. In dem untern Ausschnitt bewegt sich der Haken, und in dem obern b) der Sporn, und zwischen diesen beiden sizt der mittlere Knochen c) fest. Der Sporn Fig. 4. sowohl als die übrigen beiden Knochen, sind mit den vorhergehenden von gleicher Härte, er hat ein spitzes und stumpfes Ende, mit diesen stößt er an den obern Ausschnitt des Schienbeins und an den breiten Knochen. Er wird nur am Gelenke von der gemeinschaftlichen Haut umgeben, der übrige Theil ist unbedeckt. Der mittlere Knochen Fig. 5. ist nach der Bauchseite gewölbt, und nach der Rükkenseite ausgehölt, und stößt mit seinem obern Ende a) an den Sporn e). Weiter in die Höhe nimt man

am

am innern Rande dieses Knochens einen Ausschnitt b) wahr, in welchen der Hacken Fig. 6. beweget wird, beide sind vermöge eines Bandes (ligamentum interroseum) mit einander befestiget. Der Haken schliest sich am breiten Knochen an. Das untere oder das gekrümte Ende desselben wird nicht von der äussern Haut bedeckt, und das obere oder das stumpfe a) stöst an der untern Spitze des Schienbeinknochens Fig. 3. c). Diese 3 Knochen sind mit dem Schienbein durch einem festen mit einer Spannkraft versehenen Gelenkband Ligamentum capsulare verbunden, innerhalb demselben nahm ich ein anderes Band wahr, das mit dem einen Ende an der äussern Seite des Sporns und mit dem andern an der innern Seite des breiten Knochens befestiget war.

Von den Muskeln sizt der äussere Fig. 1, g) oberwärts am Hüftknochen, mit seiner innern Seite längst dem Rande des Schenkelknochens, und mit den äussern an den Strahlen der Afterflosse, und dienet sowohl diese Flosse nach dem Körper, als auch den Obersuß von demselben abzuziehen; Der 2te Muskel h) fängt oberwärts an dem Schaambein i) an, sezt sich längst dem innern Rande des Schenkelbeins feste, theilet sich unten in zwey Enden, das eine geht übers Kniegelenke k), hängt sich am Schienbein an, und das andere verbindet sich mit dem folgenden Muskel bey l). Er vertritt die Stelle des dreiköpfigten Muskel (adductor femoris) beym Menschen, indem er den Schenkel nach dem andern zu bewegt. Der 3te Muskel m. m) nimt seinen Anfang oben am Schenkelknochen, und sizt längst demselben unter den vorigen fest, gehet über das Kniegelenke weg,

ver-

verbindet sich alsdann mit einem Theil des vorhergehenden Muskels bey l), geht darauf längst dem Schienbein fort, über das Fußgelenke weg, und endiget sich an der Rükkenseite des Unterfußes in 2 Spitzen, davon die eine sich am Haken, und die andere am breiten Knochen bey n) ansezt. Wenn nun dieser Muskel sich verkürzt; so ziehet er nicht nur diese beyde Knochen in die Höhe, sondern der Haken entfernt sich zugleich von dem breiten Knochen, indem der untere Theil desselben in der Vertiefung des ersteren sich abrollt, eine Bewegung, die mit derjenigen viele Aehnlichkeit hat, welche der Knochen vom Ellenbogen mit der Spindel an der Handwurzel macht (pronatio). Das merkwürdigste bey dieser Bewegung ist die Entfernung des Sporns, der weder mit einem Muskel, noch mit einer Seene versehen, und der sogar von der äussern Haut entblöst ist. Hier finde ich einen sehr sonderbahren Mechanismus. Davon mir wenigstens in der Anatomie kein ähnlicher bekandt ist. Denn wenn der breite Knochen von dem 3ten Muskel in die Höhe gezogen wird; so ziehet dieser das untere Ende des Sporns vermittelst des oben gedachten Bandes nach sich, dadurch aber wird das spitze Ende desselben vom breiten Knochen entfernt, wie er bey Fig. 2. c) erscheint. In dieser Lage ruhet er mit der äussern Seite auf der Hervorragung des Schienbeins Fig. 3. d) und mit der innern auf dem breiten Knochen, und ist dergestalt eingeklemt, daß man ihn auch nicht im mindesten bewegen kann. Sind nun die Knochen der Füsse diesergestalt ausgespant, und die übrigen Muskeln in Bewegung gesezt; so kann das Männchen damit das Weibchen während der Begattung fest-

festhalten. Der oben erwähnte Sack liefert eine klebrigte Feuchtigkeit, welche wahrscheinlich sowohl zu mehrerer Befestigung der Füsse, als auch zur Verhütung, daß das Weibchen von den Spitzen der Knochen nicht verlezt werden möge, dienen. Diese klebrigte Feuchtigkeit wird aus dem Sack d) f) durch die Bewegung der übrigen beyden Muskeln ausgedruckt, und durch den Canal e) nach dem Unterfuß geleitet. So bald aber die Muskeln nachlassen, so ziehen sich die ausgedehnten mit einer Spannkraft versehenen Gelenkbänder zusammen, der Haken rollt zum breiten Knochen (subinatio) und indem lezterer seine vorige Lage einnimt, so nähert sich der Sporn ihm wieder.

Bey diesen beyden Männchen habe ich ausserhalb dem Körper keine Spur von einem männlichen Gliede wahrnehmen können. Nach Hinwegnehmung der äussern Bedeckung kam zum Vorschein die Leber, diese sizt am Zwergfell, bedeckt die Eingeweide, und schlägt sich oberwärts um selbige herum. Sie war ungemein groß, 10½ Zoll lang, bestand aus zwey langen, und einem nur ganz kurzen Lappen, die oberwärts zusammenhiengen. Die Gallenblase war klein, der Schlund, der weit war, gieng ohne Verengerung in den Magen über, er war klein, zusammen 5 Zoll lang, und mit starken Muskularfasern versehen. Die Milz saß am Magen fest. Der Zwölffingerdarm hat eine dünnere Haut, macht in der Mitte des Unterleibes eine Beugung. Darauf erfolgte nach einer Länge von 1½ Zoll des nach oben zu gerichteten Darms eine zweite Beugung, die nach dem After herunter gieng. Ohnweit lezteren sahe ich auf dem Rückgrade einen cylindrischen

drischen fleischigten Körper liegen, Fig. 7. a) der vermittelst einer dünnen Haut mit dem Mastdarm nahe am After zusammen hieng. Ich konnte weder eine Oefnung im Mastdarm, die hinein führte, wahrnehmen, noch die Luft herein treiben. Als ich aber in diesen Körper eine kleine Oefnung machte, und durch die Röhre hinein bließ; so trieb sich nicht nur dieser Theil, sondern auch der Mastdarm auf. Hieraus ergiebt sich, daß dieser Körper ein Blinddarm ist, der durch eine Klappe dergestalt verschlossen wird, daß der Unrath nicht herein, der darin zubereitete Saft aber ungehindert im Mastdarm fliessen könne.

Nachdem ich diese Eingeweide weggenommen hatte, untersuchte ich die zu beiden Seiten des Magens befindliche länglicht runde Körper Fig. 7. b. b. welche frey im Unterleibe hiengen, und nur vermittelst einer sehr dünnen Haut am Rückgrad befestiget waren, durch die in die Harnöfnung eingeblasene Luft, sahe ich sie in Bewegung gerathen, und schloß daraus, daß es die Nieren sind. Die Harngänge c. c. lagen auf dem Rückgrad, bestanden aus einer sehr dünnen und durchsichtigen Haut, und vereinigten sich vor dem After in einer gemeinschaftlichen Oefnung, neben dieser nahm ich eine zweite wahr, durch welche vermittelst dem eingetriebenen Quecksilber die geschlängelte Saamengefässe d. d., welche den Harngängen zur Seite liegen, sichtbar wurden, diese endigten sich unterwärts ebenfalls in einer gemeinschaftlichen Oefnung und oberwärts ein jedes in einen kleinen Knoten.

Unter

Unter dem After bemerkte ich ebenfalls die zwei Bauchlöcher e. e. die ich bey dem Nagelrochen wahrgenommen habe, und deren Bestimmung mir noch ein Räthsel ist. Wenn ich auf den Unterleib drückte; so kam eine klebrigte Feuchtigkeit zum Vorschein, und beim Einblasen der Luft schwoll der Unterleib auf; sowohl hierin, als in dem Bau der übrigen Eingeweide konnte ich keinen Unterschied bey beiderley Geschlechtern wahrnehmen, nur statt der Saamengefäße sahe ich bey dem Weibchen die Eierstökke Fig. 8. a. a., die vermittelst den Eiergängen b. b. mit den Gebährmüttern c. c. verbunden waren. Im ersteren werden die befruchtete Eier von verschiedener Grösse angetroffen, und wenn sie die gehörige Reife erreicht haben, werden sie, vermöge ihrer Schwere, vom Eierstock losgerissen, und kommen durch den Eiergang in die Gebährmutter, hier liegen sie frey, und bleiben so lange daselbst, bis der Embrio den Dotter, der bey diesen Thieren sehr groß ist, größtentheils verzehret hat. Die äussere Haut wird so fest, daß sie fast Leder- oder Hornartig ist. Das Ey bekömt dadurch eine länglicht vierekkigte Gestalt, und gehet an jeder Ekke in einer geschlängelten sehr langen Hornartigen Faser aus. Zeichnungen von diesen Eiern finden wir beim Bellon a), Rondelet b) und Gesner c). Man trift gewöhnlich mehrere dergleichen Embriones von verschiedenem Alter, bey einem einzigen trächtigen Weibchen. Klein nahm

a) Matricula marina Aquat. p. 68.

b) de Piscib. P. 1. p. 380.

c) Thierb. S. 80.

nahm fünf d), Rondelet e) und Pontoppidan f) sechs, und Hanov g) sieben wahr.

Die Begattungs-Zeit fällt nach dem Aristoteles im September h), und bringt er seine Junge vom May bis im August zur Welt. Wenn nun der Raum zu eng wird; so giebt das Weibchen das erste, welches zugleich das größte ist, zwischen den Seekräutern von sich. Durch die Bewegung des Wassers und der Seekräuter werden die Fasern um leztere, so wie die Ranken bey den Pflanzen umwunden, und nunmehro kann der Embrio hier eben so gut, als in der Gebährmutter sich vollends entwikkeln. Die harte Hornartige Haut schüzet ihn vor die äusserliche Verletzung, und ihre braune Farbe, die mit dem Seetang (fucus L.) übereinkomt, vor die Raubthiere. Ein vollkommen entwikkelter Dornhay hat beinahe die Länge eines Fusses, wenigstens ist derjenige, den ich aufbewahre, und bey dem der Eidotter nur noch wie eine Haselnuß ist, 10 Zoll lang.

d) Miss. Pisc. IV. p. 61.

e) de Pisc. P. 1. p. 374.

f) Norw. 2. Th. S. 213.

g) Seltenh. der Natur. III. B. S. 115.

h) Hist. Anim. lib. 6. 10.

III.

D. Marcus Elieser Bloch's.

Nachtrag zur Naturgeschichte der Dosenschildkröte.

Der im vorigen Bande erwähnte Officier ist der Herr Hauptmann von Wangenheim, ein verdienstvoller Naturkündiger, dem wir so eben ein vortresliches Werk über die Anpflanzung der Nordamerikanischen Hölzer in Deutschland zu verdanken haben. Ich ersuchte Herrn Hauptmann mir von der Naturgeschichte dieser Schildkröte, so viel als ihm davon bekandt wäre, gefälligst mitzutheilen, und erhielt darauf folgendes zur Antwort. Diese Schildkröte habe ich sehr häufig in Pensylvanien, Neu Jersey, etwas sparsamer in Neu York Provinz bis zum 41 Grad der Breite nördlich angetroffen, zu vermuthen ist daher, daß der gemässigte Himmelsstrich des nördlichen Amerika ihr ursprünglicher Geburtsort ist, das an Herrn Forstrath von Burgsdorff überschickte Exemplar, ist bey Philadelphia zu Anfang des May 1778. von mir aufgenommen worden; daselbst findet sich diese Art der Schildkröten sehr häufig, mehrenrentheils an dem Rande der Wiesen in den Feld-Hecken und Hölzern, hingegen entsinn ich mir niemalen, sie in Sümpfen und im Wasser gesehen zu haben, welches auch mit dem Berichte der Landeseinwohner übereinstimt, die ihr deshalb den charakteristischen Nahmen Land-Turtler (Landschildkröte) beilegen, um sie von mehreren daselbst sich findenden Arten, so Amphibien sind, zu unterscheiden. Da diese Schildkrötenart sich gänzlich verschliessen kann; so kommt es mir wahrscheinlich vor, daß sie in der Wildniß die Winter Monate vom December bis Ende Februar in einem Grad der Unempfindlichkeit zubringet. Wir haben während unsers Aufenthalts in Pensylvanien den Winter über welche in denen Stuben gehalten, die alsdann aber lebendig blieben, und Nahrung zu sich nahmen, so wie dieses in dortiger Gegend der nehmliche Fall mit dem Racoon, (Ursus Lotor L.) und der Beutel-Ratze oder Opassum, (Didelphis Opassum L.) die in der Wildniß des Winters über schlafen, wenn sie aber in denen Häusern als Hausthiere gehalten werden, diese Eigenschaft verlieren. Die Dosenschildkröte erhält sich lange als ein Hausthier in den Häusern, man nähret selbige mit Brodkrumen, mit Früchten, als Aepfel und dergleichen; mit Vegetabilien, als Salat, und wahrscheinlich sind Insekten, Früchte und Pflanzen in der Wildniß ihr einziger Unterhalt. Sehr selten verspeiset man diese Schildkröte nicht deßwegen, weil sie unschmackhaft ist; sondern weil es in dortigen Gegenden in Menge grössere und fettere Arten giebt, die von 10 bis 50 Pfunden und drüber schwer werden, in denen süssen Wassern sich aufhalten und leicht gefangen werden können, ohne der See-Schildkröte zu gedenken, die bis zu 500 Pfund schwer wird, und von welcher ganze Schiffsladungen aus West-Indien in die nördlichen Provinzen gebracht werden.

Wenn die Dosenschildkröte ihre Klappen zuschliesset; so passen diese so fest aneinander, daß ein spitziges Instrument, nur mit der größten Gewalt eingeschoben werden kann, dieses schützet sie auch vor dem Anfall Schaden zufügen wollender Thiere. Aus der Wildniß in die Stube versezt, gewöhnt sie sich sehr bald an die menschliche Gesellschaft, sie komt auf die menschliche Stimme herbey geeilet, Brodkrumen und Stücke Aepfel zu verzehren, auch läßt sie alsdann zuweilen einen pipenden schwachen Laut von sich hören. Ihre Bewegung ist nur langsam, sie öfnet alsdann die Klappen, steckt den Kopf und die Füsse hervor, so wie man alsdann einen kurzen Schwanz gewahr wird. Die Farbe der Haut des Thieres ist so bunt, als seine Schaale. Der Grund ist dunkel aschgrau mit schmahlen, hochrothen, gelben, schwarzen, abwechselnden bandartigen Streifen.

Da ausser denen Pflanzern teutschen Ursprungs in Nord-Amerika, nur wenige andere Schnupftoback nehmen; so ist es auch nur bey diesen, daß ich hin und wieder die Schaale dieser Schildkrötenart zur Schnupftobacksdose haben anwenden sehen, denen unsre teutsche Soldaten in Ermangelung anderer Dosen öfters folgten, wozu die halb ausgewachsene Schildkröten sich am besten schik-

schikken, obgleich die Grösse ganz ausgewachsen, nur unbeträchtlich bleibet, und nur zwischen 1½ — 2 Pfund betragen kann.

Blos daher, daß diese Schildkröte in Pensylvanien so allgemein ist, rühret es, daß man sie als keine Seltenheit betrachtet, und daß sie deßwegen noch unbekandt geblieben ist. Hier haben Sie alles, was mir noch davon erinnerlich ist.

IV.

Ueber die unsichern Kennzeichen beim Aufsuchen der Gänge

von G. A. Steltzner.

Es ist in der Art von Entstehung und Aufsuchung der Gänge schon so viel geschrieben, und bisher fast zum Lieblings-Geschäfte geworden, daß fast nichts mehr gesaget werden kann, wenn nicht, wie es schon so häufig geschiehet, einer dem andern nachschreiben will, oder von vorne anfängt das zu sagen, was lange vorhin gesagt ist; und nur bloß künstlichere Ausdrücke dabey gebraucht, wodurch oft ein Werk ein ander Ansehen gewinnet, am Ende aber bleibt es bey dem alten. Ein großer Theil Menschen, (ich kann mich des Ausdrucks wohl bedienen) die nie einen Gang gesehen und nur davon gehöret haben, mithin die Eigenschaft bloß, ich will noch nicht sagen, gründlich präsumiren können, sprechen nicht allein weitläuftig davon, sondern schreiben große Convolute, beydes ist leichter geschehen, als vor die Gewißheit einzustehen, und was ins Werk richten, denn in einer Viertheil Stunde ließe sich manchem mehr an Ort und Stelle sagen und beweisen, als aus ganzen Convoluten zu lesen, deren Unterschied ohnedem leicht in die Augen fällt; und es ist oft die lustigste Geschichte zur Verkürzung der Zeit, wenn von

von denen, von welchen man gewiß weiß, daß sie nie in eine Grube gefahren, oder einen Gang gesehen haben, darüber discursive gesprochen wird; nur gehöret Gedult und ein vorgesetztes Stillschweigen dazu, wenn dergleichen Gelegenheiten vorfallen, denn dergleichen Leute lassen sich weniger von ihrem einmahl festgesetzten Entschluß bringen als andere, die täglich damit umgehen, und theils von Jugend auf damit umgegangen sind. Die Lage der Sache selbst, die Terminus, und der Zusammenhang weichet zu sehr ab, als daß es der Bergmann, wie ungelehrt und Handwerksmässig er auch betrachtet wird, nicht merken solte; es ist gar nichts ungewöhnlichs, daß sich verschiedene Schriftsteller des Ausdrucks bedienen, da sie doch Rücksicht nehmen solten, daß das Handwerk in jedem Fach der Maaßstab und die Gelegenheit zum Schreiben ist, denn woher kennt der Schriftsteller dasjenige, was er schreibt, als von dem Handwerksmäßigen? und viele würden nicht davon schreiben können, da sie es selbst nicht gesehen, besonders wenn es auf das Handwerksmäßige beym Bergbau ankömmt, und in welchen Fach wird in unsern Zeiten wohl mehr gesprochen auch geschrieben, als eben in dem Fach vom Bergbau, der Mineralogie und Chymie; allein in welchem Fach wird auch wohl mehr gefehlt, als eben in diesem? Verschiedenes und besonders was vom Harz geschrieben ist, weichet merklich von dem wahren Verhältnis ab, zumahl wenn von Erzen die Rede ist, von diesen lässet sich, von ein oder zweymahl und noch weniger gar nicht gesehen zu haben, so wohl hier als an andern Orten nicht urtheilen, denn der Umstände sind zu viel, als daß sie im Durchlaufen, besonders beym er-

 sten-

stenmahl, da es ohndem ängstlich zugehet, zu übersehen wären, und wie bekandt ist es nicht, daß viele bey der ersten Fahrt schon wieder am Tag zu seyn wünschen, und doch haben sie geschrieben, als ob es so was gleichgültiges wäre. Oft ist eine einzige Stroße so lehrreich mit ihrem Gemische, daß sie mehrere Aufmerksamkeit verdienet, als von manchem auf eine ganze Grube, ja auf ein ganz ausgebreitetes Bergwerk verwendet wird, zumahl wenn es auf ihr Daseyn ankömmt, und im Zusammenhang betrachtet werden soll; es werden doch aber Bücher geschrieben, die dem Publiko dienen sollen, von welchen der Greis sein Urtheil zu fällen übergehet, und jeder glaubt vor sich er habe die Feder zum rechten Zweck angesetzt, ob auch die folgenden Zeiten der ersten oft von selbst widersprechen.

Noch bis daher sind selbst die Gelehrten nicht einerley Meynung über die Entstehungsart der Gänge, und die Gedanken, deren viele bekandt sind, weichen sehr von einander ab, es scheinet fast, als wenn der Grund davon der Sterblichkeit verborgen bleiben wird, denn wenn auch einer der Sache näher kömmt, so contradiciren zwey wieder, und damit vergehet ein Menschenalter nach dem andern. Nimmt man die Jdeen, deren viele bekandt sind, wie die Erze entstanden seyn sollen, an, wenn sie einer dem unterirdischen Feuer, der andere den Metallmüttern, ein 3ter einem fliegenden Geist, ein 4ter der Sündfluth, ein 5ter dem Anfang der Welt (wer weiß diesen) und noch mancherley Gedanken und Werkzeuge mehr, die zur Herstellung der Erze angegeben werden, zu Hülfe, so werde ich nicht unrecht thun, wenn ich frage: wer hat denn nun Recht? zumahl an andern Orten gesagt wird, die Natur arbeite beständig fort, und höre nicht auf zu würken, das Gegentheil aber behauptet, die Werkstatt Gottes sey längst zugeschlossen, und dergleichen Vorurtheile mehr, deren sich mancher bedienet, so kommt dieses jener Frage zu Hülfe. Ich könnte alle die Schriftsteller anführen, aber sie sind zu bekandt, und jeder von ihnen wird von selbst eingesehen haben, daß noch bis hieher nichts weiter von alle dem, was der eine in diesem, der andere in jenem Fall geschrieben, zugetroffen hat.

Unter uns Bergleuten selbst, fehlet es an dergleichen Discursen nicht, und die Meynungen sind oft sehr getheilet, und tragen sich von einer Zeit zur andern fort, an dubiösen Gegenständen fehlet es auch nie, welches daher rühret, daß wir der Sache noch nicht nahe genug sind, daher die Ausführung des Ganzen Stückweise bleibt. Kaum kommt einer der Sache etwas näher, so gehet er davon, und so geht es dem andern, dem dritten u. s. w. mithin bleibt es bis dahin immer ein Geheimniß, ob die Erze noch, und auf welche Art sie entstehen, oder eins vor alles entstanden sind; präsumiret kann immer so wohl auf die eine, als andere Art werden, und wird es auch; fehlen kann man aber auch, am allerleichtesten in einer Sache, die man nicht übersehen kann: denn es paßiret nicht selten, daß in bekandten Sachen geirret wird; oft wird wieder von vorne angefangen, was lange vorher, auch theils schon mehrmahl gesaget ist, und dis ist die Ursache, daß wir noch nicht viel weiter gekommen sind, wie viel auch in dem Fach lange Jahre und noch jezt gearbeitet wird, und es ist nicht ungewöhnlich, daß man immer mehr über eine Sache schreibt, so bald es der Liebling ist, und ein jeder wird mir beypflichten, daß Stükke, in welchen man arbeitet, vorfallen, die viel gegen andere voraus haben. Genug, es geht nicht mit einem so gut, als mit dem andern; und daher kommts, daß immer etwas zugesetzt wird, wovon man glaubet, es sey recht, welches aber nur so lange bestehet, als man allein ist; wenn andere, die in dem Fach nicht weniger läufig sind, dazu kommen, so zeiget sich das Gegentheil, alsdenn ist es aber geschrieben, und ist dis die Ursache, warum so viel Widersprechendes in unsern Schriften zu Tage kömmt.

Das Wunderbare ist mir bekandt genug, auf viele Meile Weges, an vielen Orten, auf und in der Erde, und viele Produkte kenne ich mit einer Menge Bergarten; (obgleich schwerlich den tausendsten Theil) ich unterstehe mir aber nicht dem einen oder dem andern zu widersprechen, was von der Entstehung der Gänge oder Erzen gemuthmaßet wird, weil ich befürchte, es werde ein und anderer aufgebracht; bin aber auch nicht Willens, unter allen, die ich angeführet habe, einem Glauben beyzumessen, weil es mir gleichviel ist, die Erze entstehen noch, oder sind entstanden. Gott gebe uns nur die Nothdurft, denn die Gründe sind noch zu leichte gegen die Sache selbst, wenn man sie mit dem Innern der Erde, und der Mannigfaltigkeit der Produkte, (die Vielheit der Bergarten nicht zu gedenken) zusammen hält. Beydes vermehret und vermindert die Erde nicht, macht sie auch nicht edler oder unedler, und habe ich vorhin gesaget, präsumiren ten kann man, aber auch irren, und das Ganze wird dadurch auch nicht bewiesen, wenn von Erzten-Geribben, vom Silber im Hirnschädel, von Fischen, vom Silber in Stempeln und andern dergleichen Dingen die Rede ist, deren Daseyn doch auch noch zweydeutig ist. Bey einem neuerlich beschriebenen vererzten Geribbe heißt es, daß in der Höhe noch ein Mittel-Erz gestanden habe, dadurch kann es immer durch die Länge der Zeit, vermittelst eines etwan von dem Erzmittel abfließenden Wasser in den Stand gesezt seyn, daß Silber daran zu sehen ist; Erze mit beygemischten Bergarten aber von verschiedener Gestalt, ist eine ganz andere Sache; deren wird aber nicht gedacht, und gehöret doch mit dazu, denn wo sind Erze ohne Gebürgarten, sie bestehen worinn sie wollen?

Auch habe ich eine Hirnschädel gesehen, die in der Hölung $\frac{a.}{b.}$ eine feine Silberhaut angesezt hatte, war dis an der erhabenen Seite, oder die Hölung hätte unten gelegen, und bey b. war Silber, so verursachte es nicht so viel Nachdenken, und konnte eher Beyfall finden. Es war aber nur ein feiner Rand a. mitten in der Hölung, mithin auch hier der nemliche Fall, der vom Wasser hergerühret hat, und dergleichen Umstände sind mehr, worauf sich verschiedene Beschreibungen gründen, die aber nichts beweisen, als daß Silber daran ist; dis kann sich an mehrern Sachen ansetzen; allein wie eben angeführet ist, daß ihm die Gesellschaft von andern Gesteinarten fehlet, verursacht noch etwas Stillestand in der Hauptsache. Ungewiß bleibt es indessen immer, so lange der

Natur niemand zugesehen hat, ob auch noch mehr von ein und andern versilberten Sachen gesagt wird, so kommt es doch immer dahin, daß in solchen Gegenden noch Erzmittel gewesen sind, daher die angeführten Stücke keine neue Erzeugung abgeben können, und die Fälle sind auch zu selten, als daß darauf gewiß zu bauen stehet; und wenn auch verschiedentlich von Erzen, die im alten Mann gefunden sind, geredet ist, so sind es doch gemeiniglich nur einzelne Stücke, die nicht von neuem erzeuget sind, sondern solche, die mit dem Berg, welcher den alten Mann vorstellet, von Stroßen oder aus denen Förstten mit hingebracht sind, da sich denn zuträgt, daß eine Zusammenseiterung gefunden wird; aber die Erzstufe wird dadurch nicht größer; wie viele Fälle könnten bloß von hieraus angeführet werden, wenn wir vom alten Mann, der über 200 Jahre da ist, beweisen wolten, daß Erze wieder entstünden. Es finden sich, wie oben gedacht, Stufen im Berg, sind wohl etwas angelaufen, auch oft mit Sinter oder Eisenrahm überzogen; allein das Erz hat sich nicht vermehret, sizt auch wohl mit Berg und Holz fest zusammen gedrückt u. s. w. Sollten dergleichen Fälle zum Beweis von Erzeugung der Erze dienen, so ist doch gewiß, daß die Anlage einen Grund haben muß, aus welchem die Erzeugung herrühret, denn ein blos liegender Körper, er sey was er will, wenn er nicht Wurzel schlägt, kann er nicht wachsen, daher es mit jenem vererzten Hirnschädel, vererztem Geribbe, versilbertem Holz verkehrt wäre, denn die hätten die Wurzel von oben nieder bekommen, es bleibt inzwischen ein freyer Gedanke, und kann ein jeder glauben, was er will.

Eben so ungewiß als die Angaben von Erzeugung der Erze bis jezt noch sind, so ungewiß sind auch die Merkmahle, deren eine große Menge angegeben ist, nach welchen Gänge und Erze entdecket werden sollen, da der eine die verschiedenen Farben der Flüsse, andere die Zwieselbäume, noch andere das Wittern der Gänge (welches doch bloß ein Thau ist) bald sanfte Thäler, gefärbte Flüsse, morastige Gegenden, und viele dergleichen mehr angeben; welchen unter allen ist es aber geglückt, Erze darnach zu finden? Ob auch die von vielen so geliebte Wünschelruthe zu Hülfe genommen wird, deren Beyfall in unsern Zeiten sehr abnimmt, wie weitläuftig auch von andern schon lange davon geschrieben ist, und noch manche andere Muthmaßungen (denn Gewißheit kann es nicht seyn) werden zur Entdeckung der Gänge geäußert, und gleichwohl ist es schwer Erze zu finden, die Versuche, welche ich mit der Wünschelruthe, die einige sich von Eisen, auch von messingen Drath machen lassen, angestellet habe, werde ich an einem andern Ort beschreiben, und ich traue ihr nicht wenn sie auch von Gold gemacht wird.

Wären die Punkte, wo Erze stehen, so leicht auszumachen, gewönne die Welt auf einer Seite viel, weil nicht so viel Zeit und Kosten aufs Suchen zu verwenden nöthig wäre, auf der andern Seite würde aber verlohren, weil sich nicht so viel Menschen von Suchen nähreten, welches lange Oerter und Querschläge auch tiefe Schächte leider oft vergeblich gezeiget haben. Die Erde ist indessen einmahl so, daß die edlen Gänge nur in schmalen Strichen bestehen, und die Ursache, warum die Erze nicht rein gefunden werden, und mit so mancherley Bergarten

ten vermischt sind, mögen andere ausmachen, genug sie müssen gesucht werden, und nicht leicht sind sie zu finden; ich weiß fast, daß jemand sagen werde, es wäre aber eine Ersparung, wenn sogleich Erze getroffen würden, und nicht so viel Kosten auf Bergmittel zu verwenden nöthig wären, und noch mehr, wenn sie ohne Bergart wären. Ich kann beydes nicht widersprechen; allein daß wenn! es läßt sich nicht zwingen Erze zufinden, und noch weniger deren Beschaffenheit zu ändern, alles, was davon gesagt wird, ist vergeblich. Wer hat sich zu rühmen, daß auf solche Art, wie gemuthmaßet wird, und Vorurtheile gemacht werden, Erze gefunden sind, und wem ist wohl der einigermaßen Kenntnis vom Bergwerk hat nicht bekandt, daß die Gänge von der besten Aussicht taub sind und taub bleiben, andere hingegen von schlechteren Ansehen edel geworden sind, und wie lange wird nicht auf Gängen, von welchen bekandt ist, daß sie edel gewesen sind, ihr Streichen behalten, ihr Ansehen nicht verändern, auch im Fallen nicht abweichen, und in kurzer Entfernung noch gut gethan haben, gebauet, Zeit und Kosten verwendet, aber nichts damit getroffen; es ist daher noch nicht ausgemacht, daß es genug sey den Gang zu haben, ein anders ist es ihn edel zu finden, ob man sich gleich freuet, wenn ein Gang von gutem Geschick im Streichen und Fallen gefunden wird.

Diese Gänge sind nun schon da, und ist ungewiß Erze zu finden, mithin noch weit ungewisser erst Gänge anzutreffen, wo dergleichen gar noch nicht bekandt sind, es bestehet solches nicht in Kunst, ob auch Erfahrung eins oder anderes mit beytragen muß, so sind wir doch noch nicht so weit, daß wir sagen könnten, es müssen hier Gänge seyn, und noch weniger ist zu behaupten, welche Art Gestein uns versichert, daß Erze dabey sind, weil alles Gestein Erze und andere Produkte mit sich führen kann, aber auch eben dasjenige Gestein, bey welchen Erze brechen, vielfältig taub ist, und wird die Folge zeigen, wie ungewiß Erz zu suchen ist, und wenn man auch mitten in Gängen lieget. Gewiß ist es überhaupt, daß alle Gänge länger taubes als edles Feld haben, und im Ganzen mehr taube als edle Gänge, hier wenigstens in unsern Gegenden, sind.

Es wird außerdem die bergmännische Erfahrung, wo Bergwerk gebauet wird, und gebauet ist, Beweise führen können, wie es sich mit Schürfen und Bauen auf tauben Gängen in Hofnung, daß sie edel werden, und noch mehr, wie es sich, ehe ein Gang ausgerichtet wird, mit Aufsuchung der Gänge verhält; ist dis etwa leicht geschehen? Wenn die Bemerkungen richtig wären, deren schon gedacht ist, wäre es noch etwas. Man frage aber diejenigen, die lange Jahre beym Bergbau gewesen sind, ob nicht aller Orten oft Klage geführet wird: wir haben lange, wir haben die ganze Nacht gearbeitet, aber nichts getroffen, nichts gefangen. Ich getraue mir fast zu behaupten, daß kein einziges Bergwerk ist, wo nicht Geld auf Hofnung verwendet wird, und am Ende vergeblich ist. Die Meynungen, welche dabey gehegt worden, sind gut und nicht zu verachten, daß es aber fehl geschlagen, dazu kann niemand; denn es sind verborgene Dinge, und an mehresten Orten sind die Erze von ohngefähr getroffen worden; es gehet mit Gängen zu suchen, wie mit einem

Irrenden

Irrenden im Walde, der auch nicht weiß, wo er hingeht, und viel vergebliche Kreuzwege macht, auch wohl dem rechten Weg nahe ist; er muß aber noch länger blindlings wandern, bis er blos ohngefähr den rechten Weg findet.

Es kann zwar gesagt werden, daß die Aufsuchung der Gänge an solchen Orten geschehen müsse, wo deren schon bekandt sind, dis ist freylich ein Weg, der einzuschlagen ist; allein, wenn deren nun gar noch nicht gebauet worden, und nur präsumiret wird, daß die Gegend nicht ohne Gänge seyn könne, und alle die vorhin beschriebene Merkmahle hat, welche Leichtgläubige ohndem bald überreden, und ihnen von solchen, die den Büchern mehr glauben, als der Natur, alle Hofnung gemacht wird, daß die Arbeit nicht vergeblich seyn werde, was ist denn zu thun? Ich weiß, es wird jemand sagen, man muß in der Gegend umher suchen und schürfen, denn Hofnung muß den Muth erhalten; allein es ist ein Unterschied, wo geschürft wird, hundert und mehr Löcher werden vergeblich gemacht, gleichwohl kann vieles in manchem Bezirk verborgen liegen. Es leidet jedoch eine Ausnahme, oft werden Gänge oder Hofnung auf Erze angegeben, wo gar keine seyn können, und ich habe so mancherley Steine und Erde von entfernten Orten erhalten, die der Meynung nach Metallhaltig wären, in welchen nicht die geringste Spur von irgend einem Produkt war, gleichwohl hieß es, daß Silber und Bley, auch aus andern Steinen Kupfer erfolgt wäre; allein dis war Betrug und Geldschneiderey, lügen dergleichen Leuten etwas vor, die Probe gab nichts.

Ich

Ich habe vorhin gesaget, daß die mehresten Werke durch ohngefähre Zufälle entstanden sind, und sich weit ausgebreitet haben, ich würde vielen ihren Anfang melden können, wenn es nicht bekandt genug wäre, von welcher Zeit die noch bekandten großen Bergwerke ihren Anfangs-Punkt rechnen, ob auch das Finden nicht durch Mühe und Weitläuftigkeit, so ist doch nicht zu widersprechen, daß die Extension und Ausbreitung durch Suchen geschehen ist und fortgepflanzet wird. Ich muß hier die Frage thun: Was ist denn Schürfen? Ich antworte: Es ist eine freywillige und jedem erlaubte Sache, die so lange getrieben wird, bis der Geber, der sein Geld auf Hofnung aus der Erde zu gewinnen hergiebt, zurück bleibt, und der Arbeiter nach vieler Mühe, die er lange Zeit angewendet hat, verdrießlich wird, dann steht das Werk. Große Kosten aufs Ungewisse zu verwenden, ist so wohl in Ansehung der Kosten, als der Arbeit selbst nicht vielen ihre Sache, und einer allein kommt nicht weit, wobey noch der Unterschied im Schürfen ist, wo es geschiehet, in wie ferne Gänge bekandt sind, z. E. am Harz, in vielen Gegenden in Sachsen, Ungarn, Norwegen, Schweden, im Reiche u. s. w. Hier tritt immer der Gegenstand ein, daß schon Bergwerk war; allein wenn, wie die Rede ist, gar noch keine Bergwerke vorhanden sind, und bloß durch Suchen rege gemacht werden sollen, woher nehmen die Brodt, die dergleichen Arbeit unternehmen, denn ehe Erze getroffen werden, folgt keine Einnahme, und ist eine Sache, die nebenher geschiehet. Hierzu gehöret besonderer Trieb desjenigen, der bey müßigen Stunden seine Zeit und noch übrigen Kräfte, wenn er seine gewöhnlichen Geschäfte verrichtet hat, darzu anzuwenden sich von selbst aufmuntert, und solches freywillig thut, in Hofnung, seine Belohnung aus der Erde zu erhalten, denn mit Zwang ist in dem Fache nichts zu thun, und ist nicht selten, daß dergleichen Leute an vielen Orten eingeschlagen und vergeblich gearbeitet haben, finden sich solche Leute nicht, sondern wollen und müssen nur bloß um Lohn arbeiten, weil sie, wenn sie nicht anderer Orten etwas Lohn verdienen, sonst nichts zu leben haben, so kömmt es darauf an, ob andere, die zwar nicht selbst arbeiten, die Arbeiter aber unterstützen können, baulustig sind auf Hofnung was zu verwenden, und ob sich deren viele finden, durch welche das Suchen und Schürfen befördert wird. In vorigen Zeiten war es nicht nöthig diesen Gedanken zu äußern, und wurde das Suchen und Schürfen auf alle Weise befördert, welches die Erfahrung und Nachrichten sattsam bestätigen, und kann ich mit Grund zum Beweis anführen, daß bloß im St. Andreasbergischen Revier 260 neue Werke und mehr in diesem Jahrhundert getrieben sind, die wirklich nach ihrer Aussicht am Gestein und übrigen Geschick, auch sich theils mit Erzen bewiesen haben, die aber von geringem Belang gewesen, doch schon als bauwürdig erkandt sind, die Schürfe, die liegen geblieben, nicht gerechnet, deren gewiß noch mehr sind; wie viele Gruben sind davon geblieben? Die Catharina Neufang und Samson, die schon älter waren, und im 15ten Jahrhundert gebauet worden, andere, als der Ludewig und Andreas haben auch gute Ausbeute gegeben, sind aber lange eingestellt; mit den übrigen hat sich nichts ausrichten lassen, obgleich

lange

lange gebauet und viel Geld verwendet ist, und noch verwendet wird. Eben so verhält es sich in dem hiesigen Revier, wo nicht weniger, ja noch mehr geschürft und gebauet ist; der größte Theil aber auflässig, und viele mit Schaden auf Hofnung gebauet worden, und noch werden, wenige aber sind so weit kommen, daß die Gewerken mit Ausbeute erfreuet worden, und kann sicher angenommen werden, daß von Hunderten kaum eine Grube in die Länge Ueberschuß gethan, gleichwohl haben sich viele Gewerken gefunden, die zur Fortsetzung des Werks mit gesteuert haben; allein wenn sich solche Personen wenig, wie in unsern Zeiten leider oder gar nicht finden, und die Leute theils die Kräfte, theils das Vermögen nicht, oder auch keine Lust zum Suchen haben, oder wenn lange gesucht und geschürft, viel Arbeit und Geld verwendet, und nichts gefunden ist, was ist denn zu thun? jene werden sagen, unsere viele Mühe ist umsonst, und andere, das Geld sey vergeblich verwendet, wo nicht der Ausdruck gebraucht wird, es habe denen, die die Leute zum Schürfen angewiesen hätten, an Kenntniß gefehlet die Gegenden zu beurtheilen, und wären ihnen die rechten Punkte nicht gewiesen. Hier fehlt es auch just, denn wenn die Punkte geradehin angewiesen werden könnten, hieße es nicht suchen, hier müßten diejenigen zu Rathe gezogen werden, welche mancherley Merkmahle wissen, wornach Erze zu finden sind, ob sie jemahls Gebrauch davon gemacht haben, ist mir unbekandt, ich zweifele; die Baulust verliert sich indessen eine Zeitlang, und selbst der Arbeiter wird müde, wenn er an vielen Orten, ohne einmahl mit einer Spur vom Gange, der Erze mit sich führet, erfreuet zu werden, eingeschlagen hat. Alles wäre aber leicht zu bewerkstelligen, wenn es gewiß nach denen angegebenen Merkmahlen geschehen könnte; allein wo ist der Ort, oder wo sind diejenigen, denen es auf solche Art geglücket hätte? Versuche werden gewiß darnach gemacht seyn, der vergeblichen Arbeit rühmet sich aber niemand gerne, weil keiner unter der Zahl derjenigen seyn will, die von Sympathie oder Aberglauben eingenommen sind. Das Vorurtheil reich zu werden locket jedoch noch manchen unnütze Versuche zu machen, und vergebliche Kosten zu verwenden, zumahl, wenn man glaubwürdige Männer, ob sie auch nichts weniger, als mit der Erde bekandt sind, anrathen Versuche zu machen, weil die Gegend allen Umständen nach edle Gänge mit sich führen könnte. Hier müßte man fragen: Woher weißt du das? Merkwürdig ist es, daß am ganzen Harz seit 1707. nachdem die **Dorothea** in Aufnahme gekommen, so wenig an dem einen, als andern Ort was beträchtliches entdecket ist, ohngeachtet nicht wenig neue Werke betrieben sind, deren in der Folge einige angeführet werden, wo alle Arbeit vergeblich ist.

Es muß inzwischen durch Menschen geschehen oder wenigstens gefunden werden, der Mensch findet es von ohngefähr, oder durch seine Bemühung; leztes ist noch selten oder gar nicht bekandt, ob auch der eine Erz im Fahrweg, der andere im Fluß, wieder ein anderer durch Umwerfen der Bäume, oder Scharren der Pferde u. s. w. gefunden hat; so macht ihm dis noch nicht den

Ruhm,

Ruhm, daß es durch ihn und seine Arbeit zum Vorschein gekommen sey, denn es war schon da, und Kunst fällt hiebey weg. Gott will es auch nicht alles auf einmal entdeckt haben, sondern hält es zurück, bis zur Zeit, da es dem Ganzen zu statten kommen soll, welches aber nicht geschehen würde, wenn auf Gerathewohl Erze gefunden und gefodert werden könnten, wo jeder einzuschlagen Lust hätte, denn wäre es gut Bergmann zu seyn, und ich glaube, ein großer Theil Menschen stellt sich es so vor, daß es nur darauf ankomme die Rasen abzustechen, dann sind die Erze gleich da, ohne Rücksicht zu nehmen, mit was vor Umständen es verknüpft ist. Viele Exempel sind auch bekandt, daß die Hofnung ganz verlohren geschienen, und alle Baulust verschwunden ist, da hat sich, obgleich nichts neues, doch gefunden, daß die alten Gruben wieder in bessere Aufnahme gekommen sind, wodurch mancher Verlust ersetzet ist, ohne daß sich jemand der Kunst, was darzu beygetragen zu haben, rühmen kann, z. E. es fällt ein taubes Mittel vor, wer kann wissen, ob die Erze wieder ansetzen, und wenn sie sich wieder finden, und das taube Gestein alle wird, wer hat die Kunst gekonnt, es wieder herzustellen. Freude macht es einem jeden Patrioten, aber sich dessen rühmen kann sich keiner.

Unsere Gegenden am Harz, so wohl zu Clausthal, als zu St. Andreasberg beweisen von beynahe 250 Jahren, ohne sich auf Weitläuftigkeiten einzulassen, daß die Erze sich verringert, oft gar alle worden, sich aber auch wieder verbessert haben; und sind auch ähnliche Fälle anderer Orten nicht unbekandt, es fallen dabey die Praesumtiones sowohl, als andere Künsteleyen weg, denn die Erde ist des Herrn. Ueberhaupt kommt es auch nicht bloß auf Gänge, sondern auf edele Gänge an, denn was nützen die Gänge ohne Metall oder anderer Produkte? Es wird aber gleichwohl was beträchtliches auf taube Gänge, theils mit Oertern und Querschlägen oder Absinkung mehrerer Schächte verwendet, in Hofnung sie edel auszurichten, wie oft schlägt es aber fehl? und hat jedes seine Ausnahme in der Welt (die Gänge auch) und wir sind noch lange so weit nicht, wie vorhin gesagt worden, was vor Gestein- oder Gang-Gebürg es ist, woraus mit Gewißheit zu schließen wäre, der Gang wird edel oder nicht.

Oft haben Gänge, die edel werden, ein ungleich schlechter Ansehen, als andere, die eine weit bessere Bergart haben, und doch unedel und taub bleiben. Noch ist es gar nicht entschieden, was vor Gestein eine Ausnahme leidet, in welchem nicht Erze brechen und gefunden werden, denn wenn man die Edelsteine zurück setzet, so ist fast nichts übrig von Gestein-Arten, die nicht Erze mit sich führen können, es läßt sich schon in härtern Steinen, als z. E. im Crystall, Jaspis, Labrator, Glaserz auch Silber finden, und gehet durch alle Classen von einer Bergart auf die andere, bis zum Kalch und Thon, jedoch an einem Ort auf diese, am andern auf jene Art, nachdem die Gegenden sind, und ihm der Nahrungszweig durch die Weisheit des Höchsten zugetheilet ist. Der Zweifel existiret auch nicht mehr, daß im Granit nichts gefunden werden sollte, und zeiget sich an verschiedenen Orten, daß sich sowohl im

Granit,

Granit, in Blende und andern seltenen Bergarten Erz findet. Der rußische Herr Bergrath Laxmann hat noch kürzlich einen ähnlichen Fall angeführet, und in unsern Gegenden ist es gar nichts ungewöhnliches, es ist freylich nicht an einem Ort wie am andern, und die Gegenden sind verschieden, die Welt ist aber groß, und wenn angenommen wird, wie viel in diesem Jahrhundert sich die Kenntniß im Mineralreich weiter ausgebreitet hat, so muß man bey einigem Nachdenken erstaunen, und was wird es in der Folge noch thun? Wenn die bekandten größten Kabinette von einer Zeit zur andern noch immer neue noch nicht bekandt gewesene Zuflüsse erhalten, ob ihnen auch oft Nahmen beygelegt werden, die mehr willkührlich als gründlich sind, als z. E. der **Sonnen-Igel von Laborterie** und andern mehr; daß dis aber zum Finden der Erze was gethan, oder beygetragen habe, davon läßt sich mit Wahrheit wohl nichts sagen, wenigstens ist es mir nicht bekandt, vortheilhafter zu gewinnen, und aufzubereiten ist viel weiter gekommen, und leidet keinen Widerspruch, wenn dis geschiehet und geschehen kann, sind die Erze schon da, wovon aber die Rede nicht, sondern vom Suchen und Finden ist.

Ich gehe zurück, daß ich gesagt habe, daß es an Versuchen oft nicht fehle, und eben das Gestein, welches auf lange Distancen Erz mit sich geführet hat, setzet fort, aber taub, und hält lange an, und die Kosten sind nach vielfältiger Untersuchung vergeblich, welches leider manches Ort und Schacht bestätiget.

Es läßt sich der Einwurf noch machen, daß, so lange der Gang der nemliche bleibe, wie er vorhin gewesen, und edel geworden sey, und wieder taub worden wäre, eben so wohl auch wieder edel werden könne, wenn demselben in mehrerer Länge und Tiefe nachgebauet werde; ich pflichte dem bey, denn die Möglichkeit bleibt immer, wie der Vorfall mit der Dorothea beweiset; hier bauete aber eine Grube der andern zu, und kam nicht auf einerley Kosten an; wenn aber 3. 4. bis 500. Lachter lang, auch 100. bis 120. Lachter tief und oft mehr in Tauben abgesunken und aufgefahren, viel Geld verwendet und nichts gefunden, welches in der Folge angeführet ist; wie stehet es um die Baulust der Gewerken? Bleiben die so lange beständig? Denn wenn die Vorschußgelder ausbleiben, so hilft aller Ruhm des Ganges nicht, er wird im Streichen und Fallen auch nach dem Ansehen des Gesteins beschrieben, so wie es immer möglich ist, so kann doch alles ohne Geld nichts helfen, denn die Kosten werden wegen der herbey zu bringenden Hülfsmittel immer beträchtlicher, mancher gute Patriote gehet ab, und das Werk bleibt liegen; die Möglichkeit, daß der Gang dennoch wieder edel gefunden werden könne, bleibt deswegen doch, wenn weiter ins Feld gefahren oder tiefer abgesunken wäre; die bleibt aber auch, wenn 1000. und mehr Lachter aufgefahren, und viel mehr Lachter tief, als oben angeführet sind, abgesunken würden, so lange die Gänge nicht alle werden: Wer waget es aber die Kosten darzu herzugeben, die zu nöthigen Künsten, Kehrrädern, Teichen und Graben-Touren erfoderlich sind, ohne daß edele Geschicke, wenn es auch nur etwas wäre, da sind? oder wer kann es anrathen, so viel aufs ungewisse zu verwenden? Es ist gewiß, daß bloß in unserm Bergamts-Revier

Millionen

Millionen auf Hofnung verwendet sind, die großen Hallen und Nachrichten davon bestätigen es nicht allein, sondern in unsern Zeiten ist und wird nicht wenig aufs Suchen verwendet, und ohne bergmännische Ueberlegung ist es gewiß nicht geschehen, und geschicht nicht, denn auf vielen Gängen, die am Tage sichtbar sind, würden wir wegen des guten Geschicks und Ansehens bauen, wenn uns die Vorfahren nicht zuvorgekommen wären, und das Geld zu Aufschließung mancher Gegend verwendet hätten, denn die Bergart in der Gegend, wo der Gang taub ist, unterscheidet sich nicht gegen die, wo Erze dabey brechen, das Streichen und Fallen ist mit diesen das nemliche, und die Gewinnung des Gesteins ist mit jenem verhältnißmäßig; noch mehr, der Gang stehet über den Erzen, wo er edel ist, 10 bis 20, ja an einigen Orten 40 Lachter hoch völlig taub, ohne die geringste edle Spur, und hat das nemliche Ansehen, mithin die Hofnung dadurch vermehret ist; denn selten setzen die Erze (wenigstens hier) zu Tage aus, daher mit Continuirung des Absinken oder Auffahren der Oerter nicht nachgelassen werden müßte; allein wie eben gesagt ist, Geld ist die Losung. Selbst die **Dorothea** und **Carolina**, deren Ergiebigkeit Weltbekandt ist, führen Beweis davon, daß es möglich ist lange auf Gängen Erze zu suchen, ohne zu finden, gleichwohl sind sie in der Gegend anzutreffen, und wenn nicht der große Stifter der Bergbau-Casse hierdurch Gelegenheit bekam, das Ort in 56 Lachter tief, welches in einer Stolln-Sohle herauf getrieben wurde, mit diesem Zuschuß und aus seinen Mitteln zu continuiren, wären sie vielleicht noch nicht da, denn die

Schächte, woher das Ort kam, waren schon da. Es müßte einem Fremden, wenn er sich einigermaßen an Ort und Stelle bekümmerte, und sich die Geschichte erzählen ließ, auch nur etwas Kenntniß hätte, auffallend seyn, wenn er 38 Lachter hoch faules Gestein, welches ganz ohne Bohren und Schießen gewonnen werden kann, siehet, denn so hoch stehet der faule Gang über den Erzen, und sich unter demselben einen Schatz von so viel Millionen vorstellen sollte, wie müßte er sich nicht wundern, noch mehr aber darüber, daß das faule Gebürg auch bey den anhaltenden guten Anbrüchen immer mit abwechselt, und jezt ist solches in 186 Lachter tief, eben so, wie in der Höhe von 38 Lachter tief gedacht ist, im Liegenden des Baues beschaffen, daß es sich ohne Gezimmer gar nicht hält, und, so bald Wasser dazu kommen, löset es sich völlig auf, wie ein Schlamm, wodurch öftere Tretungen und Brüche am Gezimmer entstehen, wovon wir bey dem neuerlichen Wassermangel die Nachwehen noch empfinden, und reissen sich bald an dem einen, bald an dem andern Ort große Läste mit dem faulen Gebürg loß, die nicht wenig und gefährliche Arbeit verursachen.

Eben diese Grube **Dorothea** beweiset dasjenige, was ich gesagt habe, ganz deutlich, daß es nicht so gerade geschehen ist Erze zu finden, ob auch alles mögliche zum Suchen verwendet wird, sondern jedes hat in der Welt seine bestimmte Zeit, wenn, wo und wie es dem Publikum nutzen soll. Das Folgende ergiebet mit mehreren, wie es zugehet, so wie ich auch nicht zweifele, daß ähnliche Fälle an andern Orten nicht unbekandt sind,

und

und setze ich zum voraus, daß sowohl vorhin, als im Anfang dieses Seculi gute Bergmänner, ich kann sie mit Recht große Bergverständige nennen, deren Andenken mir theils theuer ist, gelebt haben; es ergeben solches alle Anstalten, und Einrichtungen, welche damahls gemacht sind, die uns nicht allein die Dauer des Bergwerks verschaffet, sondern auch im Fortgang derselben größtentheils noch zur Regel dienen.

Von dem, was bloß vom obern Burgstädter-Zug gesagt ist, werde ich bey anderer Gelegenheit dasjenige, was von dem Ganzen des Burgstädter- und Communion-Hauptzuges, auf welchem der Gang fast 3600 Lachter größtentheils edel ist, und zu bemerken möglich gewesen, mit den mannichfaltigen Veränderungen, sowohl in der Quantität als Qualität der Erze und Verschiedenheit des Gehalts und Gesteins, in mehr oder weniger Tiefe, wenn ich mich schmeicheln darf, daß es der Leser nicht anders, als von einer bergmännischen Seite betrachtet, nicht ermangeln nachzuliefern, und zeige vorerst im folgenden an, mit was vor Zeit, Kosten und Umständen der obere Burgstädter-Zug in Aufnahme gebracht ist. Es zeiget sich hieraus, was ich oben gesagt habe, daß Erze zu finden, so wenig durch Kunst als durch gedachte Vermuthungen geschiehet, und wenn auch alle Bücher zu Hülfe genommen werden; es zeiget sich aber auch, daß es nicht auf die schöne Aussicht der Gänge ankömmt, weil dieser Gang schneidig und faul war, und 38 Lachter hoch auf den damahls verborgenen Schatz gelegen hat, und muß ich hier noch eine, ich hoffe mir erlaubte Frage, hinzu setzen, die darinnen bestehet: Was vor Gang-Gebürg

bürg muß es denn seyn, wenn gesagt werden soll, hier stehen Erze? Auf dem gedachten Burgstädter-Zug finden sich fast alle Bergarten, und alle führen Erze mit sich; oft sind sie an einem Orte taub, am andern ist Erz dabey, bald rein oder derb, bald Fleckweise, bald trümrig, bald kleinspeisig, bald grob glanzig, bald reicher, bald ärmer, u. s. w. Nachgesetztes beweiset, wie das Suchen und Finden sich verhält, ohngeachtet sie auf dem Fleck waren, und an vielen Orten den Gang erschürfet hatten.

Von Aufkunft der **Dorothea**, oder des obern Burgstädter-Zuges, und der Untersuchung, welche die **Dorothea** veranlasset hat, den Gang, welcher taub worden, in mehrerer Entfernung von vorhin schon bebaueten edlen Mitteln wieder edel auszurichten.

Einleitung.

Dieser Zug stehet zwar, wie die Meynung ist, mit dem Gange, welcher vom Wildemann herauf seinen Anfang genommen haben soll, in Verbindung, und kann vom Wildemann der Gang auch noch viel weiter gegen Abend rückwärts setzen; daß es aber mit dem, was den obern Burgstädter-Zug ausmachet, eine ganz andere Bewandtniß habe, beweisen nicht allein die Erze nach ihrer Art, sondern auch alles Neben-Gestein, welches beydes sehr abweichet, und in der Länge, ehe es an die **Dorothea** kommt, mancherley Veränderungen gewesen sind.

Es ist nicht unbekandt, daß dem Gange vom Wildemann herauf viel Trümmer zugelaufen sind, und noch mehrere, welche wegen großer Mächtigkeit an manchen Orten nicht können wahrgenommen werden, dabey seyn können.

An vielen Orten, wo wegen schneidigen Gesteins mit Getrieben gefahren werden müssen, mag sowohl im Hangenden, als Liegenden manches zugekommen seyn, welches wahrzunehmen unmöglich ist, wie aufmerksam auch zu Werke gegangen wird, denn eine Mächtigkeit von 12 und mehr Lachtern in diesem Revier ist auf einmahl nicht zu bauen thunlich, und auch nicht zu übersehen; den Gang quer durchzubrechen, wie geschehen ist, zeiget sich zwar die Mächtigkeit vom Hangenden bis zum Liegenden, aber nicht die Neben-Trümmer, die von Seiten zulaufen.

Was den obern Burgstädter-Zug betrift, so ist der Gang in ältern Zeiten gar nicht unbekandt, sondern lange im vorigen Seculo mit Oertern und Absinkung verschiedener Schächte untersucht gewesen, wie z. E. der Bergmanns Troster, vorher Grünehirschler-Schacht, welcher schon die 100 Lachter Strecke erreichet gehabt, auch mit Tage-Rüschen, die z. B. vom großen Pfauen-Teich ab, bis über die Gegend des Dorotheer-Ganges 120, andere 160, und noch andere viel länger fortgetrieben worden, und die Hauß-Hannover-Rüsche, welche vom alten Pfauen-Teich ab, auch weit hin, und 72 Lachter lang fortgebracht worden ist. Alle haben den Gang, der sich faul und schneidig erwiesen hat, und ohne Bohren zu bearbeiten

ten gewesen, durchgeschnitten, weil aber bloß faules Gestein gefunden, so ist er nicht vor den rechten Gang gehalten, denn hinunterwärts verhält sich das Gestein ganz anders.

Ausserdem ist noch mehr gesuchet, der Zeit aber nichts edel gefunden worden. Die Hofnung hat sich indeß von einer Zeit zur andern fortgepflanzet, weil in dem Revier, wo jezt die St. Elisabeth, die kaum 300 Lachter lang entfernet ist, bauet, viele Gruben um und neben einander herum gelegen gute Erze gefödert, und theils auch Ausbeute gegeben haben, als z. E. **Georg, Gabe Gottes, Friedrich, Hauß-Lüneburg, Strauß, Prophet Daniel, Philippina, Grüner Hirsch, Heilige Dreyfaltigkeit, Bergmanns Trost**, u. s. w. Diese Gruben haben alle in dem Revier der St. Elisabeth hinaufwärts bis dahin, wo die **Dorothea** Markscheide hält, theils auf dem bekandten Gäng, theils im Hangenden und Liegenden, fast in einem Circul gebauet, und scheinen die bekandten Trümmer des mittlern Burgstädter-Zuges vom König Wilhelm, Kranich, Anna Eleonora, St. Margaretha, Herzog Christian Ludewig, das Mittel vom Hauptgang erreichet zu haben, wo die Gänge in der St. Elisabeth zusammen kommen, weil noch andere Gruben, als die Osteröder Zeche, der Landesherr, weiße Roß, die Vorsichtigkeit und Hauß-Lüneburg im Hangenden, wo in Heinrich Gabrieler liegenden die Benedicta gebauet hat, No. 9. Trinitatis 1700. aber mit offenen Durchschlag ausgetrieben worden, und dahin verlegt ist, wo sie jezt liegt. Der Andreas aber und **grüne Birke**, welche im Liegenden des Haupt-

ganges

ganges gebauet sind, auch obgleich mit einem verkehrten Fallen im Streichen zum Hauptgang gekommen seyn, und dis ist wohl die Ursache, wodurch die große Mächtigkeit an vorbeschriebenen Orten entstanden seyn muß; auch ist hier nicht ohnbemerkt zu lassen, daß die Osteröder Zeche mit denen ihr nachgesetzten Gruben von der Anna Eleonora abgelaufen sind, welches mit offenen Durchschlag erwiesen worden; umgekehrt aber könnte der Gang von mehr zuerst erwähnten Gruben ab, und hier zugelaufen seyn. Eines von diesen beyden ist gewiß, verschlägt aber der Hauptsache nichts, und hat der mächtige Gang nur in kurzer Länge gut gethan, weil sich die Erze im grünen Hirschler Felde nicht allein zugespitzet, sondern endlich ganz verlohren haben, ohngeachtet die Grube 5 Puchwerke mit Erzen versorgen können, und jedes Puchwerk verarbeitet doch eins gegen das andere gerechnet 5 Treiben Erz; doch ist zu bemerken, daß nur im Sommer etwa 30 Wochen Erz gepucht wird, und werden im Winter gesammlet.

Ich habe vorhin angeführet, daß alle Erze und Bergarten auf dem Burgstädter-Zug nie das Ansehen gehabt, wie es in dem obern Revier gefunden ist, und ist merkwürdig, daß in der vorhin beschriebenen Mächtigkeit eine Art weißes Bley-Erz gefunden worden, wie solche in eben einer so großen Mächtigkeit im Stuffenthaler Revier gebrochen hat und noch bricht, wovon doch vorhin in einer Distance von mehr als 12 hundert Lachter-Länge nichts gefunden worden ist, gleichwohl ist die ganze Länge edel. Im lezten Revier, nemlich im Stuffenthal auf dem Communion-Hauptzug thun die Erze gut bis in 180 und mehr Lachter Tiefe, können auch tiefer niedersetzen, sie sind aber bis hieher noch nicht weiter untersuchet, im ersten aber, nemlich in der St. Elisabeth, wo die große Mächtigkeit ist, nur auf 70 bis 80 Lachter tief, wo sie niederwärts schmahl und unbauwürdig geworden sind, ob auch gleich weit tiefer bis 136 Lachter tief bessere Erze wieder auszurichten, gebauet worden ist, hat sich doch nichts gefunden, sondern der Gang hat sich ganz bis auf eine Linie verklemmt.

Man könnte sagen, daß das Stuffenthal in Ansehung des Bley-Erzes mit gedachtem Revier zusammen hienge, und das thut es auch; aber es ist eine große Distance, wie angeführet, darzwischen, und durchgehends auf Erzen gebauet, aber nichts bemerket, das dem Bley-Spath ähnlich wäre, und von der Seite kann vom Communion-Hauptzug nichts zugelaufen seyn, weil solches durch Trümmer, die ein verkehrt Fallen haben, als **Andreas** und **grüne Birke** verhindert wäre, auch überdem in diesen Gruben sich eine Aehnlichkeit hätte zeigen müssen.

Es hat an Aufsuchung der Gänge und besonders des obern Burgstädter-Zuges, wo die **Dorothea** und **Carolina** bauen, zu keiner Zeit gefehlet; und hat die **Gabe Gottes**, welche auf einem Trum mit dem **Heinrich Gabriel** Markscheide gehalten, von welcher es No. 13. Trinitatis 1683. heißt, daß zu Aufmachung eines Schachts 9. fl. Zubuß angelegt worden, in der Gegend einen weitläuftigen Bau gehabt, daß es ein alter Schacht gewesen ist, ergiebet sich aus dem Geding, welches 33. Lachter tief, um 900. fl. mit 4½. Pfund Pulver in No. 2.

Quar-

Quartal Crucis 1683. verdungen ist, und kann auch der Heinrich Gabrieler Schacht nicht seyn, weil dieser von oben herein kein schneidiges Gestein hat, auch erst No. 13. Trinitatis 1683. abzusinken beliebt ist, jene aber auf schneidigen Gang-Gebürg gebauet haben.

Die Grube **grüner Hirsch** hat schon den 16ten Aug. 1645. in der Gegend des obern Zuges eine Fundgrube und 2. Maasen übern Hauß Lüneburg, andern Gruben ohnbeschadet gemuthet; es muß aber wohl kein Bau angefangen seyn, weil den 7ten Febr. 1650. wieder eine Muthung auf 2. Maasen eingelegt ist, und auf diesem Bau sind Erze gefodert worden, so wie auch von denen 12ten, 13ten und 14ten Maase, die den 12ten Nov. 1695. auf dem Hauptgange nach dem Heinrich Gabriel gemuthen worden, Erze gefordert seyn müssen, weil ein B. A. Prot. von No. 6. Trinit. 1695. saget, 5. Treiben Erz könnten nicht mehr erfolgen, und müßte die Foderung auf 3. Treiben gesetzt werden; die Erze haben auch hier nicht in die Tiefe gesetzet, und ist die Rede nur seit No. 7. Remin. 1682. von oben bis auf die 19. und 13. Lachter Stolln gewesen: denn No. 12. Crucis 1710. ist gesagt, daß der Schacht mit Heinrich Gabrieler-Berg voll gestürzt werden soll, das Ort aber ist laut Prot. No. 2. Trinit. 1714. bis an die Bergmanns Troster Markscheide gebracht, und nichts damit getroffen worden. Der Bau, welcher den 7ten Febr. 1713. im Liegenden, wo der **Strauß** lange gebauet hat, muß auch nicht beträchtlich gewesen seyn, und ist nachher von dieser Grube lange nichts gedacht, und erst den 18ten Oct. 1754. findet sich, daß diese Gewerkschaft am neuen Flambach oder Semmelwimelwieser Teich in einer ganz andern Weltgegend gebauet, und ein Ort 24. Lachter fortgetrieben hat, den 21ten Nov. 1777. hat die Grube ihr altes Quartier, nemlich die 11te, 12te und 13te Maase auf dem Hauptgange wieder bezogen, und 35. Lachter lang übern St. Elisabether Schacht auf dem Frankenscharner Stolln einen Bau angefangen, auch bald tiefer, bald höher Erze weggeholet. Sie treibt jezt noch eine Weilarbeit auf dem Frankenscharner Stolln im Liegenden und ein Geding auf dem 13. Lachter-Stolln im Hangenden im Philippiner Felde, welches frey war, mithin andern verliehen werden konnte.

Auch hat das Hauß Lüneburg auf dem Hauptgang den 29ten Dec. 1644. gemuthet, und ist der jetzige Frankenscharner Stolln unter dem Namen der Lüneburger Streck betrieben worden. Außerdem ist den 8ten Jul. 1659. mehreres Feld verliehen, und den 2ten Mart. 1667. sind abermahls zwey Maasen gemuthet, auch den 20ten Sept. 1680. ist um die 3te, 4te und 5te Maaß nachgesuchet, welche auch verliehen sind; es hat die Grube bald hier, bald dagebauet, und kommt davon in Acten verschiedenes vor. No. 4. Crucis 1670. wird eines Moritz und einer Silber-Schnur gedacht, welche den Gang hinunterwärts ferner untersuchen sollen. No. 5. Crucis 1680. und No. 7. Crucis 1681. wird von einem Ort weiter ins Liegende fort zu treiben geredet, und ist der Bau bald nach der St. Elisabeth, bald nach dem Heinrich Gabriel beschrieben, und muß das Hauß Lüneburg gute Erze gehabt haben, weil No. 9. Crucis 1670. 4. Treiben zu 2. Röstèn zu viel gehalten, und findet sich, daß sie nicht von langer Dauer gewesen sind, weil bald,

nach-

nachdem die Erze am besten gewesen sind, sich findet, daß beliebt ist, die sämmtlichen Leute abzulegen, das Ort aber von **St. Georg** sollte besser betrieben werden, um den Gang wieder edel auszurichten, es zeiget sich hieraus, daß die Erze ganz alle worden sind. No. 8. Crucis 1706. ist das **Hauß Lüneburg** mit dem **grünen Hirsch** 5. Lachter hoch übern Frankenscharner Stolln durchschlägig worden, und das hangende Ort soll nach einem Protocoll von No. 10. Remin. 1710. bis nahe an die Markscheide des Bergmanns Trost gebracht seyn.

Von dieser Zeit an findet sich nichts, als daß No. 13. Remin. 1735. gesagt ist, daß das **Hauß Lüneburg** aus dem Bergzettel weggelassen werden, das ist, eingestellt bleiben solle.

Es zeiget sich auch mit mehreren, daß der **Heinrich Gabriel** (ob es auch der Lage nach nicht so scheinet) mit dem Hauptgang in Verbindung stehet, welches die große Mächtigkeit des Ganges in dasiger Gegend verursachet, denn es ist nicht allein gesagt, die **Benedicta** sey im Liegenden von ihm ausgetrieben, und der grüne Hirschler Schacht sollte mit dem Berg aus dasiger Gegend voll gemacht werden, sondern die Muthungen ergeben es klar, daß der **Heinrich Gabriel** mitten inne lieget, indem es heißt, die **St. Elisabeth** habe die 6te, 7te und 8te Maaß, der **Heinrich Gabriel** die 9te, 10te und 11te Maaß, der grüne Hirsch die 12te, 13te und 14te Maaß, und so fort, der Bergmanns Trost und die **Dorothea** ꝛc. gemuthet. Und hieraus folget, daß der St. Elisabether Schacht nicht auf den Punkt lieget, wo er hin gehöret, sondern der **St. Georg** hat

hat den Schacht gebauet, und der eigentliche St. Elisabether Schacht ist auf den 19. Lachter Stolln weiter im Hangenden noch zu sehen; vermuthlich haben die Vorfahren den besten Schacht gewählet, weil verschiedene abgängig geworden, die mit einander durchschlägig gewesen sind.

Vom **Heinrich Gabriel** ab hat auch die **Gabe Gottes**, von welcher vorhin gesagt ist, gebauet, und No. 13. Trinitatis 1697. wird der 3te Steiger auf dem **Heinrich Gabriel** nöthig gehalten, weil der Bau zu weitläuftig geworden ist. Auch wird gesaget, daß die Bühnlöcher in Erzen gehauen wären, mithin ist klar, daß der Bau mächtig gewesen seyn muß; in 100 Lachter Tiefe, ist aber nur $\frac{1}{8}$. Lachter mächtig Erz angegeben, und No. 2. Remin. 1732. der 111. Lachter tiefe Schacht bis auf den 13. Lachter Stolln voll zu stürzen beliebt. Es findet sich aber nicht, daß jemahls Ausbeute gegeben worden, sondern erst No. 11. Luciae 1742. wird gesaget, weil die Grube inclusive der Materialien 3049. fl. Vorrath habe, und 1. fl. Zubuß nicht viel beytrage, so sollte sie in Freybau genommen werden, sie kam aber wieder in Zubuße, bis No. 12. Remin. 1774. nachher aber im Quartal, dessen eben gedacht ist, wieder in Freybau.

Es ist fast die einzige Grube, welche in dem Revier keine Ausbeute gegeben hat, welches andere Gruben aber gethan, mit dem sie an beyden Seiten Markscheide gehalten, und bestätiget sich um so mehr, daß es die wahre Lage des **Heinrich Gabriel** ist, wenn es No. 1. Luciae 1736. heißet, man sey dem grünen Hirsch in die Vierung kommen; allein der **Heinrich Gabriel** sey älter

im

im Felde, und 1619. der grüne Hirsch aber 1645. erst gemuthet.

Der **grüne Hirsch** sowohl, als viele andere haben in dem kleinen Revier Ausbeute gegeben, und müssen viel Trümmer gewesen seyn, welche die Mächtigkeit ausgemacht haben, denn fast alle Gruben, die in der Gegend gebauet, haben Fundgruben und Maasen bald im Hangenden, bald im Liegenden, aber nicht länger im Feld gemuthet, als von welchem in Continuation bis an die Markscheide der **Dorothea** gebauet worden ist; Fundgruben hätten aber nicht verliehen seyn, wenn nicht mehrere Gänge neben einander gelegen hätten.

Die Gegend, deren vorhin schon gedacht ist, wo der **Bergmanns Trost** bauet, ist schon unter dem Namen heilige Dreyfaltigkeit. den 14ten April 1608. auf dem Burgstädter-Zug gemuthet, muß aber wohl ins Freye gefallen, und wieder liegen geblieben seyn, weil den 2ten Sept. 1649. eine Fundgrube und 2. Maasen über den **grünen Hirsch** auf dem Hauptgang unter dem nemlichen Nahmen gemuthet worden, und den 12ten Sept. 1649. wird die 15te, 16te und 17te Maase nach der **Sophia** auf den Hauptgang verschrieben, die aber im Verleihbuch nicht zu finden sind; daß dis der Punkt sey, wo unter dem Nahmen **Bergmanns Trost** gebauet ist, bestätiget die Muthung vom 8ten April 1660. wo ein Nebengang im Liegenden unter dem Nahmen heilige Dreyfaltigkeit oder Bergmanns Trost gemuthet ist, und den 6ten Febr. 1697. wird einer Fundgrube nebst 2. Maasen, aber auch nicht der Maasen, welche 1649. gemeldet, gedacht.

Es besagen aber die Acten von No. 12. Reminisc. 1673. daß das ganze Feld mit dem obern Ort zu verstehen ist, und in Tauben aufgefahren sey, und sollte so lange stehen bis der Bergmanns Troster Schacht nieder gebracht wäre.

Von der Zeit an bis No. 11. Remin. 1693. findet sich nichts, und ist dafür gehalten, den alten Schacht, dessen sich ehedem der grüne Hirsch bedienet, aufzuräumen, ist aber, weil kein Geld vorräthig, No. 2. Remin. 1649. wieder stehen blieben, und erst No. 10. Remin. 1696. mit 1. Steiger und 4. Häuern belegt worden, von dieser Zeit an ist er beständig im Betrieb gewesen, auch sind zugleich Oerter und Querschläge, besonders das 19. Lachter Ort stark betrieben, welches No. 4. Crucis 1704. bis auf $\frac{3}{4}$. Lachter an die Dorotheer Markscheide gebracht ist, und sollte das Feld vollends abgebauet werden, damit die Dorothea anfangen könnte. Der Gang ist indessen auf Kosten des Bergmanns-Trost auf den 19. und 13. Lachter Stolln mit Querschlägen überbrochen, auch von einer Zeit zur andern, und No. 1. Crucis 1714. noch dafür gehalten, daß von Niederbringung des Schachts nicht abgegangen werden dürfe, ob auch die Wasser mit Pumpen gehalten werden müßten, und sollte der grüne Hirsch, weil der Schacht 13. Lachter in dessen Feld liege, die halben Kosten mit tragen; auch ist von dem Herrn Berghauptmann von den Busch No. 13. Crucis 1717. noch recommandiret, das 100. Lachter Strecken-Ort, welches der

Berg-

Bergmanns-Trost bis an die Dorotheer Markscheide gebracht habe, nicht zu versäumen, den Wassern zu helfen, wolle der Markscheider Ribking eine Maschine anlegen, durch welche die Wasser auf den 13. Lachter Stolln gehoben werden sollten; solches ist No. 7. Luciae 1717. auch geschehen, hat 536. Rthlr gekostet, ist aber nicht gegangen, und die Maschine wieder weggenommen worden. No. 3. Trinitatis 1718. ist der Gaipel abgebrandt, worauf von weyl. Oberbergmeister **Deegen** eine kleine inwendige Kunst vorgerichtet worden ist, die mit dem Wasser, welche von 19. Lachtern auf das Rad gebraucht sind, auf den 13. Lachter Stolln wieder abgelaufen, betrieben, und No. 3. Luciae 1720. angeschützt worden ist. Das Gesenke ist wieder belegt, und bis den 19ten Octob. 1723. der Schacht 151. Lachter tief niedergebracht, weil aber nichts getroffen worden, so ist nicht weiter abgesunken, sondern das 120. Lachter-Strecken-Ort ist continuiret, ist aber No. 3. Luciae 1732. auch stehen blieben, nachdem solches bis 10. Lachter lang von der Dorotheer Markscheide fortgebracht, welches durchschlägig zu machen aber nicht gut gefunden worden ist.

No. 13. Luciae 1734. ist der Schacht voll zu stürzen beliebet, und der Bau in der Gegend ganz verlassen, das Feld ist aber in Verschreibung erhalten, obgleich unter dem Namen Bergmanns-Trost No. 12. Crucis 1732. in der Gegend bey Camschlaken gemuthet, und ein Schacht 41. Lachter tief der Gang ein gutes Ansehen gehabt, ist No. 12. Luciae 1738. gut

 gefunden,

gesunden, auf beyden Seiten 100. Lachter lang auszulängen, der Bau ist aber No. 12. Trinit. 1744. eingestellt.

Auf beständiges Ansuchen der Gewerken von **Bergmanns Trost** hat die **Dorothea** auf der 14ten Strecke ihr Feld abgebauet, und No. 5. Remin. 1781. hat der Bergmanns Trost hier seinen Bau angefangen, das Ort ist 42. Lachter lang fortgebracht, wegen der Berglösung bey eingetretenem Wasser-Mangel aber No. 8. Luciae 1783. wieder stehen geblieben, so weit vom alten Bau des Bergmanns Trost, der nie zu guten Erzen gelangt ist.

Dis ist doch wohl Beweis genug, daß zu Untersuchung des Ganges keine Zeit und kein Geld gesparet ist, denn wenn der Anfang bis zur Einstellung gerechnet wird, so muß es in die Augen fallen, und noch mehr, daß sich der Gang nicht verändert, sondern das nemliche Gestein in der Tiefe von 151 Lachtern, wie am Tage behalten, welches auf der 100. Lachter-Strecke noch sichtlich ist, unter dieser Strecke aber ist der Schacht voll gestürzt.

Die **Gabe Gottes** hat im Hangenden der jetzigen **Dorothea** 1683. schon gebauet, einen 100. Lachter tiefen Schacht gesunken, und beträchtliche Auslängungs-Oerter getrieben, aber nie was getroffen; konnte aber die Erze, welche die **Dorothea** gefunden hat, lange vorher haben, wenn ein kurzer Querschlag ins Liegende getrieben wäre. Daß die damahligen Gewerken Erze vermuthet haben, erhellet daraus, daß sie 1708. wieder einen Bau in der Gegend angefangen und statt-

stattlich betrieben haben, aber immer vergeblich, und erst durch den Bau der **Dorothea** ist gedachte Grube zu einem Bau gelanget, wenn es heißt, die **Gabe Gottes** und **Rosenbusch** muthete auf einem Gang im Hangenden der **Dorothea** eine Fundgrube und 2. Maasen, und von der Zeit an hat die Grube im Hangenden gebauet; ihren Anhalts-Punkt hat sie auf der 100. Lachter Strecke genommen, wo sie ohngefähr 10. Lachter tief niedergesunken, und die Dorotheer-Gebäude erreichet hat, der sie aber wegen des ältern Rechts im Felde weichen müssen; extendirte aber die **Gabe Gottes** (damahls war der **Rosenbusch** noch nicht damit combiniret) ihren Bau, sezte das Ort fort, und trieb einen Querschlag ins Liegende, so fand sie die Erze eben in der Gegend, wie die **Dorothea** auch, aber vor diese Grube war der Schatz nicht bestimmt, wie lange sie auch darnach gebauet hat, und ist dis das 3te Trumm, welches in der Gegend die Mächtigkeit vermehret, von dessen Veredlung ist aber am Tage nichts bekandt, sondern scheinet, als ob solches den Dorotheer-Trümmern nach dem Fallen in der Höhe immer näher und in die Vierung kömmt.

Daß außerdem beträchtliche Summen um den Gang des obern Burgstädter-Zuges edel auszurichten verwendet seyn müssen, läßt sich aus den vielen Gruben, die in dem Revier angelegt sind, und nach der Länge der Zeit, wie sie gebauet worden, leicht beurtheilen, denn nachdem, was angeführet ist, haben die Vorfahren lange vorher auf dem Gange gebauet, ehe noch die übrigen Gruben des Burgstädter-Zuges herunterwärts bekandt worden und gebauet sind, die schon angeführten, und die Gruben, deren Zeit, als z. E. der Lustgarten, welcher in der Gegend des Hirschler Teichs gebauet, aus Mangel der Muthung nicht anzugeben ist, beweisen dieses die Stadt und Hauß Hannover, auch noch andere, welche nur lehnschaftlich betrieben sind, haben in der Gegend Rüschen und Oerter getrieben, bis endlich die **Dorothea**, welcher das Glück aufgehoben war, nachdem der Bergmanns Trost abgebauet hatte, mit den Oertern continuirte, und den gewünschten Zweck erreichet hat; man darf sich nicht wundern, daß ich so viele Gruben angeführet habe, und ist es nur geschehen, um zu zeigen, was vor Umstände die Aufnahme folgender Grube gehabt hat, und wie schwer es ist zu sagen, hier steht Erz, aber auch zu beweisen, wie unermüdet die der Zeit lebenden gewesen sind, dis gehöret nothwendig zum Bergbau. Es giebt zwar Gegenden, wo die Erze am Tag gefunden werden, doch aber ohngefähr, und diese haben den Vortheil nicht viel auf Suchen zu verwenden, indeß sind sie auch nicht von Kosten frey, und fehlt oft auf andere Art an Hülfsmitteln, die die Sache schwer machen, daher nichts vollkommenes ist, und haben sich vom Anfang der **Dorothea** nicht allein mancherley Schwierigkeiten geäussert, sondern sie folgen ihr auch bey zunehmender Tiefe auf dem Fuß nach.

Dorothea.

Diese Grube ist unter dem Namen der **Dorothea** lange vorher an verschiedenen Orten gebauet, und den 9ten May 1605. sind vor die **Dorothea** 2. Maasen nach der Gnade Gottes an der Burgstädte gemuthet; der Bau muß

muß aber nicht continuiret seyn, weil es heißt, die Dorothea solle mit der Landeskron combiniret werden, und sind 1624. eine Fundgrube und 2. Maasen gemuthet, hat am Galgensberg ein Schacht gesunken, von welchem noch der auf dem Galgensberg vorhandene Schacht das Dorotheer-Lichtloch genennet wird; dieser Bau muß auch wohl nicht von Continuation gewesen seyn, weil den 14ten Febr. 1670. die 6te, 7te und 8te Maaß von Johann Friedrich herauf, unter dem Nahmen Dorothea gemuthet ist; es muß aber der Bau nicht gut umgegangen seyn, weil der Schacht No. 13. Trinit. 1710. erst 125. Lachter tief beschrieben ist. Es kan auch der vorhin von der ersten Muthung erwähnte Schacht seyn, denn es heißt, er sollte noch 10. Lachter tief abgesunken werden, es findet sich aber nichts davon mehr angeführet, doch ist bekandt, daß die Pferde-Treiben viel Kosten erfodert haben, auch ist die Arbeit durch Wasser-Aufgang öfters verhindert, und nach den allergnädigsten Berg-Resolutionen 1716. bis 1717. der Schacht voll zu stürzen beliebt worden ist, mithin diese Grube mit der noch im Betrieb seyenden Grube nicht in Verbindung gestanden haben muß, wie solches auch die Situation ergiebet; ich habe solches auch nur um deswillen angeführet, damit sich des Nahmens halber niemand confundire.

Die Lage der jetzigen Dorothea wird vom 14ten Aug. 1680. beschrieben, und hat sie nach dem Bergmanns Trost, der so lange Jahre gebauet und Kosten verwendet hat, die 18te, 19te und 20te Maase von der Sophia herauf auf dem Hauptgang gemuthet und verliehen erhalten, ob dieselbe gleich in dem Verleih-Buch nicht

nicht zu finden ist; auch die Acten, weil einige Feuersbrünste viele davon verzehret haben, nur von 1695. zu haben sind, so findet sich doch in andern Nachrichten, daß No. 9. Luciae 1680. gesagt ist, die **Dorothea** habe noch keinen Stolln angefangen, und die Gruben darunter hätten auch nicht darzu zu contribuiren, weil sie, wenn mit mehreren Gruben Wasser getroffen würde, Schaden davon hätten, weil aber Hofnung sey, mit der Rüsche am Tage nicht allein den Gang zu finden, sondern auch Wasser zu einer vielleicht nothwendig anzulegenden Kunst zu erschroten, und den obern Kunstgraben zuzuführen, so sind 2. fl. Zubuß angelegt.

Es findet sich nun noch eine alte Rüsche im Dorotheer-Schacht, auf der 7ten Bühne, ohngefähr 18. Lachter unter Tage, wie weit aber solche hinaus gegangen, ist in neueren Zeiten nicht zu sehen gewesen. Der Gang ist damit überfahren, und muß hier der erste Bau vor die jetzige **Dorothea** gewesen, nachher aber wieder liegen geblieben seyn, weil No. 13. Trinitatis 1695. von dem Herrn Berghauptmann von den **Busch** gesaget ist, es habe die **Dorothea** lange Jahre im Bergzettel gestanden, hätte aber keinen Bau gehabt, und wolle er dem Schichtmeister aufgeben, dafür zu sorgen, daß sie belegt werden könne. No. 4. Trinit. 1701. heißt es: der Herr Berghauptmann proponiren, es sey bekandt, daß der Gang im grünen Hirschler Feld schmal wäre, es sey aber auch zu consideriren, daß er ganz vom Wildemann herauf gut gethan habe, und sich auch wieder veredlen könne, da überdem in der Gegend, wo der Lustgarten baue, welches noch viel weiter hinauf sey, der Gang noch ein

ein gutes Geschick und Ansehen habe, und 294. Lachter lang von dem Punkt, wo der Bergmanns Trost auf dem Frankenscharner Stolln 100. Lachter aufgefahren hätte, entfernet wäre, so sey die vom Heinrich Gabriel ausgetriebene Benedicta dahin geleget, um den Gang ferner zu untersuchen.

No. 1. Crucis 1701. erinnert der Herr Berghauptmann von den **Busch** der **Bergmanns Trost** habe, wie vor kurzem vorgekommen, 100. Lachter auf dem Frankenscharner Stolln aufgefahren, es sollte nun auch das 19. Lachter Stollort stattlich betrieben werden, zu dessen besserer Fortbringung die Cämmerey auf Gutfinden des Herrn Berghauptmann von den **Busch** 15. Kuxe hat bauen müssen.

Das Feld aber vom **Bergmanns Trost** bis an das Feld des Lustgarten, nunmehrigen **Benedicta**, heißt es No. 11. Luciae 1701. hätten Sr. Durchl. unser allergnädigster Landesherr durchzutreiben übernommen, und ihnen dem Herrn Berghauptmann versprochen 4. bis 5000. fl. anzuwenden, welches auch geschehen.

No. 13. Trinitatis 1702. ist vor die **Dorothea** 1. fl. Zubuß angelegt, und scheinet, als ob sie ihr Feld lieber nur bloß in Verschreibung erhalten habe, weil sich den Bau fortzusetzen, keine hinlängliche Gewerken gefunden haben, daß der Bau continuiren können, so sind von dem Herrn Berghauptmann von den **Busch** No. 11. Quartal Luciae 1703. 30. Kuxe der Bergbau-Casse, deren Grund eben in dem Jahr von ihm selbst gelegt war, übertragen worden. Dank sey es ihm, denn durch diese Anlage ist und wird das Bergwerk am Harz bisher erhalten,

halten, auch wird vieles zum Suchen daraus verwendet, und Werke, die sich nicht helfen können, mit unterstützet.

Die **Dorothea** hat darauf den Bau vom Bergmanns Trost ab auf den Frankenscharner Stolln stattlich fortgesetzet, weil aber der Bergmanns Trost auch auf den 19. Lachter-Stolln sein Feld abgebauet hat, so ist No. 13. Remin. 1704. schon darauf angetragen, daß die **Dorothea** einen Bau anfangen solle; es hat sich aber bis No. 10. Trinit. 1704. verzögert. No. 10. Crucis 1704. ist an der Zubuße 10. Gr. zugelegt, dem Bergmanns Trost aber abgebrochen worden, weil nicht so viel Kosten mehr erfodert wurden.

No. 13. in eben dem Quartal sind noch 10. Gr. zugelegt, daß also 2. fl. quartalich à Kuxs gegeben worden sind. Es ist vorhin angeführt, daß 1680. schon 2. fl. Zubuß angelegt gewesen sind, mithin zu vermuthen, daß in der Zwischenzeit, da kein Bau gewesen, die Zubuße wohl herunter gesezt gewesen seyn muß.

No. 13. Trinit. 1705. hat der Geschworne Gerengruß eine Stufe mit Erz-Flinzgen gebracht, wodurch die Hofnung vermehret worden; weil aber bey fernern Auffahren des Orts nichts weiter getroffen worden, so ist No. 2. Trinit. 1706. dafür gehalten, daß auf den überfahrnen Trümmern, wo die gute Anweisung gewesen, abzusinken, und das Ort in Ruhe zu lassen sey; es ist aber dieses, weil es der Arbeit auf den Erzen nicht gehindert hat, No. 5. Crucis 1706. wieder belegt worden.

No. 13. Crucis 1706. tragen der Herr Berghauptmann

mann von den Busch vor, es ließen sich die Erze gut an, ob nicht bey dieser Gelegenheit die Stadt Hannover, welche in dem Feld darzwischen liege, wieder rege zu machen sey?

Dieses Baues wird schon No. 9. Trinit. 1659. und des Hauß Hannover No. 8. Remin. 1681. gedacht; leztere Gewerkschaft hat eine 72. Lachter lange Rüsche von dem Spiegel des alten Pfauen-Teichs abgetrieben, und hat den Gang da, wo jezt die Carolina bauet, wo er immer noch schneidig gefunden, überfahren, auch viel Wasser dabey getroffen, welches sonst bey schneidigen Gängen nicht gewöhnlich ist, weil sie mit Thon oder Läten vermischt sind, welches an andern Orten vielleicht eine Ausnahme hat. Es lässet sich auch hier mit Gewißheit nicht sagen, weil der Punkt, wo die Wasser jedoch an vielen Orten herein kommen, wegen Gezimmer nicht genau beurtheilet werden kann, die meisten scheinen auch getroffen zu seyn, kurz zuvor, ehe der Gang angeschossen ist.

Erstere Gewerkschaft hat über der Bergschmiede des obern Burgstädter Zuges einen Schacht abgesunken, und es ist sowohl dieser, als das Behuef der Rüsche gesunkene Lichtloch noch offen, weiter findet sich von dem Bau in der Gegend nichts, und erst den 6ten Aug. 1713. hat die Stadt Hannover eine Fundgrube, als der ins Freye gefallene Feld gemuthet, und den 16ten April 1717. wird vor das Hauß Hannover einer Fundgrube und 2. Maasen weiter ins Hangende gedacht, wo auf dem mächtigen Gang, der mit dem Julianer Sophier-Ort getroffen, gebauet ist; dieser Gang liegt der Dorothea

wei-

weit im Hangenden, und ist eben so schneidig, als derjenige, auf welchen die **Dorothea** bauet; aus dieser Ursache ist er auch in 38. Lachter Tiefe auf dem Frankenscharner Stolln, und nachher in 82. Lachter Tiefe auf den 13. Lachter-Stolln mit Querschlägen untersuchet. Es ist dieser Gang auch nahe unter Tage im so genandten nassen Wieser-Wasserlauf bekandt, und hat nichts von der Mächtigkeit in mehrerer Tiefe verlohren, auch die nemliche Art Gestein an allen 3. Orten zu zeigen Gelegenheit behalten.

Die **Dorothea** hat indessen ihren Bau continuiret, und ist No. 1. Remin. 1707. dafür gehalten, daß das Gesenk auf dem Frankenscharner Stolln continuiret werde, es müßte aber das gewinnende Erz mit dem Stollnhieb nicht vermischt werden, weil ihn die Herrschaft triebe. Es muß doch aber das Erz nicht beträchtlich gewesen seyn, weil No. 6. Crucis 1707. gesagt wird, die Erze wollten nicht fort im Absinken und sollte das 19. Lachter-Ort besser betrieben werden, um den Wettermangel durch Uebersichbrechen bis ins Gesenk abzuhelfen, nach 13. Wochen von der Zeit, wie eben angeführet, nemlich:

In No. 6. Luciae 1707. ist die erfreuliche Post angekommen, daß der liebe Gott, nachdem im Hangenden hinter dem Ort einige Lachter zurück hinein gebrochen, gute Erze bescheeret habe, und wären mit 8. Schüssen 30. Tonnen loßgeschossen, da denn sogleich ein Steiger angelegt ist.

Es sind in der Gegend, wie das Ort dahin gebracht

bracht worden, einige Erz-Flitschen verspüret, die aber nicht überbrochen worden, weil das Ort stehen geblieben und abgesunken worden ist; bey Wiederbelegung des Orts aber sind die Erze nicht mit dem Ort, sondern durch Ueberbrechung des Hangenden einige Lachter lang hinter den Ort, wie eben gesagt, getroffen worden, und zeiget sich hieraus, daß es auch leicht geschehen ist, mit Oertern am Erzen, wo der Gang mächtig ist, nebenhin zu fahren, welches hier der Fall bey dem mächtigen faulen Gestein gewesen ist, und bey Aufbohrung des festen Hangenden die Erze getroffen worden, in Continuation mit dem Ort vorwärts sind die Erze immer besser, rückwärts aber in einigen Lachtern wieder völlig alle worden, und wie ein Keil zugespitzet. Daß die Gewerkschaft ziemlich complet gewesen ist und nicht viel Kuxe gelegen haben müssen, zeiget das Bergamts-Protokoll vom 29ten Oct. 1707. nach welchem der Bergmeister **Friedrich** und Geschworner Gerengruß gebeten haben, der Herr Berghauptmann möchten ihnen, weil ihnen der liebe Gott das Glück geschenket hätte, die im Freyen liegenden Kuxe schenken, weil solche zu vertheilen, große Brüche verursachen würden; der Herr Berghauptmann haben ihnen geantwortet: Daß sie davon zufrieden wären, sie sollten aber Consens der Gewerken dazu beybringen, daß sie ihnen geschenkt werden sollten; daß es geschehen sey, findet sich nicht.

Es ist jedoch gewiß, daß der Bergmeister und Geschworner, jeder einen ganzen Kux, und die zwey

Arbeiter, welche die Erze aufgeschossen, jeder einen halben Kux erhalten haben, welches sich durch den Erfolg gezeiget hat, und sind ihm solche von den eigenen Kuxen des Herrn Berghauptmann zugeschrieben.

Weil das Feld hinauswärts im Freyen gelegen, und niemand noch gemuthet hat, so sind vor die Dorothea den 21ten Dec. 1707. vom Schichtmeister Heinzmann die 21te und 22te Maase zugemuthet, und ist von gedachter Zeit an immer auf Erzen gebauet worden. No. 6. Trinit. 1708. ist der Durchschlag von 19. Lachtern mit dem Frankenscharner Stolln gemacht, und No. 13. Trinit. gedachten Jahrs, da die Grube 1500. fl. baaren Vorrath gehabt hat, ist sie in Freybau genommen worden, ehe noch ein Tage-Schacht gewesen ist; bis dahin sind die Erze auf dem Bergmanns Trost zu Tage getrieben.

No. 8. Quartal Luciae 1708. proponiren der Herr Berghauptmann von den Busch, es sey bekandt, daß sie mit ihrem Herrn Bruder bey dieser Grube stark intereßiret wären, sie wollten aber nicht, daß dieserwegen die Grube unordentlich, sondern bergmännisch betrieben werde.

In No. 13. Trinitatis 1709. wird vorgetragen, die Grube habe 16000. fl. baaren Vorrath, und ist dafür gehalten 4. Spec. Rthlr Ausbeute anzulegen, welches geschehen, und die Zulage hat von einer Zeit zur andern bis Quartal Luciae 1720. continuiret, in welcher dieselbe auf 110. Spec. Rthlr auf jeden Kux gestiegen ist. Es hatte die Grube damahls inclusive der Materialien 265852. fl. Vorrath, und hielt mit der starken Ausbeute an bis Quartal Crucis 1737. Ohngeachtet zu der Zeit

mehr

mehr Vorrath inclusive der Materialien, als vorhin, und zwar 282969. fl. waren, wurden doch von der Ausbeute 10. Spec. Rthlr abgebrochen, und solche auf 100. Spec. Rthlr. gesetzet, nachher ist sie so weit gekommen, und giebt jezt noch 40. Spec. Rthlr auf jeden Kux quartalich. Wie beträchtlich die Erze gewesen sind, läßt sich aus der starken Ausbeute und dem Vorrath, welcher bis 1720. angewachsen, einsehen, und was die Grube gethan hat, ergiebet die Ausbeute bishieher, diese thut allein 22,126. Spec. Rthlr auf einen Kux. Gott gebe, daß sie noch lange Jahre im Flor bleibe, und schenke uns bald wieder einen solchen Anbruch, der viele Tausende theils ernähret, und theils erfreuet. Ihm allein sey die Ehre!

Bis hieher von der **Dorothea**.

Von der Zeit an, da die 2. Maasen 1707. der **Dorothea** zugemuthet worden sind, hat das Feld weiter hinaus im Freyen gelegen, bis der Herr Berghauptmann von den **Busch** die nächsten, als die 23te, 24te und 25te Maase Nahmens der Königin Majestät unter dem Nahmen **Carolina** den 9ten Dec. 1711. gemuthet. Diese Grube hat sogleich den Bau auf Erzen angefangen, hat nur ein einzig Quartal Zubuß gegeben, ist darauf in Freybau, und im Quartal Trinitatis 1713. mit 4. Spec. Rthlr in Ausbeute gekommen.

Von dieser Gruben Markscheide an hat die neue Benedicta den 17ten Febr. 1712. die 26te, 27te und 28te Maase gemuthet und bisher bebauet. Diese Grube hat schon No. 13. Crucis 1701. in der Gegend des Hirschler Teichs gebauet, wo ehedem eine andere Grube, der

Lustgarten, gelegen, diese hätte, wenn sie herunterwärts bauete, ehe auf den reichen Punkt kommen können, als die **Dorothea** und **Carolina**, denn vom **Bergmanns Trost** ab ist das Feld 294. Lachter lang bis dahin beschrieben. Die **Benedicta** konnte aber weit näher darzu kommen, weil von ihrem Bau bis an die Erze, auf welchen sie nachher gebauet hat, kaum noch 80. Lachter Feld war, aber zu tiefen Schächten abzusinken, fehleten damahls die Aufschlage-Wasser zu Künsten; mithin war die Auffahrung eines Feld-Orts von dem Bergmanns-Troster Schacht ab, obgleich nach langer Zeit der Schatz vor die **Dorothea** bestimmt, und die neue Benedicta hat laut der Akten ohndem viel voraus gehabt, indem das ihr zugefallene Feld frey gelassen worden ist, und längst von andern hätte gemuthet werden können; es wurde aber den Gewerken, weil sie viel Geld verwendet hatten, gegönnet, sich des Feldes zu bedienen, wo sie nahe dabey lagen.

Nächstdem haben folgende Gruben, der Prinz Friedrich Ludewig, Prinzeßin Amalia, Churprinz Georg August, Fortuna, St. Ursula, Prinzeßin Maria, St. Andreas, Löwenburg, König Balthasar rc. rc. bis unten ins Polsterthal auf dem vermeinten Dorotheer-Gange Schächte gesunken, und Oerter, auch Querschläge theils in beträchtlicher Länge getrieben, aber nichts gefunden, und werde ich nie der Meynung werden, daß der Hauptgang ins Polsterthal setzet, welches ich bey anderer Gelegenheit schon gesaget habe, und auch noch beschreiben werde.

Bey dieser Grube **Carolina** ist zu bemerken, daß sie, ehe sie einen Tage-Schacht gesunken hat, die gewonnenen Erze aus der **Dorothea** gefodert hat.

No. 2. Quartal Crucis 1712. ist die erste Markscheide auf dem Frankenscharner Stolln zwischen dieser und der **Dorothea** gebracht, und No. 4. Quartal Crucis 1713. ist die Anlegung eines Tage-Schachts 52. Lachter lang von der Dorotheer-Markscheide beliebt, und die Dohnlege mit $\frac{3}{8}$. Lachter auf ein Lachter bestimmt worden. Bis auf den Frankenscharner Stolln ist die Teufe 32. Lachter, nach der Dohnlege angegeben, nach dem Bergamts-Prot. No. 1. Remin. 1714. sind in $18\frac{1}{4}$. Lachter Tiefe aber schon $\frac{1}{4}$. bis $\frac{3}{8}$. Lachter mächtig Erze mit Stuferz angetroffen, und im Quartal Trinit. 1714. ist der Durchschlag mit dem Uebersichbrechen vom Frankenscharner Stolln herauf gemacht. Hiebey ist anzuführen, daß in gedachter Höhe über den Stolln die Erze über eine Mark Silber halten, und viel Weisgülden darunter vermischt ist; dergleichen haben sich auch 2. Lachter unter Tage im Kunst-Schleiftrog gefunden, und bey Reparatur des Schachts, unter Tage nahe, sind auch in diesem dergleichen angetroffen worden.

Hier muß ich eine Anmerkung machen, welche sich gut mit dem Suchen der Erze vergleichen läßt. Ich habe gesagt, daß in der Gegend seit 1608. schon geschürfet ist, und von der Zeit an immer von einem auf das andere gegangen, Schächte gesunken, Rüschen getrieben, und nichts ersparet; nach alle dem, was ich gesagt habe, aber vergeblich gearbeitet, und vergeblich

Geld verwendet: War es num Kunst, oder war es so leichte, oder konnten Merkmahle was dazu beytragen? Warum kamen sie nicht auf den Fleck, wo die Erze 2. Lachter tief unter Tage stunden, sie sind wirklich nahe dabey gewesen, und von allen Seiten darum gegangen. Die Betrachtung darüber lasse ich einem jeden anzustellen übrig, und vor meinen Theil sage ich: Alles hat seine Zeit.

No. 11. Remin. 1721. ist beliebt unter den 19. Lachtern herunterwärts ein ganz Mittel, und No. 1. Trinit. 1722. desgleichen, weil die Erze zu gering wären, stehen zu lassen.

Ganz taub ist der Schacht aber nicht angegeben, und nur No. 8. Luciae 1728. wird gesagt, daß das Ort 14. Lachter lang übern Frankenscharner Stolln im Tauben 7. Lachter lang aufgefahren sey, und einzustellen wäre. Allein auf der 5ten Strecke in 136. Lachter Tiefe hat sich im Schachte und auf den Strossen herunterwärts ein taubes schneidiges Gebürge angefunden, welches durchzuhauen nicht rathsam gehalten, sondern stehen zu lassen beliebt ist, damit aber der Steiger zur Erz-Foderung kommen können, ist ihm No. 9. Luciae 1755. die Förste mit zu betreiben, eingegeben worden.

NB. Das Gestein im Caroliner Gesenk in diesem Mittel war so schneidig, daß es fast, ohne aufzuhauen, eingefüllt werden konnte; es hat aber nur 5. Lachter hoch gedauret, da sich in dem faulen Gebürge wieder ein feines, oben spitziges Trumm Erz angefunden, wodurch eben veranlasset worden, daß ein Ort unter gedachtem Mittel durchgetrieben, und nach dem Bergamts-Prot. No. 9. Trinit. 1756. die Strossen wieder aus dem Gesenk weggehauen sind. Von der Zeit an wurden die Erze niederwärts immer mächtiger, daß sie der Weitung halber nicht mitgenommen werden können, welches auch jezt noch nicht thunlich ist, und haben bishieher 1786. nicht aufgehöret. (Gott erhalte sie noch lange).

Das Gestein, aus welchem das ganze Mittel bestanden, ist dadurch zu beurtheilen, daß von dem stehen gelassenen Mittel nichts geblieben, sondern nach und nach alles weggefallen ist, und daher alles ins Gezimmer gesezet werden müssen.

Die Strossen hinaufwärts wurden aber nach dem tauben Mittel so gut, daß nicht allein durch das ganze Caroliner Feld die guten Erze fort, sondern noch auf etlichen Strossen ins Benedicter-Feld 2. bis $2\frac{1}{2}$. Lachter mächtige Erze gebracht wurden. Von 1758. an aber hat sich der Fall vom Prinz Friedrich Ludewig, welches die nächste Grube nach der neuen Benedicta ist, herunterwärts nach und nach immer mehr verunedelt, so, daß man schon 18. Lachter lang mehrentheils im Tauben bauet, und die

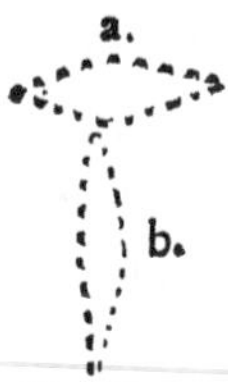

Erze nur nesterweise rechnen kann; doch sind diese Nester öfters ergiebig, und es hielt sich auf der 3ten, 5ten, so wie auch jezt auf der 10ten Strecke, wo wirklich schönes und fast $\frac{1}{2}$. Lachter mächtig Stuferz im faulen Gang-Gebürg ein solches Nest recht gut, und ist a. das Streichen, b. das Fallen. Diese Nester liegen gewöhnlich im plundrigen Gestein, und bestehen die mehreste Zeit in reinem Stuferz, haben auch mehr Gehalt, als die andern Erze, und spitzen sowohl unten und oben, als auch von beyden Seiten zu. Hier beweiset sich, was oben gesagt ist, daß alle Bergarten Erz bey sich haben können, denn Hangendes und Liegendes ist, wie sich der Bergmann ausdrückt, an mehresten Orten Plunder, und fällt ohne Bohren herein; diese Nester, anders nennt man sie hier nicht, liegen bloß im faulen Gestein, wie eben angeführet ist, es findet sich aber so wenig was darüber, als darunter, oder rück- und vorwärts, und am Hangenden und Liegenden ist ein feines blankes Gestein, womit der Erzkeil, oder das Nest ordentlich eingefaßt ist. Betrachtet man diese Lage, so fallen alle Merkmahle und Praesumtiones weg, sie finden sich klein, oft nicht einer Hand groß, auch größer, und eben jezt ist so ein Nest im Anbruch, welches 5. Lachter lang, und auch so hoch ist, spitzet aber eben so, wie gezeigt ist, oben und unten und an beyden Seiten zu. Die Versuche, welche gemacht sind, den Hauptgang über die neue Benedicta hinaus, wieder edel zu finden, sind theils noch neu, so wie sie alle erst nach Aufnahme der neuen Benedicta geschehen sind; allein es hat noch so wenig an einem, als an dem andern Ort glücken wollen, ob auch eine Menge Tage-Rüschen-Schächte, und aus demselben lange Oerter und Querschläge getrieben sind, mit welchen 11. auch 14. Lachter mächtige Gänge angetroffen wurden. Beym Auslenken sowohl, als Abteufen ist aber nichts Edeles getroffen, so hat z. E. der Prinz Friedrich Ludewig 105. Lachter tief abgesunken, auf den Gang ausgelänget, auf dem Frankenscharner Stolln auch 19. und 13. Lachter Stolln und in tiefsten Oerter und Querschläge getrieben, lezterer ist 26. Lachter ins Hangende fort gebracht, aber nichts ist getroffen worden.

Nach-

Nachher hat der Churprinz Georg August und Amalia Gesamt-Schacht an der Nord-Seite des Hirschler Teichs auf einem daselbst sichtlichen 3. Lachter mächtigen Gang No. 12. Luciae 1716. angefangen, und ist bis No. 1. Luciae 1730. 100. Lachter tief abgesunken, der Frankenscharner und 19. Lachter Stolln ist hingebracht, und 100. bis 120. Lachter lange Oerter auf dem Gange und Querschläge ins Hangende und Liegende getrieben, und ist bis 1745. No. 12. Luciae gebauet worden. Im Anfange wurden 90. fl. Zubuße angelegt, und obgleich bald nachher davon abgebrochen wurde, so ist doch mit starker Zubuße continuiret, bis der Bau in kurz gedachter No. verlassen ist.

Nota. Die 90. fl. muß wohl ein Vorschuß der Gewerken zum Bau gewesen seyn, weil alles zugleich angefangen ist, und jeder vermeinet hat, es wird eine Dorothea.

Die neue Fortuna, welche No. 9. Crucis 1718. angefangen worden ist, hat auch 10. fl. Zubuß angelegt, hat No. 9. Luciae 1720. einen Gang 14. Lachter mächtig überbrochen, und hat zu dessen Beschleunigung gegen entstehenden Wetter-Mangel, da der Schacht 46. Lachter tief gewesen, No. 4. Crucis 1724. eine Feuer-Maschine angelegt, den 9ten Dec. 1727. ist aber schon von der Einstellung, weil der Schacht 80½. Lachter tief, im Tauben niedergebracht sey, gesprochen, gleichwohl aber, nachdem lange Auslänge-Oerter und Querschläge getrieben sind, No. 7. Crucis 1731. die Einstellung wirklich erst erfolget.

Die St. Ursula ist in der nemlichen Gegend ang

legt, und bis No. 8. Remin. 1759. ein Schacht 70. Lachter tief abgesunken worden, auch sind von den Gewerken, welche von dem Felde gedachter Grube gemuthet haben, Oerter von 70. bis 90. Lachter auf dem Gang getrieben, und Hangendes und Liegendes ist mit Querschlägen untersuchet, aber doch auch damit nichts getroffen worden.

Die Prinzeßin **Maria** hat nicht allein eine Rüsche, welche No. 13. Luciae 1764. 153. Lachter lang gewesen, getrieben, sondern auch auf verschiedenen überfahrnen Trümmern Gesenke angelegt, weil aber nichts getroffen wurde, ist der Bau No. 3. Trinit. 1766. verlassen.

Unter diesem Nahmen ist schon No. 12. Crucis 1731. ein Bau gewesen, und auf einem 11. Lachter mächtigen Gang No. 1. Luciae 1732. ein Schacht angefangen, nachdem vorher erst eine Rüsche, die 9¼. Lachter Höhe eingebracht hat, deren No. 1. Crucis 1732. gedacht ist, 86. Lachter lang fortgetrieben gewesen.

Gegen diesen Schacht hat die **Fortuna** ein Ort, welches No. 6. Crucis 1731. in der Höhe der Frankenscharner Stollnsohle 126½. Lachter lang angegeben wird, getrieben, und aus dem Schacht selbst sind viele Versuche gemacht, weil aber nichts getroffen worden, ist No. 10. Luciae 1746. da es überdem immer an Wasser gefehlet, der 66. Lachter tiefe Schacht, nebst den Oertern, eingestellt.

Hiebey ist zu bemerken, daß diese Gegend, weil am Tage etwas Erz erbrochen worden ist, vorhin erst die silberne Maasen genennt, nachher aber, weil die Gewerken auf-

auflässig geworden, unter dem Nahmen Prinzeßin **Maria** getauft.

Dann hat der König **Balthasar**, welcher bis 1708. No. 9. Luciae mit dem **Rosenbusch** gebauet hat, No. 9. Remin. 1745. im Polsterthal mit dem **Andreas** einen Gesamt-Schacht abgesunken, welcher 67. Lachter tief worden, ist aber, nachdem auch Auslänge-Oerter vergeblich getrieben sind, eingestellt.

Die **Löwenburg** hat gegenüber am Rothenberge gelegen, und ist No. 8. Luciae 1747. nachdem der Schacht schon 70. Lachter tief gesunken, Oerter und Querschläge getrieben, der Gang auch noch $3\frac{1}{2}$. Lachter mächtig gewesen, eingestellt worden.

Der **Seegen Gottes** hat auf diesem Gange ein $96\frac{3}{4}$. Lachter langes Ort getrieben, welches No. 10. Luciae 1746. stehen geblieben, und findet sich nicht, daß je was damit gefunden worden ist.

Bergwerks Wohlfahrt ist den 5ten Oct. 1753. auf den Jägersplätzen angelegt und beständig auf dem Gang abgesunken, wegen vieler Wasser aber, und weil mit keiner Kunst zu helfen gewesen, mit 10. Lachter Tiefe wieder stehen gelassen worden.

König Carl hat No. 3. Remin. 1731. über dem Hirschler Teiche nach dem Hauptgange geschürfet, und No. 10. Remin. 1731. ist der Gang $\frac{1}{2}$. Lachter mächtig mit $\frac{3}{8}$. Lachter mächtigen milden Spath beschrieben.

No. 6. Remin. 1734. ist gesagt, der Gang sey $\frac{3}{4}$. Lachter mächtig mit Spath, Kies und Silber-Flitschen vermischt, und No. 1. Remin. 1735. wird der Schacht $34\frac{1}{2}$. Lachter tief angegeben, der Gang mit Spath-Trüm-

mern

mern beschrieben, und behauptet, das Hangende habe die Dohnlege des Hauptganges.

Der Schacht ist No. 5. Trinitatis 1736. ferner zu continuiren gut gehalten, No. 5. Luciae 1737. aber eingestellt, weil das Gesenk schon ½. Lachter tiefer, als der Königin Anna Rüschensohle sey.

Die Prinzeßin und Königin Anna haben sich im Huthal gelagert, wo auch der Weinberg schon lange vorher eine Rüsche getrieben, und einen Schacht abgesunken hat. Gedachtes Ort ist No. 3. Luciae 1740. 100. Lachter fortgebracht gewesen, woselbst ein Gang getroffen, und in der Königin Anna Feld herunter 43¾. Lachter lang, hinaufwärts aber in der Prinzeßin Anna Feld 83⅝. Lachter lang ausgelänget worden ist. Das ganze Ort ist mit 264. Lachter Länge in gedachter No. stehen blieben.

Nota. Es ist dis das Ort, auf welchem jezt Cron-Calenberg bauet, und mit der Prinzeßin Elisabeth dahin verlegt ist, weil vorhin die Meynung gewesen, es werde dem König **Carl** zu einer Rüsche dienen können.

Der **Cron-Calenberg** hat aber vorhin schon einen Bau im gedachten Thal gehabt, und nicht allein ein Ort zum Versuch in der Höhe des 19. Lachter Stolln getrieben, sondern hat auch einen 36. Lachter tiefen Schacht gesunken, um dem Ort Wetter zu verschaffen, in Hofnung bey fernerer Continuation den Hauptgang zu treffen; es hat sich aber in beträchtlicher Länge nicht eine Spur vom Gange gefunden.

Außer-

Außerdem haben noch viele Gewerken Versuche mit den Herzoger- und Hauß-Hannover-Oertern gemacht, auch ist mit Lehnschaften in der Gegend häufig gegraben, bisher aber noch keine Veredelung entdecket worden, und noch wird das 220. Lachter lange Feld-Ort von der neuen Benedicta ab was gutes auszurichten continuiret.

Es zeiget sich hieraus, daß Gänge gefunden werden können, sie sind aber nicht an allen Orten edel, und ist ein Glück, wenn in so mächtigen Gängen was gefunden wird, und wie viel hundert Lachter sind nicht vorher und nachher auf dem nemlichen Gang an vielen Orten abgesunken, mit Oertern aufgefahren, Rüschen und Querschläge darnach getrieben, und immer das nemliche Gestein in großer Mächtigkeit, deren öfter gedacht ist, getroffen. Es kann doch aber seyn, daß ohngeachtet aller der Versuche und Kosten noch ein gutes Mittel in der Gegend stecket, welches zu seiner Zeit vielleicht noch zum Vorschein kommt, aus welcher Ursache auch noch immer das neue Benedicter-Ort continuiret wird, außerdem weiß ich vor meinen Theil keinen Fleck in der ganzen Gegend, der nicht untersuchet wäre, und muß das mehrere der Folge überlassen, ob jemand aus allerhand angegebenen Merkmahlen die Wahl zu nehmen und darnach zu suchen Lust hat; denn in größerer Tiefe, als wie die Untersuchungen jezt geschehen, ob es auch an vielen Orten 60. 70. bis 100. Lachter tief, und mit manchem Ort viel 100. Lachter aufgefahren sind, kann noch viel verborgen liegen, wenn es aber

auf

auf kostbare Hülfsmittel ankömmt, und der Gang noch taub ist, findet viel Geld anzuwenden nicht leicht statt, gleichwohl sind sie nöthig, wenn die Schächte tief und die Oerter lang werden, denn es finden sich Grund-Wasser, Mangel an Wettern, das Gebürg muß zu Tage u. s. w.

Es wird mich freuen, wenn die Nachkommen mehr Vortheil von den angegebenen Merkmahlen haben, von dem wir bis jezt noch nicht rühmen können. Glück auf!

V.

Bestimmung des mittlern Gewichts und der mittlern Wärme zu Laßehn an der Fläche der Ost-See unter dem 54.° der Breite

von

Gottfried Erich Rosenthal.

Der Herr Graf von Borke haben zu 3 verschiedenen Zeiten Meteorologische Beobachtungen auf Ihrem Guthe zu Laßehn an der Fläche der Ost-See vom 14. bis 16. Julius incl. 1782. vom 18. bis 26. Februar 1783. und vom 1. bis 5. Septemb. 1783. also überhaupt von 27. Tagen angestellet. Der Beobachtungs-Ort liegt 4. Skrupel oder $\frac{1}{18}$tel Linien Pariser Maaß über die Fläche der Ost-See.

Das Mittel aus allen diesen Beobachtungen war:

5405 ‴ oder 28 Zoll. 1 Linie 13 Skrupel Gewicht, und 968 ° oder 52, 92 Farenheit und 9, 30 + Reaumür Wärme.

Werden nun zu ersterm die 4. Skrupel, um welche der Beobachtungs-Ort höher liegt als die Ost-See, darzu addirct, so war Zeitwährender Beobachtungen an der Ost-See

das mittlere Gewicht der Atmosphäre:

5409. ‴ oder 28. II. 2. III. 1. IV.

und

und die mittlere Temperatur:

968° Rosenthalscher 52.° Farenheitscher und 9 + Reaumürscher Grade.

Zu Stargoordt beobachtete in dieser Zeit Herr Draesel, Amanuensis des Herrn Grafen, und dieser fand mittleres Gewicht der Atmosphäre:

5365 ″ oder 27. Zoll 11. Linien 5. Skrupel.

und die mittlere Temperatur:

969° Rosenth. 53,° 45. Farenheit 9, °53. — Reaumür.

Nach den Meteorologischen Beobachtungen des Herrn Grafen von Borke von 1782. den 1. Julius bis 1786. den 30. Junius, also in einem Zeitraume von 4. Jahren erhellet, daß das mittlere Gewicht der Atmosphäre für Stargoordt sey:

5366.″ oder 27. Zoll 11. Linien. 6. Skrupel,

und die mittlere Temperatur:

954.° Rosenth. 45,° 60. Farenheit 6,° 04 + Reaumür.

Demnach ist das mittlere summarische Gewicht für Stargoordt bloß um einen Skrupel größer, als dasjenige, so mit den Laßehnschen Beobachtungen gleichzeitig befunden wurde. Also diesen Skrupel abgezogen, giebt zum mittlern Gewichte für die Fläche der Ost-See:

5408 Skrupel oder 28. Zoll 2. Linien

in Quecksilber, dessen Wärme dem 1000.° entspricht.

Zur Beobachtungszeit war es zu Stargoordt 1. Grad wärmer, als zu Laßehn. Dieses konte wohl von der kühlen Seeluft herkommen. Man kan deshalb für die mittlere summarische Wärme an der Ost-See, so wie zu Stargoordt den

954,° Rosenth.

oder 45,° 60 Farenheit und 6,° 04 + Reaumür setzen.

VI.

VI.

Auszug eines Schreibens des Herrn Carl Gruber von Gruberfels, an den Herrn D. Bloch in Berlin, datirt Mailand, den 26ten Sept. 1786.

Zwanzig Millien von hier entlegen, sind in dem Gebiete **Valzasna** 4 Bleiwerke entdeckt worden, wovon der Centner Erz 42 ℔ reines Blei 6 Mark reines Silber enthält. Das Bleierz wird vom Gebürge durch einen Wasserfall ins Thal herabgerissen, und ist so sichtbahr bleihaltig, daß die Bauern aus dieser Gegend Bleikugeln daraus giessen. Ueberdies entdeckt man eine beträchtliche Menge silberhaltigen Schwefelkieses, kristallisirte Quarze, wilde Granaten, (granatos spurios,) mineralisirtes Eisen, Wißmuth, Marmor von verschiedenen Farben, besonders weißen, welcher hier Landes sehr selten ist, figurirte Steine, und andere kristallisirte Körper. Ueberhaupt würde die Gegend eine Schaßgrube des Landes werden, wenn man auch nur geringe Kosten darauf wenden mögte. Man hat auch einmal aus einem Centner Bleierz 80 ℔ rein Blei erbeutet.

Ein wahres Phänomen in der Geschichte der Botanik ist ein gewisser **Pater Zacharia**, Professor der

Kräuter an der Universität zu Ferrara. Er zergliedert auf das mühsamste den Stamm, und die Wurzeln der Bäume, daß man die ganze innere Textur bis auf die kleinsten Fäserchen sehen kann; die Präparaten sind von unschätzbahrem Werth. Ich habe diese Zergliederung selbst mit unbeschreiblichem Vergnügen gesehen, sie sind so fein wie Härchen, und werden durch seine Werkzeuge wie Bilderchen ausgeschnizt. Es ist kein Fäserchen vergessen. Er legt diese Präparaten in Bücher; so wie andere ausgeschnittene Papierbildchen — Er schneidet sich zum Beyspiel ein Stück von dem Stamm eines Baums, und anatomisirt es bald nach der Höhe, bald nach der Fläche. Ein Werk, worüber mancher Botaniker staunen muß, ich habe noch nichts herrlicheres gesehen. Ich ward wie versteinert, als ich dieses Meisterwerk der feinsten Kunst sah. Pater Zacharia ist wirklich ein Gelehrter vom ersten Range. Eben dieser Pater, wie er sagt, fängt an Versuche zu machen, mittelst welchen er gedenkt eine gewisse Gattung Holzes selbst und in kurzer Zeit petrificirend zu machen. Er ist hierin schon um einen merklichen Schritt näher zum Ziele.

VII.

Winterbelustigungen
vom Abt, Baron von Wulfen.

Mit dem Anfange des Merzmonats, so sehr es auch damals bey uns noch Winter war, gieng ich aus zu sehen, ob? und wie tief in ihrem Schneegrabe die Natur noch zusammengefroren liege? oder im Gegentheil, ob sie sich bald wieder erneuern? im Puze ihrer jugendlichen Schönheit erscheinen? und gleich einem andern Phönix bald von neuem wieder aus ihrer Asche lodern, und aufleben würde?

Nur eine kleine Meile von Klagenfurt weg, liegt zwischen Mittag und Morgen in einer sumpfichten Ebene, gerade am Fusse des Flözgebürgs, Victring, (Monasterium Victoriense) ein prächtiges geistliches Stift Cisterzienser Ordens. Dahin gieng ich denn am ersten des gedachten Monats im Jahr 1773. und von da sogleich bergan in den Wald gegen Kaitschach zu.

Die Hauptabsicht war, die so genandten Schneeflöhe (Podura Nivalis L.) aufzusuchen; weil ich meine vor eilf Jahren zu Laubach davon niedergeschriebene Schilderung abermal prüfen, und verbessern wollte. Alle Waldungen der allenthalben sich erhebenden Anhöhen — um so viel mehr die wechselweise dazwischen fortstreichenden Hohlwege (der Mose und Aftermose beliebte Wohnpläze) waren noch so ziemlich stark mit Schnee überdecket. Die

 Stein-

Steinwände allein, so gegen Mittag hin ihre Richtung behaupten, und daher den Strahlen der Sonne stärker ausgesezt sind, waren bereits davon frey.

Sie bestehen mehrentheils alle aus einer Art zusammengesezter Felssteine, die der Pöbel und mit dem Pöbel auch manche Mineralogen, die keine bestimmte systematische Sprache reden, einen Schiefer nennen, vermuthlich, weil er mehr, oder weniger eines schieferartigen Gefüges zu seyn scheint; in der That aber unter des Herrn Wallerius zwote Abtheilung der Felssteine gehöret, und kurz: ein mit blaulichtem Specksteine gemischter Quarz ist. Er bricht hier in dem kleinern Vorgebürge des höhern Granitgebürgs der ganzen Kette nach, sehr häufig ein; streicht überhaupt mit dem Hauptgebürge längs des linken Ufers der Drawe zwischen Morgen und Abend, und fällt unter verschiednen, mehr oder weniger schiefen Winkeln, bald in Mittag, bald in Mitternacht. Dieß ist in dieser Gegend der gemeine Baustein.

Am Tage, oder gewiß nicht sehr tief unter der Damm-Erde, ist er, dem Gefüge nach, grob — aber auch zugleich unordentlich — ja bisweilen sogar wellenförmig-schiefricht; besteht aus größern oder kleinern Trümmern, weißen, fetten, halbdurchsichtigen Quarzes (worinnen bisweilen Schwefelkies einbricht) den eine Art trockenen, feinblättrigen, blaulichtglänzenden Specksteines einhüllet, oder umwickelt, der feuerbeständig ist, und durch die Flamme des Löthrohres in eben so viele sehr feine, weißgraue, matte, häutige Fliesen verhärtet. Tiefer unter der Erde, ist er hingegen viel fester; aber auch nicht sowohl blättrigen — als vielmehr körnichten Gefüges; zusammengesezt

aus

aus granukirtem Quarz, und bläulicht grünem Speckstein. Er dienet dann zu Stiegenstaffeln, Fensterstöcken, Wegmarksäulen, dergleichen man genug sehen kann, den ganzen Weg hin, von Klagenfurt bis nach Loreto am Wertersee.

Ich fand diese Wacken mit allerhand Mos- und Aftermosen, zumal aus dem Geschlechte der Flechten, häufig bewachsen. Auf einer der leztern lief der Baumrindenfloh, *Podura arborea* L. Er war von der Länge eines grössern gemeinen Flohes, aber lange nicht so dick; linearis, teres, oblonga, nigra, visui glabra, et nitens, ob pubem sericeam retrorsum prostratam; pedibus furcaqve abdominis elastice resiliente albidis; capite inflexo; antennis dimidii corporis, filiformibus, quadriarticulatis, concoloribus. Noch sah ich einen andern dergleichen Erdfloh auf einer röthlichtgelben Thonerde neben dem Felsen herumirren. Linnée scheint ihn nicht beschrieben zu haben, wenn er anders nicht unter seiner Podura villosa stecken mag? Er heißt mir: *Podura rufescens*, villosa, oculis atris, furca albida. Etwas größer, als der kurz vorher beschriebene, ist er, und dem Thone, auf dem er herumhüpfte, an Farbe ähnlich, nempe aqvose ex luteo rufescens omnibus corporis partibus, dempta modo furcula caudae albida. Oblonga et ipsa, linearis, teres, villis exstantibus obsita; capite subgloboso, inflexo; oculis atris; Antennis concoloribus, dimidii corporis, filiformibus, qvadriarticulatis; Thorace, qvam capite abdomineqve, tantisper angustiore. Pedibus corpori, non furcae caudali, concoloribus. So fand ich diese zwey kleinen zarten, und doch aller Strenge eines rauhen

Winters trozenden Thierchen. Von Flechten habe ich dieses mahl folgende bemerket:

Lichen Caperatus. Lin. Alle am Tag ausbeissende Steinplatten des vorhin beschriebenen Felssteins waren mit demselben weit und breit, so wie bey Klagenfurt unter der Ziguln, und dem Calvariberg, überzogen. Hätte ich ihn nicht sonst in Krain und anderorts, Bäume, ja so gar außer Laubach unterm Thurm ganze Planken, und Fallthüren, allenthalben bedecken gesehen, würde ich hier geglaubt haben, er binde sich eigensinnig bloß an nackte Felsen; so zum Erstaunen häufig, ist er hier allerorts zu sehen! und zwar gedrengt mit Schüsseln gegen den Mittelpunkt zu, besäet, die man doch anderorts an ihm gar nicht, oder dennoch nur selten, und so ziemlich sparsam, zu sehen bekömmt. Folium amplum, late effusum, subcoriaceum, rugosum, laeve, rosacee expansum, qvandoqve et crispo-plicatum, circumscriptione rotunda, lobata, lobis rotundatis, sat tenaciter rupi, arborive haerens; supra ex sulphureo virore, tandem subcinerascens, subtus atrum, medulla intermedia alba. Scutellis (dum adsunt) versus rosae centrum freqventibus, magnis, umbilico medio sessilibus, peripheriam versus liberis, foliaceis, superne primum rubris, tum ex rubro bruneis; subtus ex sulphureo subcinerascentibus; oris integris, aut et verrucoso-crenatis. Haller sagt von der Farbe der Schüsseln nichts! Michelius hingegen hat sie (vielleicht der Einzige?) intus sordide, et obscure virides gesehen! dessen Figur jener, des vortreflichen Dillenius, zumal T. 25. f. 97. C. lange nicht gleich kömmt.

Lichen ochroleucus. Foliaceus, centrifugus, viridicinecinerascens, tuberculis lentiformibus aggregatis, pallide luteolis. Ohnmöglich kann ich diese Art Flechte unter die Lichenes imbricatos Linnaei verweisen, weil ihre Blätter (eigentlich besteht sie bloß aus einem Blatte, das sich nur im äußersten Umfang zertheilet) nicht ziegelweise über einander liegen. Expansio folii orbicularis; è centro in circulum divergens; folium sat tenue, arcte saxo haerens, glabrum, planiusculum, peripheriam versus lobatum; lobis multifidis, lacinulis rotundatis, obtusis; supra ex viridi-cinereum; subtus fuscum, seu ex bruneo-nigricans; centro disci freqventissimis, iisqve aggregatis tuberculis (non scutellis) lentiformiter convexis, pallide, tristeqve luteis colore argillae, obsito. Gerne würde ich ihn zu Linnée Lichen centrifugus zählen. Aber die angezeigten Ursachen! Zu dem finde ich sowohl in des Ritters Abbildung Fl. Lapp. T. 11. fig. 2. als in der Dillenischen hist. Musc. T. 24. f. 75. wahrhafte, und viel zu große Schüsseln, nicht tubercula magnitudine et forma lentium minorum! Die wahre Farbe des Mutterblattes ist ein weiches Apfelgrün.

Lichen Candelaris. Lin. crustaceus flavus inaeqvabilis rimoso glebosus; glebulis peripherialibus margine farinaceo, crispis tuberculis centralibus lentiformibus subscutellatis concoloribus. Man muß diese Art Steinrinde von mehr andern ihres gleichen Flechten-Arten wohl unterscheiden. Insonderheit vom Lichen parietinus L. vom Lichen juniperinus L. Byssus candelaris. L. etc. Das Gewächs, so ich hier beschreibe, hat keine wahre Blätter, wie der Parietinus etc. Es besteht aus krusten- oder rindenförmigen, oft nicht einmal zusammenhangenden, oder sich ungleich

gleich spaltenden, der äußern Gestalt nach, kalkartigen Klößchen, die bisweilen sparsam, bisweilen wieder in ziemlich großer Menge beysammen wie ein Mehl, ausgesäet wird; sie haften sehr fest an dem Felsen, Gemäuer 2c.; sind anfangs lichtgelb, werden mit der Zeit pomeranzenfärbig; dann rothgelb; auch, wie der Eisenrost (rubigo ferri) dunkel gelbroth. Durch das Vergrösserungsglas sieht man derselben äußersten Rand in die Runde herum gekrauset; die Krause aber, die sehr zart und fein ist, ist nichts anders, als ein vegetabilischer, das ist pflanzenartiger feiner Staub von gleicher Farbe; der, wo nicht allzeit, wenigstens im gewissen Alter an dieser Flechte vorhanden ist. Gegen den Mittelpunkt zu, sind auf dieser rindenartigen Flechte häufiger - oder sparsamer ausgesäete linsenförmige Halbkügelchen, von eben derselben Farbe, deren Rand zwar ganz ist, der aber dennoch zuweilen fein gekerbt zu seyn scheint, wenn er nämlich ebenfalls mit besagtem Staube bestreut ist. Sie sind anfangs erhabenrund; dann flach; endlich in der Mitte eingefallen, und schüsselförmig. Hallers, Leersens, und Skopoli's frondes, foliaqve lobata, lobis sinuato - laciniatis, laciniis erectis villosis etc. würden mich irre machen, wenn ich mich anders auf meine Augen nicht verlassen könnte, und nicht eben so gut aus dem Dillenius wüßte, daß sein Lichenoides erustosum orbiculis et scutellis flavis unter die species aphyllas, mere crustaceas gehöre, das man zu Lenhofda in Oeland von alten Wänden herabschabt, um damit Unschlitt für Kerzen zu färben. Aber auch Michelius, wenn er schon von Blättern zu reden scheint, sagt doch ausdrücklich foliis pulposis, das ist, wie schon der

Titel

Titel selbst dieser Abtheilung zu verstehen giebt crustaceis --- ex substantia plerumqve farinacea. Es fragt Skopoli: warum doch Linnée des Dillenius Abbildungen nicht anführe? Ohnfehlbar, denke ich, hat er aus demselben schließen zu können geglaubt, Dillenius habe Blätter ausdrücken wollen, qvae tamen mera crusta est, rimis duntaxat, rugisve divergentibus disrupta, et foliaceo-lobatam mentiens expansionem. * Niemand lasse sich Hallers zweifelhafte Frage, ob man sich ja hier auf Linnée sicherlich beziehen könne? zu Gemüthe gehen. Freylich cur Byssum ipse dixisset! Indessen ist dieß bloß ein Verstoß der Citation. Linnée sagt in seiner Reise durch Oeland nicht: Byssus farinacea flava; sondern: daß das Lichtmos (Lichen candelarius) bloß wie ein gelber Schimmel aussieht; in seiner Reise aber durch Westgothland führt er sie beyde an, weil sie ohnfehlbar beyde beysammen waren, und beyde den Klippen eine gelbe Farbe gaben. Daß er sie übrigens beyde unterschieden habe, erhellet aus den Scutellis luteis, die keiner Art Byssus je eigen sind.

Lichen petraeus, leprosus, crusta farinacea, viridicinerascente, tuberculis inaeqvalibus convexis atris. Noch kann ich mich nicht entschließen, dieses Stein-Aftermos mit jenem, das man auf den Baumrinden in Menge findet, zu vermengen; daher unterscheide ich dasselbe von dem, so uns Linnée unter dem Namen Lichen

* So bald nur Linne'e sich erinnert hat, daß Dillenius de speciebus aphyllis, mere crustaceis rede, hat er sich in seiner 12. und 13. reformirten Auflage des Natursystems auf denselben bezogen.

sangvinarius vorstellet, ohngeachtet die systematischen Kennzeichen von beyden nicht unterschieden zu seyn scheinen. Es ist eine eben so zu bewundernde, als in der Kräuterkunde ziemlich gemeine Sache, daß das Auge mit dem Verstande nicht allemal eins seyn will, oder auch kann! Non differentibus caracteribus systematicis, oculus persaepe, nescio qvam? diversitatem constantem detegit. Zu dem habe ich nie bemerkt, daß die Halbkügelchen dieser Steinrinde innerlich roth wären, wiewohl ich ihrer sehr viele aufgeschnitten, zusammengedrückt, zerrieben habe; und doch soll dieß ein Kennzeichen des Linnéeischen Sangvinarii und folglich auch des Dillenischen Lichenoidis leprosi crusta cinereo-virescente, tuberculis nigerrimis seyn! Welche ist nun die Ursache, daß Haller zu seinem Lichen N. 2065. crusta farinacea virescente, scutellis atris, das er so gar vielfältig bloß in ligno putrido gefunden hat, zwar des Dillenius izt gemeldetes Lichenoides angezogen, aber zugleich des Ritters Sangvinarium weggelassen hat? auch nichts von der fractura tuberculorum rubra meldet? Reden diese drey großen Kenner von einer und eben derselben Flechte? Soll es auch wohl angehn, daß wir mit Leersen, Linnées Sangvinarium, dann Hallers Lichenes N. N. 2055. 2061. 2065. und 2066. in Eins zusammenwerfen? und wäre das nicht etwa zu viel? Wie dem nun sey; die Beschreibung meines L. petraei ist folgende: crusta farinaceo-leprosa, glebulis exiguis inaeqvalibus, inordinate sparsis, arcte saxo haerentibus, viridi-cinerascentibus (feucht, beynahe wie verde antico, trocken, grünlicht aschgrau). tuberculis convexis lentiformibus atris, magnitudine inaeqvalibus perqvam

qvam copiosis. Was ich von des Herrn Skopoli Varietate 4ta Lichenis aeruginosi? was von seinem Limitato? dann auch Punctato, die mir alle wohl bekandt sind, halte? Sie sind alle (denke ich) derselbe Lichen. Der, sage ich, den Dillenius T. 18. f. 3. vorgestellet; den Haller N. 2065. beschrieben; den Linnée, wenn er von der substantia tuberculorum interna rubra abgehet, unter seinem Sangvinario verstanden hat; und den ich selbst gar oft zu Laubach, zu Klagenfurt, auf verschiednen Bäumen, auf Steinen und Mauern gesehen; der wenig, aber doch wirklich von meinem Petraeo unterschieden ist. Herrn Jacquins de L aeruginosum, den ich, ehe er seinen 3ten Theil herausgegeben hatte, Lichenem incarnatum genannt hatte, kenne ich zu gut, als daß ich ihn mit Hallers N. 2065. vermengen könnte; Seine zarte fleischfarbene, oder auch in ein bleichrothes Lilac ersterbenden Tubercula, tandem complanata, auf einem grünen Grunde aeruginis nativae, sind mir nach etlichen Tagen im Zimmer durch die Austrocknung gelb geworden. (Vielleicht werden sie auch endlich weiß? so wie die crusta leprosa ex viridi glauca, et ex glauco cinerascens, das ist: Hallers Lichen N. 2046. aber niemals velut ex morbo. aut aetatis tempore schwarz wird.) Die schlangenweise wegschleichenden Grenzlinien des Limitati pflegt derselbe bloß auf Bäumen — nie, wenn er auf steinichtem, oder morschem Grunde wächst, zu haben. Skopoli glaubt doch selbst nicht, daß sie ihm wesentlich eigen sind. Und was endlich die Scutellas, nicht Tubercula, des Punctati anbelangt, glaube ich durch die erste Auflage der Flora Carniolica berechtiget zu seyn, dieselben bloß für eine Metamortamorphosin aetatis anzunehmen. Zu sehr weit müßte ich mich hier einlassen, wenn ich die vielen Michelischen rindenförmigen Steinflechten ordinis 34ti beleuchten sollte. Nur noch einer dergleichen Flechte darf ich nicht vergessen, die mir im Jahr 1763. zu Laubach unterm Thurm im Walde, und zwar nur auf abhängigem thonichtem Grunde, nächst den Wurzeln der Bäume aufgestoßen ist. Ihre Beschreibung ist: Lichen leprosus, crusta farinacea, albido-virescente, et ex virore tandem cinerascente, obsita undiqve tuberculis subsphaeroïdicis partim obscure sangvineo-rubris, partim nigris, et atris. Soll nicht etwa dieß der wahre Lichen Sangvinarius Linnaei seyn? Die Schwärze der verschiedenen Kügelchen war ungleich. Recht gut hat man bey demselben allein die vormalige dunkelrothe Farbe noch entdecken können.

Lichen Fusco-ater. Lin. Leprosus, crusta farinacea, obscura ex griseo-subnigricante, tuberculis atris. Eine Flechte, über welche noch sehr viele Dunkelheit verbreitet zu seyn scheint. So viel Floren (die dessen doch ausdrücklich erwähnen) ich auch zu Rathe gezogen habe, hat mir dennoch noch keine Genüge geleistet. Zum Unglück ist bey derselben Linnée selbst äußerst lakonisch. Alles kömmt blos auf den Begriff des Worts fuscus an. Im eigentlichen Verstande heißt es braun, das ist, lichter- oder dunkler schwarzroth. Zu wünschen wäre dann, daß man es in keiner andern Bedeutung je nähme. Sehr oft wird es indessen für schwärzlicht, schattenfarben ꝛc. und was noch unerträglicher ist, für jede unbestimmte dunkle Farbe gebraucht. Daher so viele Unbestimmtheit bey manchen Autoren! daher so viele Verwirrung der Citaten!

ten! und die größte Schwierigkeit, mit Gewißheit zu wissen, ob alle, die sich wechselweise einer auf den andern beziehen, von einer und eben derselben Sache reden! Nimmermehr glaube ich, daß hier Linnée fuscus für braun genommen habe. Er hat, denke ich, eine schmuzig aschgraue, und in eine gewässerte Schwärze fallende Farbe verstehen wollen; und so wenigstens verstehe ich ihn bey dieser Flechte, die ich hier, und sonst öfters in Krain und Kärnthen, allezeit auf Felsen, und steinichtem Boden gefunden habe. Lepra tenera, farinacea, duriuscula, dilute ex obscuro griseo nigricans, crustae modo saxa, ab iisdem distincta, insternens, tuberculis obsita convexis, sublentiformibus, atris. Hallers Lichen. N. 2062. ist eben der, den ich schildere

Lichen Carbonarius. Leprosus, crusta farinacea, tuberculisque sphaeroidicis, et intermixtis, scutellis, atris. Linnée hat ihn nicht. Bey Hallern scheint er N. 2052. angemerkt zu seyn. Lepra omnino tenera, duriuscula tamen, farinacea, crustae instar saxum operiens, aterrima, tuberculis sphaeroidicis, intermixtisque scutellis exiguis concavis, pariter atris, obsita. Sollte nun jemand behaupten, und hartnäckig darauf beharren, Byssus antiqvitatis. Lin habe sich hier mit einem andern Linnéeischen Lichene leproso tuberculato verehlicht, mit dem werde ich mich nicht zanken. Es ist ohnehin noch nicht ganz ausgemacht, wohin wir besonders Byssos pulverulentas? unter die Flechten? mit Hallern, Gleditschen, Schrebern ꝛc. oder mit einem Dillenius, Linnée, Jacquin ꝛc. unter die übrigen Haarmose verweisen sollen? Ich habe weder Ursach noch Gründe genug mich hierüber zu

er-

erklären, und einige dieser großen Männer, den andern eben so großen Männern zu Gefallen, zu verlassen. Dieß scheint mir indessen so ziemlich wahr zu seyn, daß das vegetabilische Mehl (ich weiß mich nicht besser auszudrücken) der staubichten Haarmose allezeit viel feiner, zärter, weicher anzufühlen sey; auch mit weniger Sprödigkeit zwischen den Fingern zerrieben werde, und gemeiniglich leichter abfärbe, als das Mehl der allerzärtesten rindenförmigen Flechten; zu geschweigen, daß ich keine Byssum pulverulentam kenne (und ich kenne doch die Linnéeischen alle) welche entweder kuglicht- und linsenförmige Knöpfchen, oder wahre rundhohle Schüsselchen je erzeugte; die doch bey den Lichenibus leprosis nie mangeln. Auch nichts zu melden von ihrer ungleich kürzern Dauerhaftigkeit und Leben. Oft habe ich mit mir von meinen Alpenreisen Byssum Jolithum, auf dem so genandten Violenstein nach Hause gebracht; er ist blutroth, färbt aber pomeranzen- oder goldgelb ab, und riecht gerieben auf dem Finger, wie die angenehmsten frischen Merz-Veilchen. Nie gieng ich ihn in der Teichel, in Turach, im Naßfelderthal, in der Zirchniz im Großkirchheim ꝛc. vorüber, ohne mir, samt allen meinen Reisegefährten, die es nicht wußten, diesen wahrhaft ambrosischen Geruch auf dem Wege zu verschaffen. Diese Steine (es sind Granite, Gestellsteine ꝛc.) besitze ich schon mehrere Jahre, in Papiere eingewickelt. Mache ich noch heut diese Papiere auf, so riechen die Steine noch allezeit nach Merz-Veilchen; aber weg ist schon lange die blutrothe Farbe, die dieselben ganz überzogen hatte; sie sehen, der Farbe nach, einem andern Granite, Gestellstein ꝛc. ganz gleich, auf welchem Byssus

sus Jolithus sich nie gelagert hatte. Würde nicht hieraus Michelius*) folgern, daß Byssus Jolithus wahrhaft haarigen, und fadenhaften — nicht mehligen und staubichten Gewebes sey? Wird nicht gleicherdings Gleditsch seine Meinung, daß dieß Gewächs unter die Schwämme gehöre, dadurch bekräftigen? Nicht anders, als mit größter Verehrung für ihre vielen Verdienste gedenke ich dieser einsichtsvollen Gelehrten; und bekenne aufrichtig, daß ich selbst ein Gleditsch seyn müßte, um es mit Gleditschen aufnehmen zu können. Er ist indessen eben so rechtschaffen, als er gelehrt ist, und wird mir gewiß nicht verargen, daß ich aufrichtig sagen darf, was ich gesehen habe. Auch mit dem Vergrösserungsglase konnte ich doch nichts, als einen sehr feinen, leicht zu zerdrückenden Staub, und folglich nichts mehr sehen, als was schon vor mir Linnée, und Haller wahrnahmen. Einen Staub, sage ich, der in längerer Zeit seine Farbe verlieren, sich so zusammen ziehen, so einschrumpfen, so klein werden kann, daß man ihn zwar noch durch den Geruch, aber nimmermehr mit dem Auge entdecken kann: Michelius gedenket zwar des dem Violensteine ausschließungsweis eigenthümlichen Veilchengeruches; und wir dürfen daher nicht zweifeln, daß er Byssum Jolithum beschreibe; aber seine Figur! und die lit. C. gedoppelt — und dreyfach ästigen Fäden oder Haare! Allezeit goldgelbe, nie Zinnober- oder blutrothe Farbe! Ich hätte wirklich geglaubt, er schildere uns Byssum auream Linnaei, zum zweytenmale. Hieraus will ich dann nur so viel zu meinem Vorhaben erinnert haben, daß

* (Oeder pulverulentis adsociat, sed in filamenta excrescentem Tab. 899. N. 1. exhibuit!)

daß der viel dauerhaftere vegetabilische Staub aller rindenförmigen Flechten noch genug unterschieden sey, von jenem Byssorum, etiam pulverulentarum duntaxat.

Lichen ocellatus. Leprosus, crustaceus, rimosus é griseo-cineritiove subfuscescens, scutellis, tuberculisque nigris, margine cinereo integro. Es hat diese Rindenflechte mit dem Lichene subfusco L. einige Aehnlichkeit; ist jedoch von demselben unterschieden; und ich glaube Recht genug zu haben, dieselbe mit Hallers Lichene crusta tenace alba, scutellis sessilibus atris. N. 2051. T. 47. fig. 6. für eine, und eben dieselbe halten zu können. Doch will ich bloße Wahrscheinlichkeiten nie für ausgemachte Wahrheiten gelten lassen; und überlasse es gerne andern, Schiedsrichter zu seyn, wo ich mir selbst nicht genug helfen kann. Ich nenne sie indessen L. ocellatum, weil sie mich auf des Papillionis Argioli. L. untere Flügelseite stark erinnert. Die Beschreibung davon ist: Lepra tartareo-crustosa, grossior, arcte rupi adnata, rimosa, et per rimos in glebas angulosas, rotundasque promiscue discerpta, coloris dilute murini (Mausfarb) ex griseo, cineritiove subfuscescentis; tuberculis elevatis inaeqvalibus nigris, tandem introlabentibus in scutellas cavas; margine semper cinereo, et integro cinctis. Meine Vermuthung des Hallers wegen gründet sich hauptsächlich darauf: weil ich gleich davon, auf eben diesem Felssteine eine andere dergleichen Rindflechte ersehen habe, deren Crusta tartarea tenax weiß gewesen ist, die Scutellae hingegen, wie Kügelchen hoch über der Rinde hervorstunden, rund und weißaschfarben waren, und bloß im Mittelpunkte des obersten Theiles schwarz, flach, endlich

endlich rundhohl eingefallen waren. Ist diese vielleicht das Kind in der Wiege? jene bereits in ihrem hohen Alter?

Lichen subfuscus. L. crustaceus, verrucosus albus, scutellis aggregatis sessilibus fuscis, margine subcrenulato albo cinctis. Ich fand ihn hier auf der Rinde eines Waldbaums, und er war schneeweiß; hatte auch eine viel dickere und höhere Rinde, als gewöhnlich; weßhalben ich ihn auch vorzüglich anführe, Crusta crassiuscula, verucoso-glebosa, in tumelos majusculos tartareos niveos inaeqvales conferte efflorescens. Scutellis copiosis sessilibus, primum rusis, tum bruneis, deniqve nigris, semper concavis, et margine assurgente tumidiusculo subcrenulato albo cinctis. Derjenige, welchen ich sonst allenthalben auf andern Obst- und Waldbäumen gesehen habe, ist von diesem etwas unterschieden. Crusta minus crassa, humiliore, aeqvabilioris instar leprae diffusa, nec in monticulos, et glebarum hemisphaericarum acervos assurgente, obsolete albida aut grisescente; scutellis parvis ferrugineis, tum brunescentibus, dum nigrescant denique; margine clevato tenui subcrenulato, albo-cinerascente coronatis. Noch anders habe ich ihn sonst gesehen; da aber die braunen, mit einem weißlichten, anfangs einwärts gebogenen, und ganzen, so denn aber sich gleichsam öffnenden, und innerhalb gekerbten Rande umgebenen Schüsselchen das karakteristische Kennzeichen desselben sind; können alle diese Abwechslungen bloße Abänderungen einer und derselben Art seyn Dillenius giebt davon auf der 18. Tab, fig. 16, A, B. zwo Abbildungen, die sich eine der andern, so wenig

 gleich

gleich sehen, als eine jede derselben, dem Meinigen; vielleicht hat sie auch Haller noch anders gesehen? doch ist unter allen kein spezifisch-wesentlicher Unterschied; sie sind alle zusammen eben dieselbe Art, die Linnée unter dem Namen subfusci kurz, aber gut, beschrieben, und Haller N. 2049. seiner Gewohnheit nach, so schön, als genau, und gelehrt paraphrasirt hat. Leers zieht hieher noch manche andere aus Hallern; wie aber dieser unermüdete, und sonst so einsichtsvolle Mann diesen Saz behaupten, und durchsetzen werde? weiß ich nicht. Auch Skopoli hegte noch in seiner ersten Flora Carnioliae dergleichen Gedanken; Er gieng indessen in sich, und sonderte sogleich, in der zwoten Auflage derselben, Linnées L. Candelarium sehr weislich von desselben subfusco ab. So gerne ichs Leersen zugäbe, daß Hallers N. 2047. hieher endlich gehören könnte, wiewohl Haller auch bey demselben kein Wort von einem annulo scutellarum marginali albido sagt, so ist es doch ohnmöglich, daß ich gleiche Nachsicht in Ansehung der übrigen Hallerischen Citaten haben könne. Hallers Lichen N. 2044: einer der schönsten, in der Blüthe seines Alters! ist ohnstreitig Jacquins L. aeruginosus, den ich sonst incarcatus genennet hatte; ganz von dem subfuscus unterschieden. Meiner Wahrnehmung nach ist seine anfänglich kupfergrüne Farbe, durch die Austrocknung in eine grünlicht aschgraue; jene hingegen der flachen Schüsseln von der bleichrosenrothen, in die gelblichte übergangen, und daraus Lichen N. 2046. geworden. Aus Hallers N. 2050. (da abermal von keinem Margine albido - cinerascente Erwähnung geschieht; nicht so wohl scutellae, als vielmehr Scuta iniqvae figurae, varia,

ria, difformia etc. eaqvue non lutea, non fusca, sed ruberrima, ac probabilius cum tempore nigerrima behauptet werden) würde ich sicherlich eher auf Linnées Lichenem sanguinarium, als desselben subfuscum geschlossen haben. Endlich würde ich allezeit Hallers N. 2056. mit desselben N. 2051. eher vereinigen, und zu meinem oben beschriebenem Lichen ocellatus verweisen, als platterdings subfuscum daraus machen. Freylich hat Leers den Hauptkarakter abgeändert, und statt scutellis subfuscis margine albo etc. schlechtweg Nigris gesezt, weil sie beym subfusco zulezt mehr oder weniger schwarz werden. Allein soll das wohl auch nach Willkühr erlaubt seyn? und soll man wohl auch zum Hauptkennzeichen eines Gewächses die Züge seines lezten, und bereits kränklichen Alters vorzüglich aussuchen?

Byssus Lactea. L. pulverulento-crustacea, nivea, glebulis farinaceis sphaeroidicis in acervos aggestis. Es war ein alter hochstämmiger Baum (so viel ich mich zu besinnen weiß die rothe Tanne) dessen äußere Rinde in tiefe Furchen und Runzeln zerspaltet, und mit allerhand Mos-Arten stark bewachsen war. Von ferne hätte man glauben sollen, er sey von ohngefähr, oder mit Bedacht mit abgelöschtem Kalke überstrichen, oder auch mit Mehl angeworfen worden; Auf große Strecken hatte sich indessen über desselben Rinde, und die daran wachsenden Mose dieß zarte und weich anzufühlende Aftermos verbreitet, und so ziemlich feste angesezt. Das Vergrösserungsglas entsprach vollkommen der Hallerischen Genauigkeit: Crusta pulverulenta candida, cum admixto cinerascenti virore, lente duntaxat vitrea detegendo innumeris constans pulvisculis farinaceis sphaeroidicis vegetabilibus, acervatim persaepe aggestis, cum disiccati sunt, duriusculis, caetera tactui molliusculis, et albae ad instar cretae inqvinantibus. Er zählet es N. 2093. mit zu seinen Lichenibus; und wenn ich auch auf die oben berührten Gründe nicht sähe, wüßte ich dennoch nicht, warum ich ihm Unrecht geben sollte. Diese sind es allein, die mich zurückhalten, den beyden, Dillenius, und Linnäus, die es unter die Byssos verweisen, untreu zu werden. Des erstern Beschreibung: Byssus candidissima, calcis instar muscos vestiens ist die Natur selbst; Die Abbildung aber T. 1. fig. 2. ist zwar prächtig; deutet jedoch vielmehr eine Byssum filamentosam; als pulverulentam, an. Denn es ist doch hart zu glauben, daß er mit dem so hoch hervorstehenden haarigen Fäden, die Mose selbst, über welche sich das Aftermos verbreitet hat, habe anzeigen wollen, da sie überhaupt, Brya, Hypna, Jungermanniae, Mnia, oder auch Politricha sind, die so zart und fein, als ein Haar nicht zu seyn pflegen; also war es damit auf das Aftermos (ich verstehe Byssum lacteam) gemeint, das niemals haarig; allzeit blos mehlig und staubicht ist Micheli's Lichen. N. 56. pag. 99. wird von Hallern hieher gezogen; Rectene? an perperam? Sexatilem Michelius, non arboribus, muscisve adnascentem inquit!

Eine andere Linnée unbekandte Art, Byssus, die zu Klangenfurt auf den Felssteinen des Calvari-Bergs häufig zu sehen ist, und mir schon vor mehrern Jahren bekanndt war, ist mir hier wieder aufgestoßen;

und

und zwar zu meiner großen Verwunderung an einem Geburtsort, der ihr sonst nicht natürlich zu seyn scheint, nämlich auf eine Thonerde, und theils auf der, auf derselben sich verbreiteten blätterhaften Grundrinde eines Lichenis Scyphiferi! Wie ist sie wohl hiehergekommen? vermuthlich von einer Wacke in der Nachbarschaft, die sie mit einem schwarzsammetnem Ueberzug ganz bedecket haben wird. Ich nenne sie indessen: *Byssum petraeam* velutino-capillaceam, saxatilem atram, filamentis brevissimis, ramosis, erectis, densissime stipatis, forma panni holosericei tonsi: Sie ist nichts weniger, als neu; längstens hat sie Michelius auf den Felsen der Jmprunetta wahrgenommen, in seinen Generibus p. 212. N. 20. beschrieben, und Tab. 90. f. 5. (nur mit zu langen, und zu stark von einander gehenden Fäden) gezeichnet. Noch länger, als Micheli, ja auch weit mehr seitwärts aus einander weichend, hat dieselben Dillenius Tab. 1. fig. 18. aber ich denke nach dem Mikroskop vergrössert, vorgestellt. Denn im natürlichen Standt, sieht dieses Haaraftermos nur seiner 19. Figur A. B. ganz gleich, aber dreymal kürzer. Unvergleichlich nach seiner Gewohnheit redet davon Haller. N. 2104. Und eben so treffend, ja ganz nach der Natur Gleditsch. pag. 21. lit. e. Nur kann ich mich seither nicht entschließen, diesem grundgelehrten Manne darinnen beyzupflichten, daß dieß Gewächs ein Schwamm seyn soll; und zwar eine bloße Spielart, das ist Varietaet Byssi aureae, Jolithi, Velutinae Linnaei. Er hat indessen seine Gründe dazu, die ich meinerseits nicht bestreiten will. Schön, in der That, war es hier zu sehen, caespites holoserici tonsi aterrimi, supra crustam foliaceam, foliolorum rotundorum lobatorum, supra laete viridium, subtus niveorum! Ich habe eben gesagt, diese Art Byssi filamentosae sey Linnée unbekandt, ob ich sie gleich bey demselben, im andern Theil der Mantissa, und zwar mit Anzeige der Figur aus dem Dillenius angemerkt finde. Kaum konnte ich mich vor Erstaunen fassen, da ich diesen großen Mann, auf Herrn Weißens (dessen Werk de Cryptogamis ich sehr gewünscht hätte zu sehen, und nůzen zu können) Versicherung sich selbst widersprechen gesehen habe. Hat Linnée in seinen alten Tagen mit fremden Augen besser, als in der Blüthe seiner Jahre, mit eigenen gesehen? Wie ist aus einer bloß pulverulenta, Byssus filamentosa, und zwar filamentis ramosissimis nun geworden? Oder war es nur ein Betrug der Augen? Hat Linnée (was seinem unermüdetem Fleiße nicht gleich sicht) das schlechtweg staubicht genandt, was er bloß mit flüchtig wegeilenden Augen gesehen, und recht zu untersuchen, vernachläßiget hat? und hat zulezt Byssus antiqvitatis atra pure pulverulenta nie existirt? Wer darf das behaupten? Eben denselben allerfeinsten, mikroskopischen, vegetabilischen, schwarzen Staub, den Haller in der Schweiz auf sein geschliffnen, polirten Sandsteinen, die gegen Mittag &c. gerichtet waren, nach langer Zeit bemerket hat, habe ich öfters in Kärnthen auf Felssteinen gesehen. Linnée hat ihn vor mir und Hallern, zu Wisby in Oeland auf alten steinernen Gebäuden wahrgenommen, und hat ihn anfänglich für die Wirkung des Rauchs gehalten, bis er durch das Vergrösserungsglas — nicht ästige Fäden und Haare — sondern sein ganzes Gewebe aus zartem Staube bestehen, gesehen hat. Er ist also sicherlich Byssus antiqvitatis L. vom Bysso petraea Dillenii unterschieden.

Linker Hand des Weges im Walde, auf einer vom

Schnee bereits freyen Anhöhe, auf die die Strahlen der Sonne gelangen konnten, ward ich die *Tremella Nostoc*. L. in großer Menge gewahr; durch das von oben herunter triefende Schneewasser wurde sie beym Leben erhalten; Wäre ich mit dem Auge nicht so nahe bey der Erde gewesen, schwerlich hätte ich sie wahrgenommen; ihre schwarzgrüne Farbe, so lange sie noch naß, oder feucht ist, (trocken schrumpft sie zusammen, und wird schmuzig gelblicht) läßt kaum zu, daß man sie mitten zwischen dem Grase, unter welchem sie auf unfruchtbarem dürren Boden wächst, genug unterscheiden könne. Umsonst gab ich mir diesesmal, auch mit dem Mikroskop, alle Mühe, die Vesiculas Dillenii, oder glebulas Halleri, und wie Scopoli angemerkt, aber auch selbst nicht gesehen hat, das Tortuosum corpusculorum seminalium monile Michelii, zu erblicken; Es war nichts davon zu sehen. Was ich gesehen hatte, war: Membrana subtilis, papyri tenuitate, semidiaphana, gelatinosa, tremula, ex aqvoso olivacco virore, triste demum subflavescens, sinuosa, plicata, undulata, aut et variis anfractibus; dehiscentibus scrobiculis; assurgentibusqve et inflatis vesicis, mire crispata; exsiccatione concidens, et corrugata. Glücklicher war ich zu anderer Zeit; zwischen den gekrausten Falten derselben entdeckte ich kleine kugelrunde gallertartige freye Knöpfchen, von der Größe eines Stecknadelkopfs; Sie sehen meiner Tremellae globulari, die man allenthalben in den Gräben rc. findet, ganz gleich, sind aber kleiner. Ich halte sie für noch nicht entwickeltes Nostoc. Was ist denn aber eigentlich dieses Nostoc? Flos caeli ist es gewiß nicht, wenn es schon weder Wurzel, noch Saamen hat. Auch läßt es die Vernunft nicht zu, zu vermuthen, daß in demselben, ich weiß selbst nicht welche? Kraft, oder Bestandtheile enthalten seyn sollten, Gold zu machen. Haller zählt es unter die Lichenes gelotinosos; und was mir noch weniger in den Kopf will, Gmelin unter die Fucos!

Auf den allerdürresten, mit Fichtennadeln ganz durchstochenen, unfruchtbarsten Pläzen des Waldes, kommen die Becherförmigen Flechten (Lichenes scyphiferi Linnaei.) häufig hervor. Eine wahre Plage der Botanisten. Micheli, Dillenius, Haller ꝛc. führen davon eine Menge Arten an; bekennen aber doch, samt Herrn Skopoli, daß vielleicht alle, oder die meisten, nichts als bloße Abänderungen einer und derselben Art seyn möchten. Dieser Meinung bin auch ich; weil man aber dennoch in den Wissenschaften nie auf Erleichterung für Anfänger zu denken vergessen soll, will ich nach dem Beyspiele des großen Linnée, diejenigen hauptsächlich anmerken, bey denen die Abweichung, oder der Unterschied merklicher in die Augen fällt. Dieses mal bekam ich folgende zu sehen:

Lichen pyxidatus. Lin. und zwar ohne tuberculis peripheriae calycis, welchen Dillenius T. 14. f. 6. lit. A. und B. vorstellt. Alle mir bekandten Becherflechten wachsen auf einer crusta foliacea, foliolis planis, imbricatis, lobatis, inordinate subdentatis, lacinulis rotundatis, supra laete virentibus donec exsiccatione viridi-cinerascant, subtus candidis. Er war ganz einfach, von einem halben Zoll, bis acht Linien hoch; einzeln, oder viele beysammen; am obern Ende nicht sehr tief, ja ziemlich flachtrichterförmig, mit sehr fein gezähneltem Rande des Bechers;

chers; Scapo cylindraceo fistuloso aphyllo viridi-cinerascente, pulvisculo concolore obsito; Calyce scyphi terminalis maximo, haemiphaerico-infundibuliformi, integro, subtiliter per peripheriae oras serrulato, concolore glebulis pulverulento-subfoliaceis lentiformibus virescentibus undique insperso. Gleich im Anfange, wo er noch sehr stark mit blätterhaftem Staube ganz überstreuet ist, nimmt man die sehr feinen Zähnlein des sägeförmig eingeschnittenen Randes nicht wahr; dann ist er Hallers Lichen N. 1912., das ist: Skopoli's Lichen squamosus scyphifer, scypho integerrimo. N. 6. Ein jedes dieser noch so kleinen mikroskopischen Zähnchen habe ich bisweilen ein sehr kleines scharlachrothes Capitellum tragen sehen; bisweilen ein etwas Grösseres schwammiges wässericht bräunlichtes, das durch die Austrocknung öfters, obwohl nicht allezeit, schwarz wurde; ich erkandte an demselben den wahren vom Linnée angezeigten Pyxidatum crenulatum tuberculis fuscis; zumal wenn sich die Zähnchen etwas verlängerten, und der Rand Tubercula stipitata bekam. Nun wuchsen aus dem Umfang des Randes seines Bechers statt der gestielten schwammigen Knöpfchen, andere, der Mutter ganz gleiche, Becherflechten; Es trieb dergleichen einen, oder mehrere, nicht der Rand, sondern der Mittelpunkt des Hauptbechers aus; aus denen wieder andere hervor sproßten. War dieser Art Becherflechte, der Grund des Bodens, worauf sie wuchs, günstiger, so waren zugleich auch Becher, und Stamm allenthalben mit Blättern belaubt, so, daß dadurch die Flechte ein artig gekraustes Ansehen gewann! und ich alle die Unterarten derselben, die uns die fleißigen Micheli und Dillenius zurückgelassen haben, zu sehen bekam. Ich habe unwidersprechlich bemerkt, daß der *Lichen Coccifer*. Lin. samt seinem *L. Cornucopioide* im Grunde nichts vom *Pyxidato* unterschieden sey, und ohnmöglich konnte ich die spezifischen Gränzen zwischen ihnen bestimmen; Gestalt, Wesenheit, Farbe, Staub, und Laub, bisweilen auch Größe, ja so gar die mannichfaltigen zufälligen Abänderungen, in Bezug auf einfache, oder doppelt- und dreyfach auf einander aufgesezte Becher, alles ist zulezt einerley. Bloß der mehr oder weniger fruchtbare Rand des trichterförmigen Bechers macht den ganzen Unterschied aus. Ist der Trieb desselben stärker, so wachsen die Anfangs wie ein kleines Pünktchen große scharlachrothe Knöpfchen mehr und mehr an; erhöhen und dehnen sich allenthalben aus; schwellen zu schwammigen runderhabenen Warzen auf; fließen auch bisweilen zusammen; nimmermehr sieht man die Spuhr des klein gebliebenen, und mit dem tuberculo fungoso überzogenen Zähnchen des Randes; kurz, aus dem Pyxidato ist Coccifer, und aus dem Coccifero, Lichen Cornucopioides geworden. Die schönen scharlachrothen Höcker erhalten sich in mäßiger gehöriger Feuchtigkeit bey ihrer Farbe; werden durch überflüssige Nässe wässericht-bräunlicht; und bey gänzlicher Vertrocknung schwarz.

Lichen fimbriatus. Linnaei. Scapo gracili, elongato, terete, fistuloso, simplice, viridi-cinerascente scypho terminali hemisphaerico-concavo parvo, haud ventricoso, per oras dentato. Es macht diese Becherflechte eine andere Hauptabtheilung aus, die eben so viele Unterarten, als die vorige in sich begreift. Ihre karakteristischen Kennzeichen bestehen überhaupt darinnen, daß der

Scapus

Scapus einfach, in Bezug auf die vorige, und auch auf ihren eigenen Becher, viel höher, schlanker, und von unten auf bis zum Becher hin, gleichförmig rundlicht ist; dann, daß der Becher viel kleiner, und nie so bauchig, und gegen den Rand hin, so weit, als bey der vorigen aus einander geht. Wenn schon übrigens bisweilen der Rand ihres Bechers ungezähnelt und ganz ist, wie beym Dillenius T. 14. fig. 10. vorgestellt wird, so ist er doch gemeiniglich, und viel stärker, als beym Pyxidato, mit tiefer eingeschnittenen Zähnen, in die Runde herum versehen. Wenn sie noch frisch, und jung, so ist sie auch so ziemlich mit dem vegetabilischen grünem Staube bestreuet; aber nie so stark mit ausgeschnittnen Blättern, als die vorige, belaubt. Von den Tuberculis calycinis fungoso-spongiosis, rubris, fuscisve, ingleichen vom margine scyphorum prolifero, habe ich nichts zu melden; In allen unsern Fichtenwäldern, und unfruchtbaren, mit Heidekraut bewachsenen Gegenden finden sie sich ein; und ich wüßte beynahe keine von allen den verschiedenen Hallerischen, Dillenischen, Skopolischen und Michelianischen Unterarten, die ich bey uns hier, und anderorts nicht gesehen hätte.

Lichen Cornutus Linnaei. Abermal eine besondere Hauptart Becherflechten, wenn sie schon nicht jederzeit mit einem trichterförmigen Becher sich endigt, scapo subramoso, gracili, elongato, terete, in subalam, aut calycem scyphiformem profunde cornuto-dentatum abeunte. Ich rechne hieher mehrere korallvidische Flechten, die von großen, sehr großen Botanikern, einem Skopoli, Dillenius, Haller, ja Linnée selbst, als verschiedene

Arten

Arten angegeben sind, die aber im Grunde nur eine und dieselbe Art ausmachen, es sey denn, wir wollen bey jeder kleinen Abänderung sogleich eine neue Art aufführen, und dann wird bey diesem unglückseligen Aftermos, zur unüberwindlichen Schwierigkeit der Anfänger, der specierum kein Ende seyn. Lichen cornutus ist mir folglich eine Flechte, deren Scapus oder Caulis dünne, geschlank, einen bis zween Zolle hoch, rundlicht, inwendig hohl, und bald ganz einfach, bald sparsam, und gemeiniglich nur gegen das obere Ende, ästig ist. Im erstern Falle geht derselbe entweder, wie eine Pfrieme, spiz aus, ohne aufsizendes rothes Knöpfchen; oder er trägt auf der höchsten Spize ein scharlachrothes kleines tuberculum fungosum, welches bisweilen genabelt ist, bisweilen sich öfnet, in zwey oder drey noch kleinere spaltet, und folglich eine, oben offene, dünne Röhre vorstellt, die gemeiniglich ganz aufrecht steht, nur bisweilen mehr oder weniger gekrümmt, und gebogen ist; oder endlich sein oberstes Ende geht zwar in einen mehr oder weniger trichterförmigen Becher aus, der aber mit zwey bis dreymal längern, aufrechtstehenden, nicht sehr vielen, und daher etwas weiter aus einander stehenden pfriemenförmigen Zacken gleichsam gekrönet ist. Im leztern Falle hingegen theilet sich dieser dünnröhrichte Scapus gegen das obere Ende, in zwey-drey-höchstens vier einfache pfriemenförmige, ungleich von einander abstehende Aeste; so wie das Dillenius Tab. 15. fig. 14. lit. D. Item Tab, 16. fig. 26. lit. A. dann auch Tabernaemontanus p. 1197. mit dem Namen Muscus Corniculatus, vorgestellt haben. Es ist daher leicht einzusehen, welche Skopolische, Hallerische rc. Lichenes

chenes coralloideo-scyphiferos ich unter Linnées und meinem Cornuto verstehe; Beym Dillenius sind es folgende: Tab. 15. fig. 14. lit. A. B. C. D. E. F. dann fig. 16. lit. A. B. C. D. E. F. und Tab. 16. fig. 26. lit. A, nicht lit. B, und C. die schon mehr unter die Strauchflechten (fruticulosos) gehören; obschon Linnée auch schon die erste A. mit unter die leztern sub nomine subulati zählet. Er ist Anfangs lichtgrün, mit gleichfärbigem vegetabilischem Staube, bisweilen auch mit kleinen ausgeschnittnen Blättern, doch so ziemlich sparsam, bedeckt, und wird zulezt weißlicht grüngrau: wächst überall in Nadelwäldern, und unfruchtbaren Plätzen zwischen dem Heidekraute (Erica vulgaris L.) auf einer Blätterrinde, wie die vorigen. Ist nun jemanden diese Vereinigung mehrerer Spielarten unter eine Hauptart anstößig, der theile sie ein in so viele er will. Ich dringe keinem meine Meinung auf.

Eine schöne, große, ihrer Aeste beraubte Steinbüche (Carpinus Betulus Lin.) lag auf dem Wege, um nach der Stadt gefahren zu werden. Sie war mit allerhand Baumflechten, Baumbärten, Mos- und Aftermosen an ihrem dicken Stamme allenthalben bewachsen;

Lichen furfuraceus Linnaei war darunter in Menge, so wie überall auf den Waldbäumen. Ex viridi-cinereus, tandemqve glaucus; foliaceus decumbens ramosissimus; caule ramisqve linearibus; longitudinaliter supra convexis, pulvere primum farinaceo, villulisqve exiguis exstantibus concoloribus obsitis, et subhispidulis, tum glabris; per laterum oras, deorsum inflexas; ciliatis; subtus anthracinis, lacunosis. Extimorum ramulorum

apici-

apicibus bifidis, digitatisve, brevibus, acutis, subtus, aqvose subbrunescentibus, dum albescant deniqve. Entweder kennet Skopoli Linnées Furfuraceum nicht; oder er vermenget ihn wider alles Recht mit dem L. prunastri. Lange hatte ich die scutellas laterales, oder vielmehr pelves, nonnumqvam subpedunculatas, dieser Baumflechte, die an der guten Dillenianischen Figur (Tab. 21. f. 52.) und jener des Michelius Tab. 38. ord. 4. fig. 1. zu sehen sind, nicht erblicken können. Auch scheint sie Haller N. 1976. nie gesehen zu haben, da er doch von denselben kein Wort meldet; endlich hat es mir aber doch geglückt, dieselben in diesen Wäldern zu sehen zu bekommen. Auf der obern Seite der Flechte, gerade unter der Zertheilung des Caulis in zween Aeste entspringen dieselben, und sind in der That: subsessiles, pedunculo scilicet brevi, crassoqve, et folio ipsi concolore; Die Scutellas selbst anbelangend, hae majusculae sunt; foliaceae; sessili-pedunculataeve; liberae, pelviformes, concavae, oris integris, aut et laceris; supra ex viridi-magis magisqve rufo-fuscescentes; subtus colore Lichenis ipsius. Lacunae paginae folii inferioris, plerumqve versus apices ramorum freqventiores, reticuli scrobiculosi forma. Recte Hallerus: inveniri qvandoque subtus album totum; nam et talem qvoqve hic interdum inveni; sed fere in ultima duntaxat aetate semiemorientis. Sed neqve peculiaris, ab Hallero memorata, Leucomelani varietas à sylvis penitus abest istis.

Lichen farinaceus. Linnaei. Nicht leicht eine alte Planke, Waldbaum, oder auch Mauer auf dem Lande, wo diese Art Flechte nicht wüchse. Foliaceus erectus planiusculus ramosus lacunosus, ramis acutis; Supra ex viridi albens, subtus albus; lateribus albo-verrucosis; verrucis oblongo-ovalibus, aut et rotundatis, custaceo-farinosis. Unterarten, oder auch bloße Abänderungen giebt es davon in Ansehung der Breite, Länge, Runzeln, pockenartigen Vertiefungen ihres ledernen Blattes sehr viele. Auch ist die Farbe nicht allzeit ebendieselbe; bald steht sie wie ein Bäumchen, oder Strauch aufrecht, bald legt sie sich gleichsam nieder; und ihre Aeste halten keine ordentliche Regel. Ungleich besser, denn des Vaillant, sind die Zeichnungen derselben, die wir dem Dillenius zu danken haben Tab. 23. f. 63. Allein jene seiner Tab. 21. f. 54. von dem nun angezogenen zu unterscheiden! ich weiß nicht? und halte selbst mit Hallern N. 1982. dafür, sie sey weiter nichts, als eine lautere Spielart des Farinacei. Niemals aber werde ich zugeben, daß Linnées Lichen Calycaris, von dessen Farinaceo nicht spezifisch — bloß dem Geschlechte nach, unterschieden sey; und daher, so groß auch meine Hochachtung gegen den verdienstvollen Herrn Skopoli, meinen alten guten Freund, ist, kann ich doch hierinnen ohnmöglich eines Sinnes mit ihm seyn, und das, so Dillenius beym Haller als eine bloße Muthmaßung vorgetragen hatte, mit ihm als eine erwiesene Wahrheit annehmen; und schlechterdings behaupten: Calycaris sey das Männchen, dessen Weibchen der Farinaceus ist; zumal, da ich kein anderes Beyspiel inter omnes Lichenes foliaceos, de diverso in diversis plantis sexu, habe.

Lichen physodes. Linnaei. Foliaceus, decumbens, centrifugus; frondibus fistulosis, è centro divergentibus,

bus, liberis, multi fido - lobatis; laciniis loborum primum cylindraceis, clausis, apice pulvinatis, crustaceo-farinosis; tum subtus, apicem versus, inflatis, dehiscentibus, obtuse emarginatis. Supra cinereo - subvirescens, inferne anthracinus, interne candidus. Scutellis subpedunculatis, ex viridi, tandem ruso - ferruginescentibus. So gemein er auch ist, auf Bäumen von allen Arten, ja wohl auch auf nackten Felsen leicht fortkömmt; und noch überdieß untrügliche Kennzeichen an der Stirne trägt, woraus man ihn sogleich unter Tausenden unterscheiden muß; so wenig scheint er mir noch seither beobachtet, und gut genug beschrieben zu seyn. Linnée verweiset ihn unter seine Impricatos; ich glaube aber nicht, daß jemand bis jezt folia aut et frondes imbricatim sibi superimpositas an demselben gesehen habe. Gut sind die vier Dillenischen Abbildungen desselben, die zugleich sein verschiednes Alter anzeigen; eben so gut, nur zu groß! jene des Michelius T. 50. ord. 25. f. 1. et 2. an denen noch der Caracter Centrifugi, frondiumque uno è centro divergentium etc. wahrzunehmen ist; jene des Buxbaums habe ich nicht gesehen, will aber vermuthen, daß sie eben so genau denselben vorstellen; wer würde ihn jedoch aus ihren Beschreibungen erkennen? Noch am besten bestimmen seinen Hauptkarakter Haller, Micheli, Scopoli. Es ist nämlich sein Blatt, so sich, wie eine offene Rose, rund ausbreitet, in lauter viel - lappichte, röhricht, inwendig hohle Zweige, vom äußersten Umkreise an, gegen den allgemeinen Mittelpunkt hin, tief zerschnitten. Allenthalben, nur den Mittelpunkt ausgenommen, frey, liegen seine zasern- und haarlose Zweige ganz gestreckt dahin;

hin; bloß die äußersten, anfangs walzenförmigen, geschloßnen und mit einem vegetabilischen Staube von gleicher Farbe bestreueten Lappen krümmen sich allmählig in die Höhe, so, daß davon der Umkreis dieser Flechte ein gekrausstes Ansehen erlangt; das unterhalb mehr und mehr aufschwellende zarte Häutchen dieser Lappen zerplatzet endlich gar; und dann stehen die stumpfen, oder auch ausgeschnittnen Endspitzen besagter Zweige offen, daß man den innern hohlen leeren Raum derselben ganz deutlich wahrnehmen kann. Ober- und unterhalb ist an dieser ganzen Flechte nichts haariges zu ersehen. Ihre Farbe ist von oben ein mattes aschgraues Meergrün (e cinereo virore glancescens), von unten matt, kohlschwarz; nur die äußersten aufgebrochnen walzenförmigen Endspitzen-Blätter sind unterhalb, so wie das ganze Blatt selbst von innen, weiß. Fruchtschüsseln sieht man auf derselben seltner. Sie sind, wo sie ja vorkommen, sehr kurz — und dicklicht gestielt, tellerförmig, und die rundhohle obere Vertiefung übergeht endlich aus einer, anfänglich grünlicht aschengrauen — in eine röthlichte Rostfarbe.

Untermischt mit dem Physode, fand ich hier noch eine andere Art der Baumflechten, die, so gemein sie sonst auf allen Waldbäumen wächst, dennoch nicht selten auch auf nackten Steinfelsen angetroffen wird. Sie ist der so genandte *Lichen saxatilis Linnaei*. Auch hier habe ich keine wahre foliorum imbricationem sehen können. Kurz schildere ich sie beyläufig: L. foliaceus, centrifugus, frondibus multifido - lobatis, lobis apice subtruncato - angulatis; supra è viridi dilute cinerascens, lacunosus, albidoque reticulatus; subtus ater, polyrrhizos; scutellis sessilibus, concoloribus, dum rufescant deniqne, ambitu incano. Treffend ist davon die Figur des Dillenius T. 24. f. 83. Nicht mehr so gut, und fast hätte ich gesagt zu groß, und zu stark ist jene des Michelius. T. 49. ord. 22. f. 1. Aber Vaillant's Lichen opere phrygio ornatus. T. 21. f. 1. wenn ihn schon Linnée hieher zieht, und Skopoli sogar anempfiehlt, will mir nicht gefallen. Auch Haller hat ihn weggelassen. Ob Gerard Linnées Saxatilem gekanndt habe? zweifle ich sehr. Seine Anmerkung! Ueber dieß hätte er ja nicht des Michelius Lichenem pulmonarium etc. T. 51. ord. 30. f. 2. auch nur zweifelhaft anführen sollen; wenn ihn anders Vaillant's angezogene Figur nicht dazu verleitet hat. Expansio Lichenis saxatilis, rosae ad instar, orbicularis est; folium tenue, repens, centrifugum, peripheriam versus frondosum, frondibus multifido-lobatis; planis; laciniis loborum extimis obtusis, fere subtruncato-angulatis, nescio qua cornuum Rhenonis rangiferi forma; et subtus saepiuscule aqvose brunescentibus. Color folii supra dilute glancescens, seu è viridi albido-cinerascens, subtus (praeter apices) anthracinus polyrrhizos, radiculis minimis, sed dense stipatis, et pariter atris. Caracteristicum speciei hujus est: quod supera folii pagina albidis, exstantibusque reticulata sit lineolis, in senio perquam copiose pulverulentis; intercapedinibus reticuli, foveolarum instar introlabentibus; unde lacunosa ejusdem superficies. Scutellae, quae rosae, sive disci, utplurimum centrum occupant, et non numqvam etiam desiderantur penitus, sessiles, folio primum concolores, donec spadiceae aut rufae fiant denique, ambitus ora incana.

Vi-

Vidi et loborum, laciniarumque margines, pulverulenta interdum obsitos scabie. Er soll, wie Haller anmerkt, Veilchenblau- und wie Linné in Flor. suec. 2. colore purpurascente färben. Welchen Nutzen könnte daher Kärnthen daraus schöpfen, wo er in so großer Menge zu haben ist! Nur begreife ich nicht genug, wie nun die schönen Veilchenblau- und Purpurfarben zu Stande kommen, da man auf Versicherung des Ritters zu Lenhofda in Oeland, und zu Stembrohuld in Schonen vormals nur braun damit gefärbet hat.

Endlich war noch auf dem Stamme dieser schönen Steinbüche der so genanndte blühende Baumbart, das ist: der *Lichen floridus* Linnaei. von allen Seiten sehr häufig zu sehen; von Farbe zwar weiß aschgrau, doch in ein sehr gewässertes Gelbgrün fallend. Caule principali terete brevi ramosissimo, ex viridi- cinereo aqvosissime subflavescente, pulvisculo concolore undiqve insperso, aut et laeviusculo, ut plurimum erecto, tamen et nutante interdum. Ramis laxe diffusis, erecto-patentibus, plus minus cirroso-ciliatis, cirris simplicibus setaceis longiusculis, inaeqvalibus, laxe ordinatis, ad angulum fere rectum exstantibus. Scutis floriferis magnis orbicularibus planis, albis, ad infractos ramos ennatis, per ambitum laxe cirrato-radiatis; cirris simplicibus compositisve, inaequaliter longis, patentissimus. Freylich sollte man glauben, daß (wie schon Haller, Skopoli und mehr andere vor mir angemerkt haben) der Lichen plicatus, hirtus und floridus Linnaei, eine und dieselbe bärtige Fadenflechte sey; Hier insonderheit konnte ich überzeugende Proben haben, daß der floridus nicht so stets erectus sey. Sein Strauch, oder staudenförmiger Stamm stand zwar meistentheils aufrecht in die Höhe, das ist, gegen den schmälern obern Theil des Baumes hin; doch waren auch manche seiner Sträucher, die im Gegentheil abwärts, nach der Erde und dem dickern Theil des Baumes zu, hiengen; und wieder andere, die, so wie des Dillenins Pulmonarius minimus etc. T. 13. fig. 17. ausweiset, mit dem Horizont gleich und parallell fortliesen, und ihre Aeste nach allen Weltgegenden rund herum verbreiteten. Alter, Winde, anhaltender Regen, Mangel des nöthigen Saftes, Nord- oder Südseite ꝛc. können viel beytragen einer und derselben Pflänze eine andere Gestalt, ein anderes Ansehen zu geben. Dessen ohngeachtet weiß ich nicht, was mich, und zwar mächtig genug, zurückhält, diese drey fadenhaften Baumflechten in eine zusammen zu werfen; ja ich sehe mich wider Willen gezwungen, eine von der Andern, und die von der Dritten spezifisch zu unterscheiden. Niemals erlangt der Floridus die Länge — niemals die so sehr vielen, so sehr in einander geflochtenen, gerade herabhangenden, und langgestreckten Aeste des Plicati. Er ist allemal zärter, als dieser; seine Aeste allemal weit schitterer, das ist, viel lockerer, als jenes seine. Gemeiniglich stehen seine Aeste, ob sie schon mit mehreren schüsselförmigen, langgezackten Schildern gegen die äußern Endspitzen zu, beschweret sind, als der Plicatus, frey in die Höhe. Ist er gleich mit vegetabilischem Staube (obschon nicht allezeit) besäet, so ist doch eben dieser Staub viel feiner, und auch viel spatsamer über ihn, als über den Hirtus ausgestreuet. Auch habe ich ihn nie so allgemein als den Hirtum,

wach-

wachsen gesehen. Viele Jahre gehe ich schon in unsere nahegelegenen Fichtenwälder, nie habe ich doch den allenthalben in Menge wachsenden Hirtum, blühende langgezackte Fruchtschüsseln tragen gesehen; nie ist daraus weder der Plicatus, noch der Floridus geworden. Ein so leicht möglicher Fall (wenn sie ja eine und dieselbe Flechte sind) soll doch unter so viel tausenden Exemplaren des Hirti nicht gänzlich ohnmöglich seyn! Es ist merkwürdig, daß Linnée bey seinem Plicato ebendieselbe Dillenische Vsnea T. 11. fig. 1. anführet, die Haller mit seinem Lichene N. 1971. eine und dieselbe zu seyn angiebt; Aber Haller schließt ausdrücklich Linnées Plicatum aus! ich sehe doch nicht, warum? und hätte gerne gesehen, daß er uns die Ursache davon gesagt hätte. Kann es wohl zur Beleuchtung unsers L. Floridi dienen, was ich noch an ihm bemerket habe? Auf eben den Sträuchern, deren Aeste eine Menge platter, tellerförmiger, im Umkreis langgezackter Scheiben trugen, erblickte ich hie und da linsenförmigerhabene ungestielte, wässerichtrothe, kleine Knöpfchen; sie hatten einen ganzen, mit keinen Spitzen oder Zacken versehenen Rand, und kamen sehr sparsam, bloß wo sich da und dort die Aeste bogen, und gleichsam abgebrochen waren, zum Vorschein. Bleichen sie sich etwa mit der Zeit ab? oder werden sie nach und nach größer? oder bekommen sie später rund herum ihre Zacken? oder sind es Theile des andern Geschlechts? Alles das lasse ich unbeantwortet.

Vom *Lichene Chalybeiformi* Linnaei ersah ich auf dieser Steinbüche nur ein einzelnes sich unordentlich allenthalben verbreitendes fein fadenhaftes Stämmchen; er

 fand

fand sich aber desto häufiger auf den nackten Felssteinen ein. Redend ist seine Zeichnung beym Dillenius T. 13. f. 10. und seiner Natur ungleich ähnlicher, als jene des Oeders. Icone 262. Indessen war bey dem Meinigen der Hauptstamm zweymal dünner, denn jener der Dillenischen Figur; und folglich um vieles zärter, denn der Oederische Bey uns ist nicht einmal der L. jubatus L. jemals so dickstämmig, als der auf Versicherung des Oeders auf den Norwegischen Alpen wachsende Chalybeiformis, wenn er ihn anders nicht nach der Vergrösserung gezeichnet hat, um uns an demselben die kleinen Tubercula vorstellen zu können, die auf demselben allezeit vorhanden sind, und weder Dillenius ausgedrückt, noch Haller gesehen zu haben scheint. Das horsum vorsum versa des Dillenius ist die Natur selbst, und muß uns daher, wenn sonst nichts wäre, Bürge dafür seyn, daß der Chalybeiformis schon von Natur aus keine bloße Abänderung oder Varietät des Jubati seyn könne. Wenn ich dann den Chalybeiformem schildern sollte, würde ich ihn kurz so beschreiben: L. filamentosus decumbens horsum vorsum flexuosus, rariter laxeqve ramosus, ramis vagis, diffusis; tuberculis sessilibus orbiculatis planis sparsis; axillis compressis. Und dann würde ich von ihm weitläuftiger anmerken: Caulis setae eqvinae crassitudine, teres, primum dilute olivaceo-virens, tum ex saturo olivae virore nigricans, paulo supra basin, ad linearum aliquot distantiam jam ramosus, una cum ramis vagis laxe ordinatis, longiusculis, inordinate iterum iterumque et ipsis ramosis, setaceis, tandemqve capillaribus, decumbens, horsum vorsum flexus, ac quaquaversum diffusus. Axillis divaricatis

tis, compressis. Tuberculis lateralibus, sparsis, exiguis, sessilibus, orbiculatis, planis integris, è viridi triste albentibus. Ueberhaupt ist diese fadenhafte Flechte sehr fein and dünne, daher die mindeste Tröckne schon vermögend ist, die Erstarrung, Härte und Gebrechlichkeit des Stahls ihr gleichsam zu verschaffen; vermuthlich zielt auch dahin Linnées Beyname? denn bey nassem, oder doch feuchtem Wetter, sind die Fäden ihrer Zweige sehr biegsam und zähe, und brechen eben nicht so sehr leicht ab.

Am vierten März gieng ich vor der Werkstätte eines Wagners vorüber; die allerschönsten Birken = und Steinbüchen Stämme standen da vor derselben; und auf denselben fand ich, da sie noch so ziemlich frisch waren, und das Wetter so etwas feucht war, allerhand noch viel schönere Kleinigkeiten, die in das Pflanzenreich gehören. Auf dem letztern erblickte ich unter viel andern den Lichenem Carpineum. L. dann jenen, der in den verschiednen Floren Scriptus genanndt wird. Dieser hat so etwas besonderes, und ihm eigenthümliches an sich, wodurch er sich unter allen dieser Art Gewächsen auszeichnet, und sogleich erkanndt werden muß. Chinesische? oder sonst Asiatische Buchstaben auf europäischen Bäumen sollte das Auge vermeinen zu erblicken. Und welche Hand soll sie dahin niedergeschrieben haben? Die Kälte des rauhen Winters? Die Dürre des brennenden Sommers? Die Rinde der Bäume pflegt doch nicht solcher Gestalt zu börsten! sonst könnte man wähnen es wären unordentliche Spaltungen, oder Ritzen des äußersten feinen Häutchens der Bäume. Schön ist davon die Zeichnung beym Dillenius T. 18. fig. 1. Noch schöner und richtig die

Beschreibung des Hallers N. 2079. Kurz, aber der Natur selbst abgeborgt jene des Linnaeus: Leprosus albicans, lineolis nigris ramosis caracteriformibus. Es sind wenig Botanisten, denen er nicht unter die Augen gekommen wäre, weil kaum ein Wald, ja kaum ein Baum im Walde ist, wo er nicht anzutreffen wäre; zumal auf Stein — und Weißbüchen (Carpinus et Fagus). Daß aber alle jene Michelische Lichenes, die Haller aus desselben T. 54. anführt, eigentlich zu demselben gehören sollen, daran zweifle ich stark, und ich finde es sehr seltsam, daß dieser so große Kenner, nicht lieber mit dem fleißigen Skopoli, Micheli's T. 56. fig. 3. angeführt habe. Meine mikroskopischen Wahrnehmungen haben mir ihn vorgestellt, wie folgt; super albido alioqvin carpini cortice, obscurius, minusqve tantisper albida, velut è cinereo, crustula leproso - subfarinacea subtilissima arctissime adnascens; lineolis lineari - lanceolatis, simplicibus ramosisqve, aut et repando - curvatis; bilocularibus, atro - pulverulentis protuberantibus varia. Mit Bedacht habe ich gesagt: Bilocularibus et protuberantibus; nam et quae demum cumqve lineola, microscopio inspecta, lineam exhibet ultra reliquam crustae superficiem exstantem, sulcis exaratam binis longitudinalibus parallelis, intermedia divulsis lineola capillari elevata, pariter anthracina. Abänderungen davon habe ich verschiedene gesehen: α. Lineolis transversis rectis simplicissimis subparallelis. β'. Lunato - arcuatis simplicibus, quaquaversum incurvis. γ'. simplicibus rectis, curvatisqve. δ'. simplicibus ramosisqve lineari - ovalibus. ε. rectis

ctis varie implexis ramosissimisqve sinenses egregie aemulantibus litteras. etc.

Der erstere hingegen, das ist: *Lichen Carpineus.* L. den ich fast bey keinem andern, als Herrn von Linnée, und zwar sehr kurz angemerket finde, hat folgende Kennzeichen: L. leproso-crustaceus, ex cinereo-albens, tuberculis hemisphaericis scabris majusculis confertissimis concoloribus. Hallers N. 2071. scheint mir kein anderer, als eben derselbe seyn zu können. Ein gleiches (habe ich Recht? oder scheint es mir nur so?) bin ich sehr geneigt von Skopoli's Lichene fagineo, Schrebers orbiculato, und folglich auch Micheli's Lichene T. 53. fig. 1. et 2. zu vermuthen. Gewiß ist es wenigstens, daß sie Linnées Fagineus nicht sind. Der Carpineus Linnæi überzieht nicht bloß allein die Rinde der Steinbüchen, sondern auch wohl jene anderer Bäume, als der Elch-Tannen- und Felberbäume. Seine tubercula sind von gleicher weißlicht aschgrauer Farbe, seiner gröblichten, und zwischen den Fingern zu sprödem Staube zerreiblichen Mutterrinde; zwar halbkuglicht erhaben, aber doch zugleich fein runzlicht, daß es das Ansehen hat, als wären sie mit mehligem Staube überstreuet; Ich will nicht zweifeln, daß sie sich endlich mehr oder weniger ebnen, ja auch so gar (wie mehr andere) zulezt flach hohlen Schüsseln ähnlich werden. Damit ich aber nichts aus meinem Kopfe rede, wollen wir uns beym Ritter selbst um die Wahrheit erkundigen. An seinem Geburtsorte zu Stembrohuld in Schonen fand ihn Linnée, nicht auf Ahornbäumen (Acer) wie der deutsche Uebersezer das fälschlich giebt, sondern auf Steinbüchen (Carpinus Betulus L.) und nannte te ihn Lichenem Geographicum, ehe er diesen Namen einer andern, wie gelb ausgemalte Landkarten vorstellenden Rindenflechte (dem heutigen Licheni geographico) viel besser beygeleget hatte. Zwo Abänderungen derselben legt er uns da vor Augen; die aber in der That zwo verschiedne Arten sind; wovon die eine Schrebers Lichen angulosus wirklich zu seyn scheint, aber gewiß nicht Carpineus Linnaei ist: die andere und leztere hingegen ist der wahre Carpineus. Wer Linnées Lichenem fagineum bloß in seinem höhern Alter gesehen hat, wie ihn dann Linnée selbst bloß damals gesehen und beschrieben zu haben scheint, wird ihn schwerlich, oder gar nicht vom Carpineo genug zu unterscheiden wissen; und in diesem Falle scheinen mir Skopoli und Schreber sich befunden zu haben.

Mit weit schönern dergleichen Sächelchen prangte die feine milchweiße blättrige Rinde der Birkenbäume. Ich hatte nicht so viel Muße, mich hier sehr lange aufhalten zu können; schnitt daher in der Eile manchen Fleck herunter, worauf ich so was besonders wahrzunehmen glaubte, um mich damit zu Hause nach Belieben zu beschäftigen. Darunter war: *Lichen betulinus*, ob ich ihn schon sonsten, auch auf andern Bäumen (Fago, carpino, Abiete, Picea) angetroffen habe. Leproso-crustaceus, tener, glebulosus, firmissime haerens, albus; tuberculis lentiformibus concoloribus in rubellum langventibus (violet rouge mourant) alto-marginatis. Ohnfehlbar fallen zulezt die runderhabenen Tubercula etwas ein? und dann scheint kein Zweifel zu seyn, daß er Schrebers Lichen pallidus sey.

Lichen flavo-virescens. Leproso-crustaceus, tener,

ner, glebulosus, firmiter haerens, aqvose ex albo subvirescens; tuberculis lentiformibus triste luteolis. Er soll mit dem L. Candelari nicht vermenget werden. Hätten seine linsenförmigen Knöpfchen einem aufstehenden, oder doch anders gefärbten Rand, und wenn die Mutterrinde im Umfange gleichsam in gekrauste Blätterchen ausgienge, so hätte ich keinen Anstand, daraus Lichenem Muralem Schreberi zu machen; denn in der That habe ich ihn auch sehr häufig und oft auf den Felssteinen des Calvari-Bergs zu Klagenfurt gesehen. Pallescentem. L. daraus zu schmieden, traue ich mich nicht; der Meinige hat keine scutellas etc.

Lichen circumscriptus. Leproso-crustaceus, albido cinerascens, margine serpentino atro circumscriptus, tuberculis disci lentiformibus pariter atris. Das seltsamste ist bey dieser Rindenflechte, daß ihr weißlicht aschengrauer Grund allezeit mit einer schlangenweise fortkriechenden kohlschwarzen Gränzlinie eingeschlossen ist; daher sie denn das Ansehen einer, oder mehrerer Inseln erlangt. Ihre Mutterrinde besteht aus lauter ungleichen, runderhabenen Klöschen, die sich zulezt etwas ebnen; aber die Tubercula fructifera atra fallen nie in rundhohle Schüsseln ein; stets sind sie linsenförmig erhaben; und so viel ich ihrer aufgeschnitten habe, waren sie inwendig nie roth. Das ist auch ganz alleine die Ursach, daß ich anstehe, Linnées Sangvinarium daraus zu machen; ohngeachtet ich übrigens selbst der Meinung bin, daß, wie ich bereits bey meinem Lichene petraeo angemerkt habe, mein Circumscriptus, Hallers Lichen N. 2065. dann Skopoli's Limitatus punctatus etc. und Herrn Dillenius

Lichenoides T. 18. fig. 3. eine und eb'en dieselbe Flechte sey. Und so, wie ich dieß eingestehe, so wiederhole ich, was ich oben schon gesagt habe, daß ich mich nicht entschließen könne, die Beyden Petraeum und Circumscriptum zu vermengen. Wenn schon das Auge, wie allen übrigen Sinnen eigen ist, in gewissen Umständen täuschen kann, so können wir ihm doch nicht schlechterdings in allen Umständen, und wo dasselbe hinreichen kann, und alle Behutsamkeit gebraucht wird, sein Recht zu ertheilen absprechen. Wunderlich ist es, daß, wenn sie ja ein und dasselbe Gewächs sind, der Petraeus nie — im Gegentheile der Circumscriptus stets, mit der besagten schwarzen Gränzlinie umschrieben und eingeschränkt ist!

Lichen rugosus Linnaei. Leprosus tenerrimus albus, lineolis simplicibus, punctulisqve confertissimis atris. Die allergenaueste und ganz natürliche Abbildung desselben, siehe beym Dillenius T. 18. fig. 2. Das zarte milchweiße Häutchen der Birkenrinde ist bisweilen mit einem sehr feinem kohlschwarzen Staube sehr dicht besäet. Keine Miniatur könnte eine künstlichere Punktirung zu Wege bringen. Das Vergrösserungsglas erhebet diesen feinen Staub so, daß er gleichsam wie ein kurzes Haar, oder Wolle herauskömmt. Er ist sehr gedrengt beysammen. Manche Stäubchen berühren sich, und fließen gleichsam in eine kleine Linie zusammen. Daher entstehen die Lineolae punctulis confertissimis intermixtae. Crustula caeteroqvin leprae vix perceptibilis, subtilissima, alba niveo cortici instrata. Punctula atra densissime aggregata, villulorum instar exstantia, interjectis subtilissimis lineolis pariter atris, ex confluxu punctulorum aliqvot. Ob ihn

Leers

Leers gekandt habe? zweifle ich, nachdem er zween Lichenes aus Hallern anführet, die gar nicht hieher gehören. Es ist wahr, daß sich bey denselben Haller auf die ächte Dillenische Abbildung bezieht; aber seine Beschreibungen stimmen ja gar nicht mit derselben überein. Nicht aus seinen Citaten — bloß aus seinen eigenen Worten bin ich gewohnt, ihn zu verstehen. Skopoli selbst, der ihm hierinnen Gewährschaft leisten sollte, zieht sich in der neuen Auflage seiner Flora wohlbedacht aus der Schlinge.

Am 6ten März wurde ich auf die Thysische Walkmühle ohnweit der Franzmühle beruffen. Starke alte Felberbäume (Salix alba L.) stehen da in Menge längs des Mühlbachs. Ein paar große Baumpilze (Boletus igniarius L.) schlug mir mit der Hacke der Müller herab. Es waren ihrer mehr beysammen, einer über dem andern von Größe und Gestalt eines Hufs von einem drey- bis vierjährigen Pferd. Sie hatten keinen Stiel, sondern wuchsen mit der einen Seite an den Baum an. Zween bis drey Zolle betru ihre Höhe; die Breite fast mehr, denn drey; aber die Dicke der untersten röhrigen Halbscheide kaum zween ganze Zoll. Das Fleisch ist lederartig, trocken, zähe und hart, von Farbe rothbraun; geschickt Feuer zu fangen; zumal wenn es geschlagen, und mit Lauge gekocht wird. Gleich einem Hügel läuft sein Rücken schräge herab; ist ungleich, glatt anzufühlen; der Farbe nach schwarzgrau, doch mit einem sehr seichten weißlichten Hauch überflogen, da ich ihn sonst auch aschenfärbig, ja so gar schneeweiß gefunden hatte. Der unterste Rand desselben ist gemeiniglich halbzirkelrund, steht wie ein dickerer Absaz hervor; von Farbe aschgrau. Ganz

waag-

waagrecht und platt ist hingegen seine untere weiße, oder doch weißlicht angehauchte Seite, mit tausend der allerkleinsten runden Löcherchen sehr gedrengt durstochen. Dieß sind die Mündungen der sechs bis sieben Linien langen Röhrchen, gleich den so genanndten Haar-Röhrchen; für sich lichtbraun, doch mit dem allerfeinsten mikroskopischen weißmehligen Saamen gefüllt. Vom Geruch habe ich an ihm nichts besonders bemerket; wohl aber an einem andern, der ebensals, wiewohl viel sparsamer, auf diesen Weißweiden wuchs. Wie sehr und wie viele Jahre hat mich derselbe gequälet, bis ich endlich überzeugt wurde, daß er Linnées Boletus Svaveolens, das ist: der weiße, nach Aniswasser riechende Baumpilz? Linnée giebt in allen seinen Werken ausdrücklich vor, er sey superne laevis! Das ist nimmermehr wahr; es sey denn bey den sehr alten, schon ganz abgenüzten, an denen Regen, Schnee Trockniß ꝛc. den kurzhaarigen Sammet niedergedrückt, oder gar vertilget haben. Zu dem bezieht sich der Ritter nirgends auf je einen andern Botanisten! Diese zwo Ursachen hinderten mich, mich zu entschließen, bis ich endlich durch die wohlgerathene Abhandlung des Herrn Enslin meine lange gehegte Vermuthung zur Gewißheit gebracht habe. Alles ist an dem B. svaveolente. L. weiß; obere- und untere Seite, sein lederartiges zähes Fleisch, sein kurzes, wie Sammet, dichtes Haar, die langen feinen Röhrchen, samt Mündungen. Der Gestalt nach ist er oft dem vorigen Igniario gleich; gemeiniglich aber nicht so hoch, dabey jedoch viel breiter; und riecht, wie gesagt, süßlicht, nach schwachem Fenchel- oder Aniswasser. Dieß ist auch hauptsächlich das entscheidende Kennzeichen, wodurch

wodurch er sich unter allen Baumpilzen, und insonderheit von einem, den ich *B. hirsutum* nenne, unterscheidet. Dieser leztere ist nie so fleischig, viel kleiner, denn der Svaveolens; oberhalb rauh vom hoch aufstehenden und nie vergehenden Haar; wächst gemeiniglich auf allerhand Waldbäumen, auch so gar morschen Stöcken der Tannenwälder (wo der wie Anisriechende Weidenpilz nie zu sehenist,) und riecht wie ein anderer gemeiner Baumpilz.

Ein schmaler Pfad zwischen den Aeckern geht von der Franzmühle nach der Thysischen Walkmühle; Schnee lag noch genug auf den Aeckern; und er war noch hart genug. Ich erinnerte mich der *Podura Nivalis.* L. suchte sie sorgfältig auf, und war auch glücklich genug, sie in Menge zu finden. Zu bewundern ist es, wie dieß kleine Thierchen ohne allen besondern Pelz der scharfen Kälte trozt! frisch und lebhaft lief, und hüpfte dasselbe auf dem Schnee herum. Ich hatte nicht wenige Mühe dasselbe zu fangen. Glaubte ichs bereits erschnappt zu haben, so rettete es sich durch einen hohen Sprung, den ihm die gabelförmige Feder des Hinterleibs erleichterte, oder es verschloff sich in den lockern steifen Schnee, wo ich zwar mit dem Auge, aber nicht mehr mit dem Finger nachkonnte. Recht artig und zum Lachen war es, wie dasselbe unter dem obern verhärteten Schnee herumirrte. Meiner Jägerey ein Ende zu machen, rollte ich ein Stück Papier kegelförmig zusammen; und so fieng ich ihrer zulezt mehrere. Gut sind zwar beyde, Beschreibung und Abbildung, die uns davon in den schwedischen Abhandlungen der unermüdete de Geer zurückgelassen hat, doch will ich angemerkt haben, daß es mit seiner Farbe, und zumal

mal mit dem sechsten Absaz des Leibes, der allein so lang, als die fünf ersten seyn soll, eben nicht seine völlige Richtigkeit hat. Die Farbe des obern Leibes ist gewiß nicht, wie Linnée vorgiebt, aschenfärbig (cinereus). Lichtbraun, oder auch schwärzlichtgrau, wäre meines Erachtens viel besser gesagt. Mehr oder weniger gleicht sie der Farbe der gemeinen Mäuse, oder auch dem trocknen Staube auf den Straßen; nur daß sie etwas dunkler ist; und anfänglich manche kleine schwärzere Flecke hie und da am Hinterleibe, zumal gegen die Seiten desselben, wahrzunehmen sind, die sich zulezt auch gänzlich verlieren, es sey durch das vielfältige Herumhüpfen, oder durch den unter den Füssen der Gehenden halbschmelzenden Schnee. So wenigstens kam mir dieser Schneefloh unter der Vergrösserung des Mikroskops vor; durch welche ich auch gar keinen Unterschied der ringelförmigen Absäze des Leibes in ihrer Länge gefunden habe. Die ganze untere Seite des Leibes hingegen, samt den Füssen, war ein sehr bleiches, wässerichtes Grau. Wäre er alsdann etwa nicht besser so zu schildern? Podura Nivalis, oblonga cylindracea villosa griseo-fuscescens, maculis nigris subsignata, abdominis furca alba. Nie fand ich ihn, als zur Schneezeit im Winter, oder doch im ersten Frühjahr, häufig im Schnee selbst, und den in denselben eingedrückten Fußstapfen. Einzeln im Gegentheil bey Steinfelsen auf der Erde zwischen dem Mose, wo erst der Schnee vergangen war; oder auf Waldbäumen unter ihrer Rinde; auch einmal zu Laubach zwischen den steifen in einander verflochtenen Camellis agarici quercini L. den ich auch Herrn **Skopoli** nach Idria geschickt

schickt habe, und da er durch Linnées unrichtig angegebene Farbe irre geführt, für desselben Pod. Arborea ausgegeben hat. Der Schneefloh ist indessen grösser, ja doppelt so groß, als die wahre Pod. Arborea; nicht schwarz und glänzend, auch nicht aschenfärbig, sondern, wie schon gemeldet worden, haarig, und matt. Seine Augen sind kohlschwarz, länglicht-oval; jedes aus acht sehr kleinen glänzenden, rund erhabenen Punkten zusammengesezt. Die Fühlhörner halb so lang, als der Leib (dessen Farbe sie haben), fadenförmig, viergliedrig, und überzogen mit den allerfeinsten, aufwärts niederliegenden Härchen. Schneeweiß ist endlich seine elastisch aufspringende Schwanzgabel; reicht unterhalb bis zum lezten Paare der Füsse; zweyspaltig bis auf die Hälfte; die Spizen selbst haarförmig, parallel, und eher an einander gedrückt, als daß sie weit aus einander gehen sollten.

Ich hob im Hofe des Hauses eine schöne klingende Platte des Dachschiefers (Schistus Ardesia L.) auf; unter derselben schlief eine rothfüßige, kohlschwarze Spinne. Sie wurde sogleich munter, und fieng an auf allen acht Füssen zu laufen. Sie ist die wahre *Aranea rufipes*. L. Parva, atra, nitidula, thorace oblongo, abdomine ovato, sive ovali, convexo. Oculis in coronam, transverse oblongam, ordinatis, subaeqvalibus, nitentibus , qvaternis in acie faciei; qvaternis aliis in antica thoracis parte; arcubus, qvos mutuo occupant, obtusissime ad se invicem concavis. Ungves oris atri, basibus insistentes parallelis, et validis. Pubes corporis prostrata, minima, variter sparsa, microscopio duntaxat videnda. Pedes octo, rubri, mediis qvatuor parumper brevioribus.

Fleißig fieng nun bey uns der Schnee zu schmelzen an der,

der sonst kaum bis in halben April vergeht. Der Winter neigte sich zu seinem Ende; und die mittägige Seite der ganzen Kette des Granit-Vorgebürgs bekam ein liebliches Ansehen, das den Naturforscher reizte. Ich bestieg sie den 18ten des Monats, unter andern den so genandten Calvari-Berg; und durchlief die Waldungen, bald linker Hand gegen Keßlin zu, bald wieder rechter Hand, gegen die so genandte Ziguln hin.

Ein ganzer Wald des *Hypnums Dendroides*. L. kam mir gleich am Fusse jener Hügel zum ersten unter die Augen, ich ward aber dieses mahl nicht so glücklich, wie sonst, dasselbe blühend anzutreffen. Seine wahre Blühzeit ist nur der spate Herbst; untermischt mit demselben, aber in ungleich grösserer Menge bedeckten die grasichten Pläze derselben die beyden andern Hypna, ich will sagen, das *Triqvetrum* Linnaei, und jenes, dem er, von der Aehnlichkeit seiner krummgebogenen, und langgestielten Fruchtkapseln mit einer Feuerzange, den Namen des *Rutabuli* beygelegt hat. Das Erstere davon, so Vaillant σπερμοφορον nennet, ohne manche Setam antheriferam des vorigen Jahres. Das Leztere hingegen hatte derer viele, und zwar noch so ziemlich frische, capsularum osculis operculo, calyptraqve adhucdum tectis. Ohngeachtet seines kurz- und stumpfkegelförmigen Deckels, vermenget es Leers mit des Dillenius Hypno dentato operculis cuspidatis. T. 38. f. 30. und unterscheidet beyde vom Rusciformi Dillenii T. 38. f. 39. das dennoch auch opercula cuspidata hat! daher mir Haller weit besser gethan zu haben scheint, daß er die beyden leztern vereiniget, und vom Rutabulo unterschieden hat; und Schreber vielleicht am besten, daß er sie alle drey mit dem Dille-

nius

nius unterschieden; denn sein Piliferum persimile rutabulo scheint doch kein anderes, als Ruscifolium Leersii zu seyn.

Nirgends, glaube ich, werden einem Botaniker gewisse Mnia häufiger, als hier, begegnen. Hier trift er zu dieser Zeit ganze Heere des *Mnii capillaris*. L. an. Hier sieht man alle die verschiednen Spielarten des Linnéeischen *Serpillifolii*, das ist, wie dieselben samt dem Dillenius ein Haller, und mit Hallern Schreber ganz billig, als verschiedene Arten angegeben hat: das *cuspidatum*, das *undulatum*, das *punctatum*, das *proliferum*, bald nur mit einer, bald wieder mit mehrern antheriferis setis de summo caulium apice assurgentibus. Aber so groß auch übrigens meine Hochachtung gegen manche Gelehrte ist; so werde ich doch nimmermehr zugeben, daß man sie mit den ohnehin schon sehr zahlreichen Briis, zusammen werfe. Hier endlich trift er ganze Rassen des *Mnii Crudi* an, mit seinen langgestielten, abwärts hangenden, umgekehrt länglicht eyförmigen Fruchtkapseln, und aufwärts gebogenen calyptris acicularibus; und welches noch viel schöner ist, und sich durch seine, ihm eigenthümliche angenehm blaßgrüne durchscheinende Farbe, unter allen seines gleichen sogleich unterscheidet, das *Mnium Linnaei hornum*. Nicht einmal das *Mnium hygrometricum*, gerade so, wie es der unvergleichliche Dillenius auf der T. 52. f. 75. vorgestellet hat, kann hier seinem Auge entgehen! Er wird sich kaum einen Büchsenschuß hin, gegen Keßlin zu, wenden, auf lothrechten Steinwänden, über welche Tagwässer gemeiniglich herab treufeln: so wird sich ihm das frischgrüne *Mnium fontanum*. L. verrathen; je nässer, desto schöner; seine unreifen Kapselstiele, gleich so vielen feinen Nadeln, standen dicht, und ganz aufrecht, wie die Saat auf den Fruchtfeldern; wer hätte glauben sollen, daß in wenig Tagen, die heute noch so sehr schlanke Kapsel, so dick, so unförmlich bucklicht, und zwar nicht durch ein bloßes Ohngefähr, werden sollte? Nicht sehr weit von diesen Felssteinen erblickte ich auf leimichten schattichtem Grunde ganze Büsche des *Bryi undulati.* L. Unverbesserlich hat auch dieses, bey allen ungegründeten Ausstellungen des Skopoli, Dillenius T. 46. f. 18. gezeichnet; kann man auch nur mit seiner Figur, Vaillant's Muscum capillaceum minorem, capitulo longiore falcato T. 26. f. 17. vergleichen? Zwar haben sich auf denselben Linnée, Haller, Skopoli ꝛc. bezogen; aber ich dächte, eben nicht mit Rechte. Viel häufiger, als das *undulatum*, wächst hier und anderwärts das *Bryum juniperinum*, das Dillenius T. 46. f. 19. vorstellt, und die angeführten Autoren, ohnfehlbar für eine bloße Abänderung des undulati halten werden? Dieses, das merklich kleiner, als das Undulatum ist; scheint mir der Vaillantische Muscus-minor etc. zu seyn. Seine Blätter sind etwas kleiner, schmäler, steifer, weniger in die Queere mit wellenförmigen Runzeln gekräuselt, am Rande ganz, wenn sie schon, so lange sie frisch und naß sind, wegen der Queerrunzeln, klein gezähnelt zu seyn scheinen; kurz, den Blättern, wie Dillenius sagt, des Wacholders einigermaßen ähnlich. Die Kapselstiele von beyden, so hoch auch der Stamm derselben (zumal des Undulati, von einem bis anderthalb oder zween Zolle) ist, übertreffen ihn doch stets an Länge, oder sind gewiß nicht kürzer, als derselbe; gemeiniglich erhebt sich aus desselben Wipfel nur einer- nie aber mangeln unter den vielen Stämmen doch einige, woraus nicht zugleich zween dergleichgleichen antheriferae setae entsprängen; so daß Linnée eben nicht getadelt zu werden verdient, wenn er die pedunculos subsolitarios mit in den Karakter des Undulati hat einfliessen lassen; der denn meines Erachtens so beyläufig entworfen werden könnte: B. antheris cylindraceis erecto incurvis; pedunculis subsolitariis terminalibus; foliis lanceolatis, carinatis, transverse undulato-rugosis, patentibus, per oras serrulatis. Wunderlich ist es, daß die zarten gelben Härchen, die die Mundöfnung seiner Kapsel krönen, und so ziemlich lang sind, nachdem der fein und langzugespitzte Deckel, samt dem Hute weggefallen ist, und sie sich eine kurze Zeit, als so viele Franzen rings herum ausgebreitet hatten, sich wieder aufwärts zusammenrollten, und um die Mündung einen ringelförmigen dickern Wulst bildeten. Surculi caetera simplices, erecti, basi duntaxat prope radicem uniti (verius, qvam proprie ramosi) et repentes; folia saturate viridia, subdiaphana etc. exsiccatione sursum crispato-revoluta.

Eine Art Einschränkung von über einander geworfenen Trümmern des gemeldeten Felssteines ist da am Fusse dieser Hügel längs des Weges nach Keßlin hin, aufgeführt worden. Ich durchsuchte die auf derselben, und zwischen den Zwischenräumen der Steine sich gelagerte leimichte Erde. *Asplenium Trichomanes* und *Ruta muraria*, dann *Aerostychum septemtrionale*. L. waren noch von vorigen Jahren her allenthalben zu sehen; schon zeigten sich aber auch mit halb entwickelten Frondibus die beyden *Polypodia*, *Fragile* et *Dryopteris*. L. Imgleichen samt dem *Bryo argenteo*, *Mnio subulato*, *Bryo exstinctorio*, die hier allerorts längs der Aecker im ersten Frühling blühende *Arabis Thaliana*. L. die freylich Herr Professor Cranz fasc. 1. p. 39. T. 3. f. 2.

 nicht

nicht zu kennen scheint, und mit derselben: *Saxifraga Tridactylites*. L. *Draba verna*. L. *Veronica hederifolia*, *agrestis*, *Verna*, sehr wenig von der *Triphyllos* unterschieden, die schon überall zwischen der Saat zum Vorschein kam. Was mich nun ungleich mehr, denn alle diese gemeinen Pflanzen freuete, waren die hier in Menge beysammen wachsenden *Riccia glauca* L. und das *Phascum piliferum* Schreberi. Eine neue, mit dem hier sehr häufig allerorte zu sehenden *Acauli* L. (mutico et Cuspidato Schreberi) nichts gemein habende, und wirklich von allen übrigen unterschiedene Art des Phascum's ist dieß *Piliferum*. In lauter runderhabenen polsterförmigen kleinen Rasen wächst es so dicht beysammen, daß mans für Stiel- oder vielmehr Stammlos halten würde; bricht man nun so einen Rasen entzwey, kann man auch schon mit freyen Augen, die etliche Linien hohe, aber im Rasen großentheils vergrabenen blätterreichen Stämme desselben deutlich sehen. Es ist ausgemacht, daß zur Festsetzung des eigentlichen wahren generischen Karakters des Phasci, niemand mehr, ja alles allein, die beyden, Schreber, und wie ich aus seiner schönen Abhandlung ersehe, der verdienstvolle Herr Schmiedl, beygetragen haben. Wie wär es einem sensichtsvollen Manne, als Haller sich zeigte, möglich, unter ein Geschlecht des Sphagnum's so ganz unterschiedene Pflanzen zusammen zu werfen! Allerdings ist es wahr, daß die beynahe kugelrunde, am obern Ende mit einer sehr kurzen Spitze und eben so kurzem Stiele am untern Ende begabte Kapsel, allenthalben ganz, ohne Mundöfnung, ohne Deckel, einfächrig, und so viel ich wahrnehmen konnte, auch einklappig ist: denn ich habe doch ihrer viele hundert, schon ganz reife, dun-

kelbraune

kelbraune beysammen gesehen; aber nie nur eine, an der ein Deckel unter der obern Spitze weggefallen, oder die von oben herab in zwo gleiche Klappen geborsten wäre; ja nicht einmal habe ich je nur eine Spur entdecken können, wo sie in mehrere Klappen sich sollte spalten können; die meisten hatten noch bis in die lezte Zeit ihrer Reife, ihr kleines Hütchen (Calyptra) an der Endspitze hangend.

Weiter gegen Keßlin hin, waren die am Tage ausbeissenden Felsen mit dem *Lichen caperatus*, *saxatilis*, *geographicus*, und *centrifugus*. L. so überzogen, daß es recht artig war, diese Malereyen, zumal des *Geographici* zu sehen. Diese Rindenflechte verdient in der That den Namen, den sie führt, denn sie ist wirklich ausgemalten Landkarten sehr ähnlich. *Potentilla verna*. L. *Viola canina*. L. *Fumaria bulbosa*. L. *Juncus campestris*. L. und *Carex Nigro-lutea* begegneten mir auf jedem Schritt. Es ist hier gar nicht der Ort, die Geschichte dieses erstaunlich varirenden und sehr betrügerischen Frühlingriedgrases aus einander zu setzen. In seiner Flora Lapponica hat es Linnée *Caricem nigram vernam vulgarem* genandt; allein in seinen speciebus, wider alles Recht, mit der *Carice acuta rufa* vermengt, als wären sie bloß zwo Abänderungen einer und derselben Art, ohngeachtet die eine digyna - die andere trigyna ist; zu geschweigen, mehr anderer, gänzlich unterschiedener Kennzeichen an beyden. Jacquin mag so etwas wohl eingesehen haben; und ich darf nicht zweifeln, daß seine *Carex praecox* T. 446. und das Gramen nigro-luteum eine und dieselbe Pflanze sey. Wie dem nun sey; so glaubt dieser verehrungswürdige Gelehrte, daß seine *Praecox*, mit Schrebers *Praecoce* Spicil. Lips. und folglich mit Segnier's

Carice angustifolia etc. T. 1. f. 3. nur eine Pflanze sey; darin irret er meines Erachtens sehr, weil die Segnierische in eine ganz andere Abtheilung, als die seinige, gehört, spicis nempe omnibus androgynis -- non sexu distinctis. Indessen hätte wohl auch Linnée bey seiner *C. Leporina* sich niemals auf Segnier's Pflanze beziehen sollen.

Ich mußte bey einigen alten, nun aufgelassenen Steinbrüchen bey einigen Hügeln vorüber. Sie waren, wie gewöhnlich, mit zusammen laufendem und stehendem Wasser mehr oder weniger gefüllet; *Conferva bullosa*.L. aufgetrieben von tausend zwischen ihrer seidenen Wolle verstrickten Luftblasen, überdeckte dasselbe, und gab ihm ein, schon von Ferne zu erkennendes, licht gelbgrünes Ansehen. Hundertmal zog ich diesen Wasserpelz heraus, um mich seines Stammes, seiner vielen Aeste ꝛc. zu bemächtigen. Umsonst; lauter bereits abgerissene, in einander geflochtene und auf dem Wasser schwimmende einfache Fäden waren es. Ich nahm daher einige auf dem Grund liegende Steine, worauf diese seidene Wasserwatte noch ansaß, mit mir nach Hause; that sie in ein mit Wasser gefülltes Geschirr; die vielästigen Stämme erhoben sich in demselben; mit einem Federmesser lösete ich sie unter dem Wasser an ihrer Wurzel vom Steine ab, daß sie hinan an die Oberfläche des Wassers kamen, und sich ganz ausbreiten konnten; nun fuhr ich sachte mit einem in Oel getränkten weißen Papiere darunter, brachte sie in ihrer Ausdehnung heraus, trocknete sie langsam zwischen Fließpapier ab; bis ich bey der Vergrösserung die viel feinern Stämme, als ein Haar, und noch viel zärtern Aeste derselben deutlich wahrnehmen konnte. An den Seiten dieser Brüche, tief an der Erde im leimigen schattichten

ten Grunde wuchs buschweise *Bryon simplex.* L. cauliculis simplicissimis, vix trium qvatuorve linearum, foliis subulatis, secundis, incurvis etc. das Linnée nicht so schlechterdings hin medio pedunculiferum hätte angeben sollen. Fürwahr Haller, Schreber, und ich selbst oft haben es summo duntaxat surculi apice setiferum gesehen. Aber die Dillenischen leztern Figuren! Saepius ad pedunculi latus, ramulus oritur, ipso longior pedunculo sagt Schreber! Das habe ich noch nicht gesehen; so wenig, als folia saepius (non semper itaque?) secunda!

Das Dach des lezten obersten Bauerhauses in Keßlin war ganz mit dem *Bryo rurali* L. bewachsen; ich sah aber auch gleich ein, daß dasselbe (wie es auch wirklich nachmals geschehen ist) bald einstürzen würde, weil die Schindeln, und das über demselben liegende Stroh, schon ganz morsch, und halb verfault waren. Gleich über dem Dorfe, mitten im Walde, zwischen aufsteigenden Hügeln, ist ein großer Morast, auf welchem ich sonst manche seltne Pflanze gefunden habe, als: *Lindernia pixcidaria.* L. *Peplis portula.* L. *Isnardia palustris.* L. *Schoenus albus.* L. etc. Dießmal bekam ich bey demselben nichts, als die zarte *Conferva reticulata.* L. filamentis plusqvam capillaribus, viridibus, rigidiusculis, rediculatim coadunatis, polygonis reticuli plerisqve qvinqvangulis aut qvadrangulis. Eigentlich hatte ich auf sie nicht einmal gedacht; ich sah sehr kleine rothe Wasserthierchen herumschwimmen; diesen jagte ich nach, und riß, ohne es zu wissen, von dem zarten Wassernetze ein Stück zufälliger Weise ab, das sogleich an die Oberfläche, und so fort unter meine Augen kam. Die Wasserinsekten hingegen, waren von zweyerley Art; doch gehören sie beyde nur unter ein Geschlecht der Milben. Das größere ist ohnstreitig *Acarus aqvaticus*. L. totus, qvantus qvantus est, purpureus, unicolor, capite, rostro, palpis, pedibus, abdomine, imo et oculis maximam partem cinnabarino-rubris. Abdomen respective maximum, semialteram lineam longum, obovatum, antice scilicet tantisper latius, qvam postice, convexiusculum, supra nonnihil rugoso-cavernosum, totum, una cum reliqvis partibus byssino-mentosulum (tomento tamen intra aqvam haud conspicuo) apice obtusum, integrum. Caput sub antica abdominis parte fere depressum, in rostrum desinens non nihil incurvum, et ipsum purpureum. Rostro arcuatim incumbentes palpuli duo, qvadri-articulati, pedibus similes, apice bifidi. Oculi duo, ad latera baseos capitis inserti superne duntaxat ex purpureo-subnigricantes. Pedes octo; à qvibus duo utrinqve paria prima, approximata: inter caput, et abdominis basin, sita; reliqva duo paria, et ipsa inter se approximata, ad latera medii abdominis ordinata. Nescio, cur Roeselius nigros, qvi rubri sunt, pinxerit? Articulis mihi constare videbantur senis singuli, oblongis. Subaeqvales dicas, etsi primi posticos, hi secundos, isti deniqve tertios tantilla excedant longitudine. In aqva celer, natatorius, pedibus antrorsum arcuato-motatoriis; extra aqvam sese contrahens, incedere haud valens. Das kleinere aber, so ich allerdings für Rösels rothe Wasserspinne gehalten hätte, wenn der Kopf, und zumal die Augen damit übereingestimmt hätten, habe ich indessen *Acarum Coecineum* genandt, abdomine globoso laevi sangvineo; pedibus octo approximatis, oculisqve duntaxat binis, nigris. Es ist ganz von dem ietzt beschriebenen Acaro unterschieden;

kaum

kaum so groß, als eine mittlere Laus, dunkel bluthroth, nackend. Der Leib kuglicht, sehr erhaben rund, und so zu sagen oberhalb bucklicht. Die acht Füsse sind beynahe von gleicher Länge, und alle nahe beysammen, zwischen dem Kopfe und dem übrigen Leibe; von Farbe schwarz, so wie das Paar Augen: schwimmt eben so schnell, und auf gleiche Art, wie das Vorige.

Ein besonder Vergnügen verschaffte mir die *Buxbaumia aphylla. L.* die ich hier zum aller ersten mahl, und zwar an zween Orten häufig gesunden habe; Nicht beym Morast selbst; sondern gleich neben demselben im Walde, Hügelan, auf schwarzer feuchter, von verwesenden Fichten-Nadeln halbmorscher Erde, im Schatten, unter der gemeinen Föhre (Pinus sylvestris L.) Sie ist ein Gewächs von ausserordentlichem Bau, und im Pflanzenreiche von ganz ungewöhnlicher Bildung. Noch war ich nicht so glücklich gewesen, ob ichs schon oft jung, und frisch gesehen hatte, sein äußerst geschwind abfälliges und sich verlierendes Hütchen zu Gesicht bekommen zu haben. Von sechs bis acht Linien hoch, ist dasselbe anfangs ganz wässericht grün, und durchsichtig Scapo simplicissimo, perpendiculari, aphyllo, mucronato-clavato; insistente, radicis loco, bulbillo duriusculo, oblongo-ovato, obvoluto lanugine capillaceo-filosa, sub reticulata. Nach und nach wird es ganz roth, zulezt rothbraun. Sein röhriger lothrechter Stamm wird anfänglich roth, und lederartig; dann der kurze kegelförmige Deckel; so fort die untere länglicht-ovale Klappe der Kapsel; die obere in Gegentheil, zwar kleinere, aber gleich der untern gebildete, bleibt am längsten, wiewohl zulezt viel matter, grün; bis sie von dem anwachsenden, und mehr und mehr reifenden innern Saamen-Sack weggebrochen wird, und samt demselben wegfällt. So, wie übrigens zu Anfang

fang die Kapsel, samt den Deckel, gleichgerad mit dem Stamme fortläuft, so neigt sie sich nach und nach schräge gegen die eine Seite hin, und macht mit demselben einen stumpfen Winkel, (angulum obtusum, scalaenum) der Deckel hingegen bekömmt zu gleicher Zeit eine gerad entgegengesezte Richtung; so, daß er mit der Kapsel einen großen spitzen Winkel (angulum acutum multorum graduum) bildet. Nie habe ich bemerket, daß die untere Klappe (ausgenommen durch die Fäulung) vom Stamme weggefallen wäre; und eben so wenig, daß der Deckel von der untern Klappe sich für sich selbst losgerissen hätte. Es scheint daher, daß die Buxbaumia so wenig, als das Phaseum einen wahren Deckel habe. Besäße ich die Werke eines Schmiedl's, O. Müllers, Fabricius ꝛc. die davon weitläuftiger sollen geschrieben haben; so würde mir vielleicht ein mehrers Licht aufgehen; Die Rechtschaffenheit erfordert indessen, daß ich sage, was? und wie ichs gesehen habe. Nur einmal habe ich auf der Grund-Erde dieses Gewächses einen kurzen, stumpfspitzen, dunkelrothen, lederartigen, von innen hohlen, und über dem ganzen Rand, kleinhaarigen Kegel gefunden; Soll dieß der Hut des Deckels seyn? oder der abgefallene Deckel selbst? Allein, wie gesagt, den Deckel habe ich sonst allezeit an der untern Kapselklappe ansitzen gesehen, wo auch schon der reife Fruchtsack weggefallen war; den Hut dagegen habe ich nie auf dem Deckel selbst gefunden.

Ich nahm nun meinen Rückweg zum Calvari-Berg wieder, auf der obern Seite über die Hügel durch den Wald. *Aneomae Nemorosa*. L. blühete allenthalben; *Vinca Pervinca* hingegen, so wie auch *Polygala Chamaebuxus*. L. und *Vaccinium Myrtillus* L. fiengen nur erst an in die Blüthe zu gehen. Eine schwarzsammetne Elvela (nach Linnée Peziza) von Größe und Gestalt des Kelchs eine einer Eichel stieß mir unterwegs auf im feuchten Boden. Auch zu Laubach in Krain traf ich sie schon den 4ten Merz 1762. an, unterm Thurm im Walde. Ich nandte sie schon damals: *Elvela hemisphaerica*, und legte ihr folgende kurze Beschreibung bey: E. hemisphaerico concava, sessilis, atra, cretus byssino - tomentosa, intus levis. Sie wächst bald einzeln, bald häufig beysammen; ist ganz ungestielt; nur daß sie statt des Stiels, aus dem untern Mittelpunkt mit feinfaserichten kleinen Wurzeln sich an die Erde anschließt. Ihr Fleisch ist lederartiger Natur (ceraceo - coriacea) von der Größe einer halben Haselnuß; deren Gestalt nach, halbkugelrund, und tief ausgehohlt; in - und auswendig kohlschwarz; von außen jedoch mit sehr kleinen aufwärts niederliegenden Härchen besezt, und matt; von innen hingegen glatt und glänzend mit einem allenthalben ganzen Rande, ohne Einschnitt, Kerben, oder Franzen. Unter Linnés Pezizen habe ich sie nicht gefunden. Bey Hallern, hätte er anders der haarigen äußern Oberfläche Erwähnung gethan, wäre es gewiß *Peziza* N. 2230. und daß sie eine Peziza N. 2231. das ist, Gleditschens Elvela IX. a. nicht sey, macht bloß die unterschiedne Farbe; die, wenn ich etwas einsehe, bey dem Schwämmen von größerer Wichtigkeit ist, als bey den Pflanzen. Gleiche Bewandtniß hat es denn auch mit Micheli's Jungoides — p. 206. N. 8. et 9. T. 86. f. 4. Nur darf ich Herrn Skopolis Elvelam sessilem cyahiformem villosam nigram Fl. Carn. 1. p. 55. N. 6. lit. c. nicht mißkennen, die die Meinige ist.

Nimmermehr war ich einen Büchsenschuß von der Kirche des Calvari = Bergs entfernet, als ich auf nackten Platten des öfters erwähnten Felssteines in sehr großer Menge *Li-*

che-

chenem polyphyllum. L. antraf; Eine in der That sehr schöne, und nicht so gemeine Flechte! worüber meine Freude um so größer war, weil sie mir nicht so bekanndt, als sie es seyn sollte, zu seyn scheint; und ganz gewiß noch nicht genug beobachtet ist. Sehr wenige Floren sind mir bekandt, worinnen sie vorkäme; die sie aber anführen, reden davon so lakonisch, daß man daraus nimmermehr genug unterrichtet werden kann. So hat es Linnée selbst in allen seinen Werken, so Gunner in Flora Norvegica gemacht: eben so aus Weber's Spicilegio Schränk in seinem fünfund zwanzigsten Briefe p. 314. und nicht anders endlich Dillenius, der noch dazu aufrichtig bekennet, daß ihm diese Art Flechten (umbilicatorum) eben nicht am besten bekanndt sey, qvia earum vel peltae vel scutellae latent, aut nondum observatae fuerunt. Indessen hat es doch seine Richtigkeit, daß seine Zeichnungen Tab. 30. f. 129. A. B. C. treflich, und genau nach der Natur sind; nur schade, daß Schatten und Licht so sparsam, ja oft gar nicht, angebracht ist, dadurch man dann sehr leicht irre geführt werden kann, um statt einer vielklappichten gekräuselten Flechtenart, eine vielblättrichte, mit Dachziegelweise übereinander liegenden Blättern zu vermuthen. Ich wenigstens habe so etwas nicht bemerket; und Dillenius hat weder mit Worten behauptet, noch in der That unter dem Buchstaben C. (wo wir das in viele Falten, und Lappen gebogene Blatt von der untern Seite sehen) angegeben. Ob sie Haller gekandt habe? kann ich mit Wahrheit nicht sagen; ich zweifle eher daran; und zwar um so viel mehr, weil er selbst im Zweifel steht, ob auch zu seinem N. 2001. des Dillenius angezeigtes Gewächs gehöre? So richtig es ist, qvod color Lichenis po-

polyphylli. L. supra ex caeruleo livescat, so wenig kann das von der untern wässericht bläunlichten Seite behauptet werden; und was sollen hier bey einem im Mittelpunkt am Stein haftenden, vielfach gefalteten lappichten Blatte die Surculi acutius bifidi? kurz würde ich dieß Gewächs so beschreiben: L. umbilicatus, coriaceo foliaceus, multiplicatus, multifido-lobatus, lobis rotundatis, crispis, subcrenatis; utrinqve laevis; supra caeruleo cinerascens, punctis eminentibus atris; subtus dilute fuscus, sive brunescens.

Die Kirche steht ganz in der Vertiefung eines sehr hohen in Felsen eingehauenen Amphitheaters; das von vielen Jahren her sehr stark mit *Bryo murali*. L. *Asplenio Trichomanes* und *Ruta muraria* mit wahrhaft polsterförmigen, runderhabnen kleinen Rasen des *Bryum*'s *pulvinati*. L. und Buschweise wachsendem Bryo Apocarpo. L dann allerhand Flechten, als *Lichene Candelario*, *Centrifugo* etc. so fort mit *Bysso petraea nigra*, und *Bysso Linnaei aurea* bewachsen ist: Mit der Zeit werden auf demselben auch *Moehringia muscosa*, *Saxifraga rupestris*, und *Campanula rotundifolia*. L. etc. genug zu sehen seyn. Wenn aber irgendwo, so ist gewiß hier die *Byssus lactea pulverulenta* zu Hause. Nicht nur die Felsen, sondern auch die auf denselben angeführten Mosarten sind damit gleichsam eingepudert; und so wie sie bey etwas nassem Wetter sichtlich aus dem Weißen ins Grünlichte spielt, so ist sie bey heißem trocknem Wetter, und wenn die Strahlen der Sonne darauf leuchten, blendend weiß. Von manchen *Tremellis*, wie denn auch vom *Lichene crispo*. L. wahrhaft tremelliformi so lange er naß ist, jedoch stets sehr häufig besetzt sezt mit tuberculis lentiformibus, in scutellas deniqve subsidentibus, primum atroviridibus concoloribus, tandem obscure rubris; und ob er wirklich? oder nur vermeintlich von manchen andern seines gleichen unterschieden sey? wird schon noch Zeit seyn, ein andermal etwas mehrers zu berichten. Für diesesmal begnüge ich mich bloß mit der Betrachtung des *Bryi Apocarpi* L. und eines andern, das ich *Bryum sphagnoides* nenne, und das hier auf allen Felsen, so wie auch zu Victring sehr häufig vorkömmt. Allezeit sind Hallers Aussprüche vom größten Gewichte bey mir. Ich kenne keinen stärkern, und gründlichern Botaniker, als Linnée und Haller. Bey allem dem kann ich ihm ohnmöglich beyfallen, um nebst ihm manche Beya und insonderheit das Apocarpum in das Geschlecht der Hypnorum, noch viel weniger mit den Herren Schrank und Weber in jenes der Fontinalium zu verweisen. So kurz auch das Stielchen, worauf seine Kapsel sizt, ist; ruhet es doch allezeit, wie schon Skopoli richtig angemerkt hat, auf einem kleinen harten lederartigen nackten Knöpfchen (bulbillo) das mit keinen, ihm eigenen, und ihn schuppenweise deckenden Blättern eingehüllet, oder eingewickelt ist. Als eine bloße Abänderung desselben (etwa gar nur zufällige?) stellen uns das *Bryum sphagroides* vor Linnée, Gunner, Leers. Nicht so Haller Vaillant, Dillenius. Und gewiß, wie söllten sie beyde bloß zufälligerweise, nicht spezifisch unterschieden seyn? da sie sich gar nicht weder an der Farbe, noch an der äußerlichen Gestalt gleich sehen? Da die Blätter des einen, zwar nicht wie Skopoli sagt triqvetra, sondern lanceolata, supra canaliculata, subtus carinata, nigro-viridia, tandemqve nigra, brevi pilo terminata; des andern hingegen ovato-lanceolata, concava, viridia, longum, albumqve in pilum abeuntia sind? nachdem endlich die Kapsel bey dem einen stets terminalis, ovali-oblonga, subcylindracaea, osculo ciliis rubris coronato, operculoqve est conico, cuspidula brevicula incurva instructo; bey dem andern im Gegentheil terminalis, doch auch zugleich allezeit lateralis, multiplex per caules, nodulorum instar, sparsa subsphaeroidica; apertura osculi strangulata, integerrima, ciliorum expers; et operculum hemisphaericum, obtusissimum? Hätte ich bey diesem Leztern nicht selbst den kleinen, und sehr frühe abfälligen Hut (Calyptra) öfters gefunden, und gesehen, würde ich mit dem Dillenius ohne Anstand, nicht Bryum, nicht Hypnum, sondern Sphagnum daraus gemacht haben; aus dem *Apocarpo* aber (wie Dillenius und Oeder, Icon. 480.) nie; weil bey demselben et Calyptra, et cilia osculi vorhanden sind. Soll wohl auch wirklich Oeder's besagte Kupfertafel das wahre Bryum Apocarpon L. und nicht etwa ein neues vorstellen? so gebildet habe ichs seither nie gesehen. Das Kärnthensche sieht nur jenem des Vaillant und Dillenius gleich. In Wahrheit aber, ist Oeders besagtes Sphagnum weder neu, noch Apocarpon Linnaei; sondern Sphagnum nodosum hirsutum Dillenii. Noch höher im Berge, als die Kirche, und ihr Felsen-Amphitheater, stehen die drey großen Kreuzer des Erlösers, und der beyden Schächer, mit einer hohen Mauer umgeben. Ich fand auf derselben, und zwar in Menge, und in der Blüthe das *Bryum*, so ich wegen seiner, der Länge nach, schief gewundenen, sonst walzenförmigen Kapsel, *Contortum* genandt habe. Es ist nicht das erstemal, daß ichs so wohl in Krain, als Kärnthen auf verschiedenen Mauern der Kirchhöfe ꝛc. gesehen habe; aber in der Blüthe, und mit ihren Kapseln sonst nie. Haller hat es auf der 45. Kupfertafel. fig. 3. prächtig, und nach der Natur gezeichnet vorgestellt; nur nimmt es mich Wunder, daß er sich S. 48. 3. Th. N. 1828. wo ers beschreibt, auf seine eigene Figur nicht bezieht, auch nichts sagt von der gewundenen Kapsel! Es muß doch, denke ich, dieser Umstand kein bloßes Ohngefähr seyn; nachdem ich die Kapsel doch wirklich so beschaffen fand, und er sie eben so gezeichnet hat: Wie ist es nun geschehen, daß denselben weder Linnée noch Dillenius wahrgenommen, oder doch angemerkt hat? So beschaffen habe ich doch niemals das kleine gemeine *Bryum exstinctorium*. L. dem es übrigens sehr ähnlich ist, gefunden! Dillenius und Haller führen sie, als zwo verschiedene Arten an; scheinen mir aber, ihre spezifischen Kennzeichen nicht deutlich genug vorgetragen zu haben; daher Linnée, der das *Contortum* nie selbst mag gesehen haben, und nach ihm alle, die ihn ausgeschrieben haben, als Gunner, Leers ꝛc. das Größere für eine bloß zufällige Abänderung des Kleinern halten. Lange habe ich die Leersche Vermuthung (suspicor Mnii Horni. L. Varietatem *integrifoliam Clar. Weiss*. p. c. 150. hujus B. exstinctorii Varietatem esse maximam etc.) nicht verstehen können; Ich fand sie endlich in den wenigen Hallerischen Worten: (Tom. 3. p. 48. N. 1828.) Idem puto esse Bryum Dillenii. T. 51. f. 71. lit. E. G. gegründet. Ohne Hallern, und Leersen zu nahe zu treten, ist dennoch das nicht wahr. Mnium hornum. L. mag thurmhoch seyn, so wird es doch nie, weder des B. exstinctorii, noch des Contorti Varietät werden. Hat es schon alle-

allemal capsulas oblongo-obovatas, nutantes: so findet man nicht daran Calyptras exstinctorii forma, cylindraceo-conicas, subauratas, nitentes, longe aristatas, etc. etc. Die zwey Brya, wovon hier die Rede ist, würde ich daher folgendergestalt unterscheiden:

B. E. Caule brevi, simplice; anthera terminali, erecta, cylindraceo-conica, recta; Calyptra exstinctorii forma, laxa, cylindraceo-campaniformi, aristata.

B. C. Caule plusqvam pollicari, ramoso; anthera terminali; lateralive (etiam ex dichotomiis ennata) erecta cylindraceo-conica, obliqve intorta; Calyptra exstinctorii forma, lana, cylindraceo-campaniformi aristata.

Hinter diesen Kreuzern stieg ich noch weiter den Berg hinan, bis zum großen Steinbruch, wo ein paar Steinmetzen den öfters gemeldeten Felsstein anbohrten, und sodann mit Schießpulver sprengten. Auf den Bäumen des Waldes war nicht viel zu suchen; da derselbe unterhalb, zumal gegen die Ziguln hin, theils mit Eichen, (Quercus Robur. L.) theils mit gemeinen Büchen, (Fagus sylvatica. L.) mit Steinbüchen, (Carpinus Betulus. L.) und Rothtannen (Pinus Abies L.) bewachsen ist; höher sind beynahe nur gemeine Föhren (Pinus sylvestris. L.) zu sehen. Auf diesem Baume fand ich wenigstens hier gar keine Flechten, und Mosarten; unterdessen stieß mir unterwegs unter einem derselben das *Lycopodium complanatum*. L. (auf der gegen die Ziguln zu abhängigen Seite) in ziemlich großer Menge, auf. Seine runden blätterlosen, blos mit blätterartigen (in vier Reihen sparsam geordneten) spitzigen Schuppen besezten, und ganz auf der Erde liegenden, zwar freyen, doch hie und da Wurzeln treibenden Sarmenta krochen weit und breit herum, und erhoben wechselsweise von beyden Seiten ihre Surculos, sive caules erectos, alternatim frondoso-ramosos, frondibus subpedato-multipartitis, planiusculis, laciniis linearibus, compressis, supra obtuse convexiusculis, subtus subcanaliculatis; foliis bifariis connatis; superficialibus supra subtusqve solitariis; spicis floriferis terminalibus, teretibus, geminis, ternis, bigemellisqve in eodem Sarmento, longissime pedunculatis. Dieser Rebenähnliche Bärlapp ist doch eben nicht so seltsam in Deutschland, (bey uns wenigstens) als es Linnée in flora Svecica 2. behauptet. Wenn in Smaland die pedunculi spicigeri überhaupt nur zwo Fruchtähren hervorbringen, daß sich Linnée daher verwundert über die spicas Dillenii bigemellas teretes; so kann ich versichern, daß bey uns auf einer und derselben Rebe sehr oft, ja gemeiniglich Beydes: spicae geminae, und bigemellae longe pedunculatae, so wie sie Dillenius T. 59. gezeichnet hat, vorkommen. Die Görzerischen vom Kastagnawizerberg, die ich Herrn Skopoli geschickt hatte, hatten sogar pedunculos spiciferos bis, terqve etiam dichotomos: sehr ähnlich jenen des Dillenius Tom. 58. fig. 2: waren aber deßhalb dennoch nicht *Lycopodium alpinum*. L. Wie ich denn sehr zweifle, ob besagter Dillenische Bärlapp es sey, oder nur seyn könne. Lycopodium alpinum und Selaginoides, die bey uns in Menge wachsen, kommen von den Alpen nie weg; und so wie das leztere simplicem, so hat das erstere stets geminos sessiles, surculo continuos. Es scheint, Haller bezweifle die untere Reihe der Schuppen foliorum super-

ficia-

ficialium simplicium; allein bey jungen, noch frischen Blättern seiner Reiser ist sie allemal, so wie die obere, zugegen; wenn schon übrigens die kleine hervorstehende Spize dieser Schuppen, im reifern Alter der Blätter, halb abgenuzt, kaum mehr wahrzunehmen ist.

Von den obern Steinbrüchen, lenkte ich mich auf der abhängigen Seite gegen die Ziguln; die Absicht war, die im Walde vorkommenden öftern kleinen Moräste, und verschiedenen Teiche zu besuchen; unvermuthet gerieth ich indessen mitten im Walde auf einen sehr felsichten, hier und da eingestürzten Ort, der mich der Teiche und Moräste bald vergessen machte, weil ich hinlänglichen Stoff fand, meine Wißbegierde zu vergnügen. Auf einen neun bis zehn Schuh hohen, beynahe senkrecht abgebrochenen, und vom zerschmelzenden Schnee triefenden Felsen, sah ich ellenlange Strecken des frisch- und lichtgrünen kleinsten *Bryum's*, so ich *setaceum* genandt, und samt einer ausgemalten Figur im zweeten Theil der Jacquinischen Miscellaneorum Austriacorum herausgegeben habe. Ich habe hier dieser meiner Beschreibung weiter nichts beyzufügen, als daß ich nun ganz versichert bin, daß die Mündung seiner Kapsel um und um, nach Art aller Bryorum, mit kleinen feinen Härchen (ciliis) gefranzet sey, und die folia zwar setacea; basi tamen ipsa, canaliculata. Linker Hand davon weg, doch etwas höher im Gebürg, fand ich abermal ungleich eingestürztes Erdreich, große Lasten abgebrochener, oder ausgewaschener Felsen; theils ganz nackt, und kahl, theils mit allerhand Mos- und Aftermosen bewachsen. Da sie sonst von blaulicht aschgrauer Farbe sind, verwunderte ich mich, wie der eine weit und breit so ganz weiß war! Etwa Bysso

 lactea

lactea. L.? Nein. Es war *Lichen Corallinus*. L. eine mir über die Maßen sehr willkommene Erscheinung! Allerdings verdient er den Namen, den er führet, denn er sieht schon auch ganz Corallenähnlich aus: Weiß ohne Mischung, nie einer andern Farbe, als höchstens mit der Zeit in das weißgraue ersterbe nd, ist seine weinsteinartige dichte Rinde, eine - bis anderthalb Linien hoch; an der Oberfläche mit unzähligen, beynahe eine Linie hohen, theils einfachen, theils ästigen Stämmchen sehr dichte besäet. Es braucht hier also nicht die Mutter-Rinde zu brechen, um die fadenhaften, oder vielmehr fadenförmigen, nicht so wohl Strahlen, als Stämmchen in derselben erst zu entdecken; sie stehen über derselben ganz frey, und gerade hervor, sind rundlicht, glatt, nicht hohl, sondern dicht, am obern Ende runderhaben, gleich lang, sie mögen einfach, oder ästig seyn, und von gleicher Substanz und Farbe, mit der Rinde. Schüsselchen, oder linsenförmige Knöpfchen sind nirgends zu sehen; würden auch nirgends einen Platz haben. Stößt man diese korallinische Stämmchen von der Rinde ab, wie sie denn auch spröde und gebrechlich sind, so bekömmt dieselbe ein ganz neues, und artiges zusammengesetztes Ansehen, so, daß der, so sie in und mit dieser Gestalt sehen würde, auf eine neue rindenförmige Steinflechte schließen könnte.

Nirgends war der, gleich zu Anfang angezogene, *Lichen petraeus* (oder wohl doch sangvinarius. L.?) häufiger, als hier auf manchen nackten Felsen. Der halbkugelrunden schwarzen Tuberculorum, größerer und kleinerer, war eine solche Menge, daß sie sich berührten, und zusammengeflossen zu seyn schienen. Würde nicht Schrank seinen *Confluentem* daraus machen? Nur nicht auch zugleich *Calcareum*. L. *Cinereum*. L. und *fusco-atrum*. L.

Wo

Wo einer dieser Felsen lothrecht abgebrochen, wie eine Wand da stand, überzog denselben *Lichen pertusus.* L. Crusta rudi, crassa, tartarea, late effusa, dimidiam lineam alta, coloris albi, et ex albo - cinerascentis, superficie demum subtestellato - rimosa; rupta videlicet in glebas angulosas, convexas, inaeqvales, laeves, dehiscentes foramello introlabente uno, binis, ac qvandoqve et ternis, cylindraceis, magis magisqve tandem ampliandis in scutellas concavas, margine coarctatas, nigricantes verius, qvam rufas. Ich hätte nicht sowohl, wie Linnée gethan hat, Micheli's Lichenoides etc. p. 106. T. 56. f. 2. sondern vielmehr mit Hallern N. 2053. Lichenem Michelii p. 95. T. 52. ord. 32. als eine und dieselbe Rindenflechte mit des Dillenius Lichenoide verrucoso etc. Tom 18. f. 9 angeführet.

Eben dieser zusammengesezte, und eben deshalb sich wegen der Zusammenfügung seiner Theile am Tage einigermaßen blätternde Felsstein, war es, in dessen mit thonichter Erde gefüllten Ritzen und Spalten ich beyde, das *Bryum phascoides*, und die *Jungermannia pygmaea* beysammen fand. Das erstere, das Haller entdeckt hat, und das in seinen Opusculis, dann wieder in seiner historia stirpium beschrieben, und mit guten Zeichnungen dargestellet ist, hat Linnée, ich weiß nicht warum? nie unter seine Pflanzen aufgenommen, ohngeachtet es Dillenius, Müller, Schmiedl und Oeder, noch zu Lebzeiten des Ritters, anerkandt, und umständlicher beschrieben haben. So schön dasselbe auch ist, so muß ich dennoch bekennen, daß es schwer ist, dasselbe unter eine der bekandten Gattungen mit Gewißheit zu ordnen; deßhalben hat es auch ein jeder, der es anzeigt, unter eine andere verwiesen. Wie es Haller mit dem *sphagno palustri*. L. und *Phasco acauli* etc.

desgleichen Dillenius unter eine Gattung des Sphagni haben zusammen werfen können? ist mir, wie ich bereits gemeldet habe, unbegreiflich. Oeder, und wie ich aus Schrebers Abhandlung ersehe, Hudson nennen es Phascum, ohngeachtet die Kapsel ihre gefranzte Mundöfnung und ihren Deckel hat. Müllers Benennung, nämlich Muscus ist zu allgemein, nicht systematisch; und der Benennung des um die Cryptogamie so sehr verdienten, und berühmten Herrn Schmiedl's, die ich bey Hallern lese: nemlich Buxbaumia! kann ich ohnmöglich beypflichten, bis ich durch die Beweisgründe, die er in seinem Werke anführen mag, davon überzeuget werde. Bis auf den einigen besondern Saamensack, was hat es wohl mit der Buxbaumia gemeines? das bloße äußerliche Ansehen ist ja vielmehr mit dem Phasco näher verwandt. Alle diese Betrachtungen, bey allen den Einwürfen, die ich mir selbst mache, haben mich dennoch, bis zur mehrern Untersuchung dahin vermocht, dasselbe indessen *Bryum phascoides* zu nennen, mit der kurzen Beschreibung: B. acaule, anthera oblongo - ovata, inter folia ovato - lanceolata setigera subsessili.

Die *Jungermannia pygmaea* möchte ich etwa folgendergestalt schildern: J. Surculis trilinearibus, subramosis, repentibus, apice florigeris; foliolis orbiculato - concavis, subimbricatis, simpliciter - et alterne pinnatis. Ich war nicht im Stande, bey Linnée, oder sonst bey jemanden, mit Zuverlässigkeit sie ausfindig zu machen. Sie bildet kleine dichte Rasen, bey denen nichts - gar nichts zu sehen ist, als lauter gedrengt zusammengehäufte, gerade aufstehende, zwo Linien hohe, artischockenförmige Bulben, das sind die thecae calycinae, oder auch perichaetia antherarum Jungermanniarum. Sie waren einblättrig, von Gestalt eines

auf

aufgerichteten Eyes, ohne Stiel, an der Wurzel bauchigt, aufgeblasen und grün; gegen das obere Ende zu bräunlicht, mit 5-6. Falten der Länge nach, gleichsam in eine fünf bis sechskantige stumpfe Pyramide zugespizt; das äußerste obere Ende selbst, weißlicht und geschlossen. Ich machte einen solchen bulbenähnlichen Kelch mit einem feinen Messer auf, und fand mit dem Mikroskop im Mittelpunkte des untersten Grundes ein kugelrundes grünes Knöpfchen ganz frey sitzen. Schon glaubte ich, ein neues, äußerst seltnes Phascum entdeckt zu haben. Als ich mich nun wieder nach etlichen Tagen dahin verfügte, sah ich schon mit Verwunderung, daß aus einigen dieser Bulben ein schnurförmiger weißer durchsichtiger röhriger Faden, der sich mit einem schwarzen glänzenden, länglicht eyförmigen Knöpfchen endigte, hervor stach; bey einigen andern ward dieser Faden bis nahe auf einen Zoll verlängert, das Endkügelchen aber war in vier ins Kreuz geordnete Klappen geborsten, und mit braunrothen, an einer feinen Wolle hangenden Saamen gefüllet. Nun war denn kein Zweifel mehr, daß es eine Jungermannia sey. Ich stach so einen Rasen aus; brachte ihn nach Hause, legte ihn ins Wasser, und lösete die vermeinten Calyculos acaules von der Erde ab. Nun fand ich auch die seither nicht gesehenen folia et caules; diese sind nicht über drey Linien lang; einfach, oder auch gegen das obere Ende ästig, liegen ganz auf der Erde, auf der sie mit haarförmigen, aus dem Rücken herabgelassenen, weißen Würzelchen fest gebunden fortkriechen, so daß bloß die theca calycina terminalis frey, und aufrecht über derselben aufsteht. Die kleinen tellerförmigen und rundhohlen Blätter sind nur einfach, und wechselseitig gefiedert, ohne eine zwote Reihe der

Oeh-

Oehrchen, weder von oben, noch von unten. Ich glaubte, ich müßte Linnées und Schrebers Jungermanniam pusillam herausbringen; aber die von beyden angezogene Dillenische T. 74. f. 46! und Hallers Beschreibung N. 1887.! nebst Schrebers foliola antice crenata, denticulis duobus ad qvinqve acutis! endlich des Ritters Abtheilung frondibus acaulibus uti in I. Epiphylla! samt Leersens p. 250. N. 913. Anmerkung: frondes digitato - partitae, lobis linearibus simplicibus, seu furcatis obtusis, crassiusculis, planis adscendentibus, nullo nervo distinctis! Diese machten, daß ich bey so verschiedenen Meinungen (oder Widersprüchen?) so großer Männer auf Linnées Jungermannia pusilla, nicht bestehen konnte.

Da hier an manchen Orten die Felsen mehr, als auf sechs Schuhe senkrecht abgebrochen waren, hiengen über dieselben vom obern Ericeto allerhand andere Mosarten herunter: Die meisten blüheten noch nicht, und waren beynahe: folgende: Die ganz schwarzrothe *Jungermannia tamariscifolia* L. dann die *furcata* L. bald lichtgrün, bald grüngelb; die schwarzgrüne *platyphylla*; samt der nirgends ermangelnden *Asplenioides* L. Unter allen war mir die liebste *Jungermannia qvadridentata*, die sich hier sehr häufig einfand, von schwarz= oder Grasgrüner Farbe Frondibus prostratis pinnatis, vage ramosis, apice floriferis; foliolis qvadratis, tri - et qvadridentatis. Ich war anfänglich sehr geneigt *Trilobatam*. L. daraus zu machen, sed auriculae, sive pinnulae secundariae subtus nullae in mea planta! neqve flores laterales, ut Dillenius pinxit. Daher argwohnte ich, sie möchte unter des Ritters *qvinqvedendata* stecken? at denticuli foliorum qvini nunqvam, neqve secundariae subtus

tus pinnulae! freylich spricht ihr solche Linnée ab; aber Dillenius und Haller! Eben diese untern Oehrchen hinderten mich, daß ich auf Hallers N. 1866. dahin er zwar auch Linnées Trilobatam mit zieht, Verzicht thun mußte.

Ganz von ohngefähr erblickte ich hier unter dem *Polytrycho communi*. L. des mit Heidekraut bewachsenen unfruchtbaren leimichten Bodens eine Zinnoberrothe *Tremella*, die mir sonst noch nirgends zu Gesichte gekommen war. Sie ist gallertartig, besitzt doch zugleich etwas von lederartiger Natur, läßt sich aufbehalten, und ich besize sie noch heutiges Tags. So wie ich sie noch ganz frisch gefunden hatte, war sie weich, kalt und feucht anzufühlen, zitterte, doch viel weniger, als Juniperina. L. oder auch mesenteriformis. Jacq. war auch nicht so klebricht, als diese beyden, und undurchsichtig; im übrigen hatte sie doch eben dieselbe Gestalt, und das krause Wesen, doch viel kleiner. Ich nandte sie *Tremella cinnabarina*; gelatinoso-subfungosa, mesenteriorum forma, crispo-undata, sinuoso-plicata, cinnabaris nativae colore.

Aber nichts war hierbey- und auf diesen Felssteinen häufiger, als dreyerley Arten des Bryum's. Sie blüheten bereits alle drey; doch waren ihre Kapseln noch grün, und folglich noch nicht reif. Schön ist das *B. pomiforme*. L. anzusehen, mit seinen langgestielten kugelrunden Kapseln! Seine Blätter sind weder subulata, wie Haller- noch setacea, wie Linnée in Flor. Lapp. sagt; ich würde sie lieber lineari-attenuata, superne canaliculata, apice acuminata nennen; nämlich, so wie sie Dillenius gezeichnet hat; dessen Abbildung noch allezeit die beste, und unter allen die genaueste ist;

un-

ungleich natürlicher, als jene des Vaillant's, der ihm zu stark lanzettenförmige giebt. Es ist nicht leicht ein Bryum, bey welchem die Richtung seiner Blätter so veränderlich wäre, als bey diesem. Bald stehen sie, als so viele aus einander gehende steife Borsten aufwärts aufgerichtet; bald senken sie sich mit einer kleinen Krümmung gegen die eine Seite hin; auch habe ich sie etwas gekrauset gesehen. Die Stiele der Kapseln (setae aut et pedunculi antherarum) ob sie schon nie terminales, allezeit laterales sind, erheben sich doch stets weit über den Hauptstamm und dessen Aeste. Nicht ohne Ursache gedenke ich dieses Umstandes. Ich kenne ein gewisses *Bryum* das ich *alpinum* nenne, und welches auch meines Wissens nie von den Alpen in die Niederungen kömmt; ich habe es selbst auf den Spittaler Alpen gefunden (Spittal ist eine Fürstlich Portiaische Stadt in Ober-Kärnthen, in deren Gegend der Römer Teurnia seu Tiburnia oder Tibornia, Norici qvondam Metropolis gestanden hat). Auch Skopoli hat es gefunden in einem hoch gelegenen Thal, gerade unter dem höchsten Gipfel des Storschez im heutigen Krain; eben so Haller gar oft, allezeit *in alpium sylvis*. Ob es Boccone gekandt habe? oder vielmehr, ob es dessen Polytrichum aureum acaule sey? zweifelt Haller selbst; und ich zweifle um so viel mehr, ob es Micheli (wie Scopoli vermeinet) angezeiget habe p. 111. N. 40.? weil Haller nichts davon sagt. Gewiß ist es indessen, daß es zween der stärksten Botaniker, Skopoli und Dillenius, als eine bloße Spielart, Abänderung, oder Varietät des nun berührten Bryi pomiformis vorgetragen haben; welches doch schlechterdings falsch ist; auch nie wahr seyn kann. In seinen Briefen an Haller soll zwar Dillenius seine Meinung geändert haben, und dem Bryo

po-

pomiformi. L. sein sphagnum subulatum viridissimum etc. T. 32. f. 3. das ist Linnées sphagnum alpinum untergeschoben haben. Allein auch diese Behauptung ist ohne allen Grund und trägt noch dazu die viel schwerer drückende Last, daß unser B. alpinum nicht nur calyptratum, sondern auch (per marginalem osculi oram rubro - ciliatum ist; Eigenschaften, die man der Gattung des Sphagnum's nicht zuzumuthen pflegt. Um daher den wahren Unterschied zwischen dem B. alpino, und pomiformi. L. anzuzeigen, wiederhohle ich hier aus meinen Alpenreisen den kurzen Karakter des erstern: B. antheris breviter pedunculatis, erectis, lateralibus, subverticillatis, surculo brevioribus; foliis setaceis, secundis, falcatis. Seine unreifen Kapseln sind kugelrund, die zeitigen hingegen länglicht eyförmig. Die Stiele derselben erreichen kaum die Höhe von drey Linien; werden niemals so hoch, als der Stamm, oder seine Aeste; sind oft so gar kürzer, als die Blätter selbst. Diese sind pfriemen- oder vielmehr borstenförmig (setacea) nur, daß sie am Grunde, das ist, an der Wurzel ausgefurcht sind, um den Stamm zu umschließen. Ich habe sie nie anders, als alle gegen eine Seite hin gekrümmt und falcata gesehen. Daß ich antheras subverticillatas gesagt habe, davon ist der Grund, daß sie nicht nur stets laterales, und zwar mehrere an einem und demselben Stamm, oder Ast, sondern auch sehr oft ihrer zwey, drey bis viere auf einer gleichen Höhe des Stammes, gleichsam wie in einem Querl beysammen zu seyn pflegen. Hat Schmiedl keinen andern Grund gehabt Hallers Sphagnum, N. 1725. mein vermeintes Bryum phascoides, in das Geschlecht der Buxbaumia zu versetzen, als von besondern Saamensack; so denke ich, wird ihm Haller ebenfalls die Schuldigkeit auferlegen, aus diesem B. alpino gleicherdings eine Buxbaumia zu machen.

Das zweyte *Bryum*, so hier auf dem Felsen, und allenthalben im Walde so häufig ist, war das *Hypnoides Linnaei*. Ich verstehe aber darunter nur mit Schrebern Spicil. Lipſ. dasjenige, so Dillenius T. 47. f. 27. vorgestellet, und Hypnoides hirsutie canescens vulgare genennet hat; nicht alle die übrigen Dillenianischen, die Linnée unter diesem Namen zusammen geworfen hat, und am allerwenigsten Hallers Hypnum N. 1780. T. 46. fig. 4. das Dillenius eben so gut T. 47. fig. 32. gezeichnet, und polycephalon lanuginosum genandt hat. Versichert bin ich, sollte ich jemanden dieses leztere von unsern Spittaleralpen, und das erstere aus den Klagenfurter Waldungen zugleich vorlegen, daß er sie nie für ein und dasselbe Bryum ansehen würde, wenn ichs gleich hundertmal behauptete. So wenig oder gar nicht das B. polycephalon, dem B. rurali. L. gleich sieht, so starke Anzeige giebt auf dasselbe, das erstere hypnoides hirsutie canescens, zumal, wenn es ein wenig naß, oder doch feucht ist. Seine Farbe ist grünlicht-gelb, die Blätter mehr eyals lanzettförmig, am Ende zugespizt, und mit einem langen, ganz weißem Haare versehen, sonst aber breitlicht, oberhalb weit ausgefurcht, und auswärts gekrümmt. Viel länger sind bey demselben so wohl die Aeste, als die Stiele der Kapseln, als beym Bryo polycephalo; und wenn im Gegentheile bey diesem schwarzgrünen polycephalo die meisten setae antheriferae terminales sind paucioribus è ramulorum latere egredientibus, so ist beym grüngelben hypnoide gerade das Widerspiel. Die meisten erheben sich è lateribus ramorum inferioribus. Ich will nichts weiter melden von der Verschiedenheit der Kapseln, des Deckels, des Hutes. Vaillant's Abbildung T. 26. f. 14. ist nicht weit her, drückt aber doch das grüngelbe so ziemlich aus. Oeder's Icon. 476. aber kömmt dem polycephalo näher. Die schlechteste unter allen, die ich gesehen habe, ist Plukenet's T. 47. f. 5. die man nicht einmal anführen sollte, und doch beziehen sich darauf sowohl Haller, als Linnée!

Das dritte und lezte *Bryum* endlich, so ich hier überall in großer Menge angetroffen habe, war das, dem Linnée von seinen gekrausten Blättern, so bald sie nur etwas trocken werden, den Beynamen des *Tortuosi* beygelegt hat. Haller hingegen hat Crinium crisporum simile genandt. Es wächst in ziemlich großen, sehr dichten, polsterförmig erhabenen Rasen beysammen; unterscheidet sich von weiten sogleich durch seine gesättigt gelbe Farbe; hat anderthalb-bis zween Zolle hohe ästige Stämme, die allenthalben dicht mit streichartig-lanzettförmigen (lineari-lanceolata) oberhalb der ganzen Länge nach ausgefurchten Blättern besezt sind. Bey nassem, oder feuchtem Wetter biegen sich diese Blätter mit einer bogenartigen Krümmung abwärts; bey trocknem hingegen winden und drehen sie sich theils der Länge nach, theils rollen sie sich aber auch zugleich aufwärts zusammen, und wickeln sich dadurch dergestalt in einander, daß sie zulezt wie eine Krause herauskommen. So schön davon immer die Hallerische Figur ist T. 45. f. 2. so scheint mir doch allezeit jene des Dillenius T. 48. f. 40. mehr nach der Natur zu seyn. Seine langen, walzenförmigen, mit einem nadelförmig zugespizten Deckel versehenen Kapseln sitzen ganz aufrecht auf zolllangen geraden Stielen, die sowohl vom obern Ende des Stamms, und der Aeste, als von den Seiten einzeln sich erheben, befestiget an ihrer Wurzel auf einer länglicht eyförmigen harten Bulbe, die mir nackend-Hallern hingegen mit einem Blätterbüschel umgeben und bedeckt zu seyn schien.

Und nun war es für heute Zeit nach Hause zu gehen. Längs des schmalen Weges im Walde waren beyderseits die abhängigen Seiten desselben auf leimigen Grund mit dem *Phasco subulato*. L. sehr dicht besäet. Es ist dasselbe nichts weniger, als stammlos (acaule). Sein 5. - 6. - bis 7. Linien hohes Stämmchen ist sogar bisweilen ästig, steht gerade auf, an der Erde beynahe blätterlos, dann bis zum obern Ende allenthalben mit borstenähnlichen (per microscopium lineari - setacea) schief aufgerichteten, und aus einander gehenden lichtgrünen Blättern umgeben, in deren Mitte ganz frey und offen, die kugelrunde, etwas zugespizte einfächrige Kapsel auf einem sehr kurzen Stielchen mit einem abfälligen kleinen Hute bedeckt, sizt. Reif, ist sie rothbraun und glänzend, sieht dem hier bekandten so genandten Fenich (einer Art Hirse Panicum Italicum. L.) sehr gleich; fällt dann ganz und unaufgeschlossen ab da sie, wie alle ihre Nebenarten keinen Deckel hat.

Erstaunt war ich, als ich vor einem kleinen, doch stets wasserhältigen Morast im Walde vorüber gieng, und an einem Rande desselben die *Ricciam fluitantem*. L. in gar grosser Menge wahrnahm! Nescio, qvo fluitantem jure dixerit algam, tota frondium partis aversae longitudine villulis tenerrimis limosae terrae radicatam? forte non nisi fortuna, ut plantarum qvaevis alia, de terra avulsa, aqvis innatat! Frondium illi è centro divergentium caespites copiosiusculi. Frondes ipsae, infantes adhuc, simplices, lineares

lineares; apice cum tempore emarginatae; tum bifidae; bis, terqve, et pluries demum dichotomae; semper angustae admodum, planissimae, lineares, dilute virides, repentes, supra nudae, linea longitudinali, obiter subimpressa exaratae, papillarum aut asperginis vestigio nullo; villulis subtus albis, brevibus, capillaceis tenerrimis limo longitudinaliter haerentes, liberis duntaxat apicibus. Nimmermehr wäre sie aus Oeder's Zeichnung zu erkennen 275. Vaillant's Figur T. 19. N. 3. wäre vollkommen, wenn anders die Zweige derselben dünner, und nicht so fleischig, noch so gar oft in andere Nebenzweige getheilet wären, und natürliche Verhältniß und schlanke Wesen der Dillenischen einzelnen Zweige hätten. T. 74. f. 47.

Lichen Fagineus. L. hatte ich auf einer gemeinen Büche (fagus sylvatica. L.) deren Rinde noch nicht geborsten, und zerrissen war, gesehen. Dem Carpineo sonst ziemlich gleich, unterscheidet er sich dennoch von demselben wesentlich. Ueberhaupt pflegt er sich nicht so stark, als dieser, auszubreiten. Seine Ausdehnung ist, eigentlich zu reden, mehr konzentrirt, das ist, mehr oder weniger rund, die weißlichte, weinsteinartige Rinde (crusta leprosa) ist zärter, aus feinern Klöschen, zumal gegen den Umfang hin, zusammengesezt. Es erheben sich über derselben gegen den Mittelpunkt zu etwas größere, halblinsenförmige Knöpfchen, die allenthalben in sehr feine, kleine, aufrechtstehende, ebenfalls weißlichte, und mit freyen Augen wahrzunehmende Härchen ausblühen; verschwinden dieselben mit der Zeit, dann haben wir die Linnéeischen tubercula alba farinacea. Das ist der wahre, von niemanden sonst (so viel ich weiß) als Hallern allein beobachtete Karakter dieser Baumflechte.

Schüf-

Schüsseln habe ich an derselben so wenig, als Haller selbst, bemerket; wohl aber weißere zirkelrunde Scheiben, wenn nämlich so wohl die angezeigten Härchen, als mit der Zeit die verrucae lentiformes selbst für sich, oder durch andere Zufälle weggefallen sind. Ich rechne hieher nebst Hallern und Linnée, vorzüglich des Dillenius T. 18. fig. 11. lit. C. dann lit. B. und A. Jene hingegen sub lit. D. gehöret entweder nicht hieher, oder ist bereits zerstört. Schreber's Lichenem orbiculatum lasse ich nur in so weit gelten, als er mit den nun angezeigten ein und derselbe ist. So fern er aber von Skopoli's Lichene fagineo, und Micheli's crustaceo arboribus adnascente etc. p. 99. N. 54. T. 53. f. 1. und N. 55. T. 53. f. 2. (welcher auch beym Haller hätte wegbleiben sollen) nicht unterschieden ist, kann ich ihn nicht annehmen; er gehört dann, wie ich schon oben gemeldet habe, zum Carpineus. L. Will nun aber jemand behaupten, der Fagineus sey das Kind des Carpinei! der sey denn auch so gut mich zu überweisen, daß er je den Carpineum in der Wiege haaricht gesehen habe.

Beobachtungen
und
Entdeckungen
aus der
Naturkunde

von
der Gesellschaft naturforschender Freunde
zu Berlin.

Zweiten Bandes Zweites Stück.

Mit zwei Kupfertafeln.

Berlin,
bey Friedrich Maurer.
1787.

VIII.

Von dem
die Bilder verdoppelnden sogenannten Isländischen Crystall, oder Doppelspath.

von

J. E. Silberschlag.

3te und 4te Tafel.

§. 1.

Der so genannte Isländische Crystall gehöret zu den Kalkspathen, und ist oft in einem hohen Grade durchsichtig, zuweilen aber nebelt sein Glanz. Sein Körper stellt nicht nur im Ganzen ein rhomboidalisches Prisma vor, sondern er zerbricht auch in lauter kleinen Rhomboiden, nicht anders, als ob er aus lauter verschobenen rautenförmigen Theilen zusammengefüget wäre.

Bildet sein Körper eine Rhomboide: so verstehet es sich von selbst, daß seine einander gegenüberstehende Seiten einander gleich, und jede seiner Flächen von zween stumpfen und eben so vielen spitzen Winkeln eingeschlossen seyn müsse. Die stumpfen Winkel abd und acd haben insgemein 101 und die Spitzen bac und cdb 79 Grad zum Maaße, Fig. 1. wovon

wovon zuweilen die Natur so gar bey ein und eben demselben Stücke ein wenig abweicht.

§. 2. So durchsichtig diese Steinmasse auch ist, so ist sie doch auch sehr weich und läßt sich nicht wieder recht blank poliren, wenn man den Körper durchschnitten hat und der entstandenen Fläche die verlorne Durchsichtigkeit wieder ertheilen will.

§. 3. Ich habe eben jetzt gemeldet, daß der Isländische Crystall sich in lauter Rhomboiden durch und durch zertrennen lasse, und zwar durch das Brechen. Ich besitze ein Exemplar, aus welchem ein kleiner Rhomboide, drey viertel Zoll der Länge nach groß, herausgesprungen ist. Nun ist es offenbar, daß ein Körper in denjenigen Flächen, die sich durch den Bruch leicht trennen lassen, weniger zusammen hange, als in denjenigen Richtungen, die dem Bruche widerstehen; folglich hängen die Theile dieses Steins nach den Seitenrichtungen von a b bis d c Fig. 1 und von a c bis b d weniger zusammen, als in der Diagonalrichtung a d. Man kann also behaupten, daß die Flächen in der Parallellage der Diagonale der beiden Spitzwinkel a d dichter und härter sind als die Flächen, so mit den Seiten parallel liegen. Denn woraus ließe es sich sonst erklären, daß dieser Körper, wenn man auch viel Gewalt an beyden spitzigen Enden anwendet, nach der Diagonale der stumpfen Winkel c b nicht bricht, und wie viele Körper sind nicht vorhanden, deren Theile auf einer Seite mehr zusammen hangen als auf der andern?

§. 4. Wenn denn nun die Flächen in diesem Kalkspathe nach den Seitenlinien der Rhomboide weniger zusammen hängen, als nach den Diagonalen: so folget daraus nothwendig, daß dieser schwächere Zusammenhang auch mit der aufliegenden Grundfläche parallel laufen müsse, weil diese selbst eine Seitenfläche der rhömboidalischen Figur ausmacht.

Nun theile man ein Prisma von dieser Art nach allen diesen Seitenlinien, nach welchen die körperlichen Theile weniger zusammen hängen; so wird man allemal kleinere und wiederum kleinere Rhomboiden zur Ausbeute bekommen; welches aber nicht also erfolgen könnte, wenn die Verbindung der Theile durchaus von gleicher Vestigkeit wäre.

§. 5. Also befinden sich in dieser Steinart Flächen, die nach der Richtung der Diagonale, so aus den Spitzwinkeln gezogen wird, vester und dichter sind, als die übrigen mit den Seiten parallellaufenden. Allein diese Flächen liegen auch schief. Denn da die Diagonalen a c aus a nach f und aus c nach g schräge herablaufen, so muß auch die Lage der dichten Flächen so beschaffen seyn, wie der Lauf dieser Diagonalen es mit sich bringt; das heißt, sie müssen mit der Oberfläche d c einen stumpfen Winkel d c g machen. Ich besitze unter andern einen Doppelspath von 2 Zoll Länge (es ist derselbe, von welchem ich vorhin erzählte, daß sich ein kleinerer Rhombus davon abgelöset habe). Dieser hat sich bisher einige Wochen in einem warmen Zimmer, noch dazu dem Sonnenscheine ausgesetzt, aufgehalten. Vorher Fig. 2.

 waren

waren auf einer seiner Oberfläche relativen Unterfläche, und zwar auf beyden Flächen einige mit ermeldeten Diagonallinie parallellaufende und schräge herabgehende Streifen zu sehen. Diese Streifen sind sogar fühlbar, indem sie etwas, kaum merkliches, über die übrige Fläche hervorragen.

Nun hat dieses Stück in der bisher ausgestandenen täglichen Wärme und nächtlichen Kälte viele feine Risse bekommen, die noch dazu mit allerhand Regenbogenfarben spielen. Diese feinen Borsten, deren einige beynahe durch die ganze Masse laufen, haben keine andere Richtung ihres Laufs, als entweder mit den Seiten oder mit der Grundfläche parallel, keine einzige hat irgend eine Diagonallinie gewählt: welches wohl bey so vielen Borsten nicht würde unterblieben seyn, wenn nicht daselbst die Theile sich zu vest an einander geschlossen hätten. Es ließe sich auch nicht begreifen, warum dieses Gestein eben rhomboisch bräche, wofern nicht in dem von den Seitenlinien eingeschloßnen Platze eine Vestigkeit zulängst der längeren Diagonale vorhanden wäre, die einer jeden anders gerichteten Zersplitterung widerstünde. Ich selbst würde auch schwerlich von selbst auf diesen Umstand gekommen seyn, wären nicht in dem vor mir liegenden Cabinetsstücke veste unzertrennte Linien zu sehen, die mich frugen, warum sind wir da? Sie haben übrigens mit den ungleich dichten Stellen, Linien und Streifen im gemeinen Glase einerley Beschaffenheit, die man auch nicht eher wahrnimmt, als bis man sie durch die unregelmäßige Refraction eines vorgesetzten Bildes entdeckt. Ueberhaupt, so so lange die Theile eines durchsichtigen Körpers einander berühren, ist alles Helligkeit, und man wird die ungleiche Schichtung seiner Theile nicht eher entdecken, als bis entweder Borsten, oder die unebene Refraction und Reflexion sie kennbar macht.

§. 6. So haben wir denn die innere Beschaffenheit und Structur des Isländischen Doppelspaths bey der mit ihm vorgenommenen Zergliederung ausgespähet und wir vermuthen nicht, daß irgend etwas mit Grunde dagegen einzuwenden sey. Es folgen die besondern Erscheinungen, welche den Fleiß der Naturforscher bisher nur gar zu oft vergeblich ermüdeten. Haben verschiedene berühmte Namen nicht das Glück gehabt, die Ursachen der Bildverdoppelung, so diesem Steine eigen ist, auf eine befriedigende Weise zu erklären: so verdienen doch ihre Bemühungen Danksagung, weil sie uns rathen einen andern Weg einzuschlagen, um zu dem innern Sitze dieses Naturgeheimnisses zu gelangen.

§. 7. Unter einer Menge von angestellten Beobachtungen, werde ich nur diejenigen anführen, welche zur Entdeckung der Ursache der Verdoppelung hinweisen.

I. Wahrnehmung.

Der Isländische Doppelspath ist im Ganzen genommen ein durchsichtiger Körper, und hat alle Refraction der Durchsichtigkeit mit selbigen gemein. Denn erstlich spiegelt er auf der Oberfläche mit von außenher auffallenden Strahlen, die er unter eben demselben

Winkel reflectirt, unter welchem sie eingefallen sind. Und zweitens bricht er die schräge durchfahrenden Strahlen, wie andere Diaphana: nur darinnen besteht der
Tab. 1. Unterschied gegen die Strahlenbrechung im
Fig. 3. Glase und Wasser, daß der Neigungswinkel ACB = DCE zum gebrochnen DCF sich wie 5 : 3, wenn er im Glase nach Neuton und Hugen sich wie 3 : 2 und im Wasser wie 4 : 3 beynahe verhält. Folglich ist der Brechungswinkel im Isländischen Crystalle größer als im Glase, und im Glase größer als im Wasser. Und also verhalten sie sich unter einander wie $1\frac{2}{3}$: $1\frac{1}{2}$: $1\frac{1}{3}$. Worinnen, was den Crystall betrift, meine Beobachtungen mit den Versuchen des Bartholini übereinstimmen. Hingegen, wenn der Lichtstrahl HG aus dem Crystalle $\alpha\,\beta\,\gamma\,\delta$ in die Luft fährt; so verhält sich der Neigungswinkel HGI = KGL zu den vom Perpendicul KI abweichenden KGM wie 3 : 5.

Anmerkung.

§. 8. Daher kommt es denn, daß die unter dem Isländischen Spathe liegenden Objecte, wenn das Auge senkrecht über dem Objecte stehet, keiner Refraction unterworfen sind: hingegen sich erheben und auf einem andern Orte zu stehen erscheinen, wenn die Augenaxe mit der Oberfläche des Crystalls einen Winkel macht; wie auch solches in der Optick erwiesen wird.

II. Wahrnehmung.

§. 9. Obgleich dieser sogenannte Crystall, den Island uns zuerst geliefert hat, die gewöhnliche Strahlenlenbrechung mit durchsichtigen Massen gemein hat; so ist er doch darinnen von ihnen sehr verschieden, daß er die Objecte, die ihm untergelegt werden, oder über welche er gehalten wird, verdoppelt.

§. 10. Man hat schon vieles bey Erforschung der Quellen eines Phänomens gewonnen, wenn man sagen kann, wo sie nicht aufzuspüren sind. Der Verdacht könnte hier auf die schiefliegenden äußern Flächen fallen. Man hat daher folgende Versuche angestellt: Man ließ aus Glas eine Rhomboide schleifen, die der Gestalt des Isländischen Crystalls ähnlich war. Rührete nun die Verdoppelung des Bildes von den äußern Seitenflächen und ihrer Lage her; so hätte die Glasrhomboide verdoppeln müssen, und sie verdoppelte nicht. Man ließ einen Crystall mit Wegschneidung der äußern Flächen in einen Cubum verwandeln, da hätte er denn nicht mehr das Bild vervielfältigen müssen, und er verdoppelte doch. Also tragen die schiefen Lagen der äußern Flächen nichts zu dieser Erscheinung bey.

§. 11. Es frägt sich dabey: ob dieselbe entweder durch Reflexion oder Refraction geschehe? Ist sie eine Folge der Reflexion; so hat sie die Natur eines Spiegels, und dann muß das reflectirte Bild umgekehrt gegen das Urbild stehen. Z. B.

Bey einer untergelegten Nadel würde entweder Kopf gegen Kopf, oder Spitze gegen Spitze, gewandt erscheinen; allein von dieser entgegengesetzten Richtung weiß die crystallische Erscheinung nichts. Ist sie nun keine Spiegelung, was bleibt da anders übrig als die Refraction? und diese Refraction muß in dem Körper selbst vorgehen. Dieser Stein giebt demnach dem Lichtstrahle eine doppelte Refraction. Bartholini, der im Jahre 1669 Experimenta crystalli Islandici herausgegeben, und ein anderer Autor, der die Buchstaben C H D Z anstatt seines Namens Unterschrift seinem Traité de la Lumiere vorgesetzt, und dessen Schrift zu Leiden 1690 unter der Presse hervorging, haben längst die zwiefache Strahlenbrechung in diesem Gesteine entdeckt. Wenn sie aber die Ursache dieser Lichtscheitelung erklären wollen, leiten sie das Auge des Lesers in eine tiefe Finsterniß hinein, in der man sich nicht zurecht zu finden weiß. Andere meynen, in den Zwischenräumen der Doppelspaththeilchen halte sich Aether, oder Luft, oder wer weiß sonst was auf, und da dieses Materien von verschiedener Dichtigkeit wären; so veranlaßten sie auch verschiedene Strahlenbrechungen. Aber dergleichen Materien Luft und Aether, befinden sich auch im Glase und andern durchsichtigen Körpern, in denen keine Bildverdoppelung zu bemerken ist.

Werner in seiner Abhandlung von den äußern Kennzeichen der Fossilien, hat zwar die Erscheinung sehr ordentlich auseinander gesetzt, aber die Ursachen unberührt gelassen. Bey diesen Dunkelheiten bleibt uns nichts übrig als an dem Leitfaden der Wahrnehmungen so lange einherzugehen, bis wir den Eingang zu diesem Naturgeheimnisse gefunden haben.

III. Wahrnehmung.

Fig. 4. §. 12. Man bohre in ein flaches Blatt $\alpha\beta\gamma\delta$, es sey nun Pappe oder Bley, ein glat-

tes

glattes Loch f ohngefähr so groß, als der Knopf einer größeren Stecknadel, und setze den Crystall A B E D G F darauf: so wird das Loch sich in x und y verdoppeln, jedoch unter folgenden Umständen:

1) Die Verdoppelungslinie a b, welche durch die verdoppelten Puncte gezogen wird, steht zuweilen auf D B senkrecht, und alsdenn macht die Diagonale A C mit a b einen schiefen Winkel. Lauft sie aber mit A C parallel, so macht sie mit D B einen schiefen Winkel. Das heißt nun so viel: die Linie a b richtet sich mit ihrer Lage bald nach A C bald nach der Diagonale D B und die Verdoppelung geschiehet allemal nach der Diagonale der stumpfen Ecken A C mehr oder weniger parallel.

2) Der verdoppelte Punkt y, der an der vorspringenden Ecke zunächst liegt, steht allemal höher als x der gegen die unterwärts sich zurückziehende Seite liegt, erscheint auch allemal blasser als x.

3) Verschiebt man die Rhomboide nach der Direction der Diagonale B D; so bewegen sich die Punkte x y gleichfalls mit B D parallel, sie mögen übrigens auf der Fläche stehen wo sie wollen, entweder oberwärts oder unterwärts von D C. Wenn wiederum die Rhomboide von A nach C verschoben wird: so durchwandern sie die Parallellinie der kürzern Diagonallinie A C, ohne im mindesten ihre Lage gegen einander zu verändern.

Dieses sind diejenigen Phänomene, auf deren Erklärung die Hauptsache ankommt, alle übrigen sind geringern Schwierigkeiten unterworfen. Eine Theorie, die nicht auf das vollkommenste diesen dreyen Erscheinungen angemessen ist, wird nicht die wahre seyn; so wie eine denenselben vollkommen entsprechende nicht falsch seyn kann: es sey denn, daß sich ein Grund oder Ursache denken ließe, aus welchen mehr oder weniger hervor ginge als darinnen enthalten ist, wogegen die Metaphysik Bürge ist. Ich glaube in folgender, aus der Dioptrick entlehnten, Theoreme den Schlüssel zu dieser räthselhaften Erscheinung gefunden zu haben.

Theorem.

Fig. 5. §. 13. Wenn ein durchsichtiger Körper $\alpha\ \beta\ \gamma\ \delta$, der in $\gamma\ \delta$ eine schräge Fläche besitzt, auf einen dunkeln Punkt s gesetzt wird, das Auge aber in o eine solche Stellung einnimmt, daß es über der schiefen Ecke stehet: so wird der Punkt s doppelt erscheinen, nemlich so wol in g als h.

Beweis.

Wenn jeder sichtbarer Punkt eines jeden Bildes gegen alle Seiten zu Strahlen auswirft; so wird auch der Punkt s unter andern die Strahlen s m, und s n den äußern Flächen $\beta\ \gamma$ und $\gamma\ \delta$ zuschicken und dann sind a b und e f auf diesen Flächen stehenden Perpendicularlinien, nach welchen die Refraction dieser Strahlen beurtheilt werden muß. Nach §. 7. verhält sich der Neigungswinkel a m c zu dem gebrochenen a m o, wie 3 : 5, weil der aus einem dichteren Körper in die Luft fahrende Strahl nach den Gesetzen der Dioptrick

vom

vom Perpendikel wegbricht: es wird demnach der Strahl s m seinen Weg, in m gebrochen, nach o nehmen. Gleichergestalt bricht der Strahl s n von dem auf γ δ senkrecht stehenden Perpendikel c f seine Richtung, die nach d fahren sollte, um $\frac{2}{3}$ wenn der Winkel d n e in drey Theile getheilt worden, nach o hin, und beyde gebrochne Strahlen m o und n o treffen das schauende Auge in o. Da nun die Grundsätze der Optick uns belehren, daß jedes Bild in der geraden Linie des Augestrahls gesehen werde und die verlängerten Gesichtslinien m o und n o nach g und h zu brechen: so wird der Punkt s in g und h das ist verdoppelt, erscheinen.

1. Zusatz.

§. 14. Je mehr sich der schiefe Winkel m o n verenget (nur muß er nicht in eine Linie sich zusammen ziehen), und je mehr sich n s der Ecke, γ, nähert, und je schmaler der Zwischenraum zwischen der Oberfläche β γ und der Unterfläche α δ ist, das ist, je geringer die Dicke des durchsichtigen Körpers ist; desto näher treten die verdoppelten Punkte g und h zusammen. Wie auch solches aus dem bloßen Anscheine von Fig. 5. begreiflich wird.

Anmerkung.

§. 15. Um der Deutlichkeit der Demonstration willen, hat man die Strahlen s n und s m, so aus dem Punkte s ausfahren, wählen müssen. Würde man den Winkel m s n noch spitzer annehmen; so würde auch der Winkel m o n spitzer geworden seyn. Alsdenn würde der Ort des Auges o sich noch mehr

von

von den durchsichtigen Körper entfernen und die verdoppelnden Bilder g h noch enger zusammen treten. Ein gleiches geschieht in der That, wenn man das Auge dem Isländischen Crystalle nähert, alsdenn entfernen sich die Bilder von einander, erhebt sich aber das Auge: so treten sie einander näher. So viel erhellet indessen daraus, daß in demjenigen Körper, von welchem die Rede ist, die Brechung m, n, sehr nahe an der jedesmaligen Ecke y vorgehen müsse und nicht in der Tiefe des Crystalls.

2. Zusatz.

§. 16. Die Dioptrick beweiset ferner, daß mit jeder Refraction auch eine Reflexion verknüpft sey, und daß desto mehr Licht dem strahlenden Punkte entzogen werde, je größer die Strahlenbrechung oder je größer der Neigungswinkel s n f = d n e an der Perpendiculäre e f wird. Folglich muß das in h verdoppelte Bild erblassen, da die Refraction o n e größer ist als a m o.

3. Zusatz.

§. 17. Je spitzer oder schiefer der Einfallswinkel ist, desto mehr hebt sich das Bild von der Grundfläche. Der Beweis ist in der Dioptrick nachzusehen. Nun aber ist y n o allemal spitzer, als a m o. Folglich muß sich auch der verdoppelte Punkt h mehr von der Unterfläche erheben, als g. Man kann auch solches aus der kürzern Linie o h und der allemal längeren o g herleiten, indem alle Körper dem Auge näher zu stehen scheinen, deren Distanzlinie kürzer ist, als die Distanz entfernterer Objecte.

4. Zu-

4. Zusatz.

§. 18. Wenn der Winkel m s n unverändert bleibt, so nähern sich die verdoppelten Objecte, so wie sich die Oberfläche der Unterfläche nähert oder wie die Crystalldicke abnimmt, bis endlich bey gar zu dünnen Stücken die Verdoppelung nicht mehr merkbar ist. Daher verdoppeln sehr dünne Crystallstücke nicht.

§. 19. Wir sind nun noch die Anwendung dieser Theorie auf den Isländischen Crystall schuldig. Wir haben bereits §. 3. 4. 5. bey Zergliederung der innern Structur dieses Gesteins schräge mit der Diagonale der Spitzwinkel Fig. 2. a c parallel herablaufende Flächen entdeckt. Es sey A B C D der Crystall, im Profile A B E sey seine Oberfläche, C D die nach dem Winkel A B C hervorspringende Unterfläche, zwischen A B laufen die härteren und dichtern Flächen mit der längeren Diagonale lagenweise herab: So kann von dieser Situation der schrägen Flächen alles gesagt werden, was von §. 13 an bis 18 demonstriret worden. Und da in allen Theilen der Oberfläche A B solche Lagen anzutreffen sind, so müssen

Tab. II. Fig. 6.

Tab. I. Fig. 4.

1. Alle Stellen der Oberfläche nach §. 12 verdoppeln; die Verdoppelungslinie muß mit der Diagonallinie der stumpfen Winkel parallel laufen, oder doch wenigstens einen sehr geringen Winkel machen, je nachdem die schräge herabgehenden Flächen sich mehr oder weniger wenden.

2. Der verdoppelte Punkt y der sich der vorspringenden Seite nähert, muß höher liegen, auch blasser

Fig. 4.

blasser erscheinen als x an der sich zurückziehenden Seite §. 16. Fig. 4.

3. Wird der Körper mit der längern Diagonale D B parallel verschoben: so muß auch die Verdoppelungslinie a b Fig. 4. ihre Lage gegen A C nicht ändern, sondern die verdoppelten Bilder laufen gleichfalls mit D B parallel §. 12.

§. 20. Und hiermit hoffe das §. 12 angezeigte Phänomen hinlänglich entziffert zu haben.

Es könnte dagegen noch eingewendet werden: der Isländische Crystall verdoppele auf allen sechs Flächen, da müßten denn die schiefliegenden dichteren Flächen verschiedene Lagen bekommen und sehr verworren durch einander weglaufen. Diese Einwendung zu prüfen, zog ich auf allen 6 Flächen des Spathcrystalls die Diagonale der spitzigen Winkel, und da fand ich, daß diese Flächen ein und eben dieselbe Lage behielten und gleichwohl den Wahrnehmungen gemäß verdoppelten. Ich zeichnete nemlich auf allen Flächen die observirten Verdoppelungen mit Tinte und auch die Lage der schrägen Flächen, und da fand es sich, daß die Verdoppelungen sich sämtlich nach der einmaligen Lage der schrägen Flächen richteten. Der Grund aber liegt in der verschobenen Figur der Rhomboide. Ja ich könnte hieraus den Schluß folgern: daß die Kraft, welche der Rhomboide dieses Crystalls, diese und keine andere Figur ertheilt hat, eigentlich in der Diagonale der spitzigen Winkel verborgen sey.

§. 21. Wir schreiten nun fort zur Erklärung derjenigen Erscheinungen, die nach Aufschließung des Hauptgeheimnisses weniger Schwierigkeiten unterworfen sen seyn werden. Alles, was sonst noch unsere Aufmerksamkeit verdient, läßt sich durch folgenden Versuch vorstellig machen. Man zeichne ein Antoniuskreutz x oder ein lateinisches großes T. Wird der Crystall nach Fig. 7 dergestalt aufgesetzt, daß die längere Diagonale A B mit dem Stiele a b parallel läuft: so verdoppelt sich der Stiel, die Punkte des Querstrichs c d werden von d nach e verschoben, und das ganze verdoppelte Creuz e f b, so künftig jedesmal punktirt werden soll, scheint sich erhoben zu haben: Wie denn auch im folgenden die vorspringende Ecke des Crystalls mit einem Sternlein bezeichnet werden soll. Es ist §. 19 der Grund angegeben worden, warum dieses Prisma allemal die Verdoppelung der vorspringenden Ecke zuschiebe, mithin kann nichts anders erfolgen, als die Verdoppelung des Stils a b und die Verschiebung des Querstrichs d c nach e hin, der also unter diesen Umständen seitwärts nicht verdoppelt werden kann. Tab. II.

§. 22. Wenn aber der Crystall nach Maasgebung Fig. 8. gestellet wird, so verdoppelt sich aus eben denselben vorhin angeführten Gründen der Querstrich c d und der Stil a b verschiebt sich wie Fig. 8 ausweiset.

Eben so geschieht es, daß bey der Stellung Fig. 9 sich der Stil unterwärts in f verdoppelt und der Querstrich sich nach e unterwärts verschiebt. Tab. II. Fig. 9.

Bey der Lage des Crystalls nach Fig. 10. verdoppelt sich auf gleichmäßige Art der Querstrich mit seinen Punkten links und eben so verschiebt sich der Stil.

§. 23.

§. 23. Es verdoppeln sich aber Stil und Querstriche, und zwar beyde verschoben, wenn der Crystall nach Fig. 11 übereck aufgelegt wird. Denn da er nach der vorspringenden Ecke seines Körpers verdoppelt; so kann nichts anders erscheinen. Drehet man nun die Rhomboide nach und nach herum: so wird es dem Auge nicht anders vorkommen, als bewege sich das verdoppelte Bild um das wahre in einer Ellipse. Dieses ist diejenige Erscheinung, welche den Schriftstellern bey Erforschung der Gründe die größeste Schwierigkeit gemacht hat, die aber bey einer vorausgesetzten richtigen Theorie sehr geschmeidig sich behandeln lässet. Zuweilen scheint das Afterbild sich über das wahre dergestalt zu erheben, daß man zwischen beyden durchsehen kann, und dann schwebt es mitten im Crystalle. Aus der Dioptrick ist bekannt, daß der Refractionswinkel desto größer wird, je spitziger der Winkel der Augenaxe ist, den sie mit der durchsichtigen Oberfläche macht: folglich müssen sich bey einer sehr schiefen Stellung des Auges die Bilder desto weiter von einander entfernen, sich heben und den Augenschein hervorbringen, als ob man zwischen ihnen durchschauen könne. §. 17.

§. 24. Meines Wissens ist nichts weiter zu erklären übrig, als der Wunsch, mit meiner Mühe der Wißbegierde eines geneigten Lesers einiges Vergnügen gemacht zu haben. Sollte aber meine Auflösung des Beyfalles gewürdiget werden; so haben wir unter ganzen Millionen Geheimnissen der Natur künftig eins weniger.

IX. Che-

IX.

Chemische Untersuchung des Schlesischen Chrysoprases

von M. H. Klaproth.

§. 1.

Noch nie hat eine Wissenschaft in dem kurzen Zeitraum weniger Jahrzehnten schnellere und wichtigere Fortschritte gemacht, als die chemische Naturkunde. In allen ihren Theilen ist dieser Wachsthum sichtbar, obwol nicht in gleichen Verhältnissen. Die chemische Kenntniß der Fossilien aber ist mit Recht zu denjenigen Zweigen der Naturkunde zu zählen, worin diese Fortschritte in einem vorzüglichen Maaße Statt gefunden haben. Allein, dennoch ist unser Wissen in diesem, so wie in mehreren Fächern der Naturwissenschaft noch sehr begränzt, begränzter zum wenigsten, als man es erwarten solte, wenn wir, bey Uebersicht unsrer heutigen Lehrbücher der Mineralogie, die Bestandtheile so vieler Fossilien als ausgemacht angegeben finden. Wer aus eigener Erfahrung weiß, wie beschwerlich, dornigt und langweilig nur zu oft die Wege zum Ziel einer genauen

genauen chemischen Zergliederung sind, der wird sich an dem Unvollkommenen in diesem Theile der Wissenschaft nicht ärgern; dagegen aber wird er auch den Fleiß des gewissenhaften Forschers um so mehr zu schätzen wissen, und ihn für jedes Scherflein danken, welches er zur Bereicherung dieser Wissenschaft beyträgt: es bestehe nun in Bearbeitung neuer, oder, welches vielleicht noch mehr werth ist, in Berichtigung bekannter, aber irrig bestimmter Naturkörper.

Gegenwärtige Abhandlung, welche die chemische Zergliederung des Chrysoprases zum Gegenstand hat, wird zum Beweis dienen, daß die bisher angenommenen Bestandtheile dieses Steins mit der Natur desselben nicht ganz übereinstimmen.

§. 2.

Der Chrysopras wird vornemlich bey dem Dorfe Kosemütz im Oberschlesischen Fürstenthum Münsterberg gegraben, woselbst er in den Klüften und Auflösungen eines milden Serpentingesteins sich findet, und wo zugleich Quarze, Hornsteine, Calcedone, Opale, ferner Amiant, Talk, und mehrerley Erdarten einbrechen. Einige nähere Nachrichten von der Naturgeschichte und dem Lager des Chrysoprases und der ihn begleitenden Gesteine, geben Herr Bergrath Lehmann und Herr Geh. Rath Gerhard, jener in seinen physichemischen Schriften, dieser in seinen Beyträgen zur Chemie und Geschichte des Mineralreichs, ingleichen in seinem Grundriß des Mineralsystems. Auch findet man die äußern Kennzeichen des Chrysoprases in in den neuen guten mineralogischen Handbüchern hinlänglich angegeben.

§. 3.

Die Bestandtheile des Chrysoprases anlangend, so findet sich hierüber bey den Schriftstellern keine übereinstimmende Angabe. Vornemlich sind die Meinungen über denjenigen Stoff, welcher dem Steine die grüne Farbe verursacht, sehr verschieden. Lehmann *) hält dafür, daß diese Farbe von Eisentheilen, die aber auf eine besondere Art appropriirt seyn müßten, herrühre; über welche Appropriation er sich jedoch nicht weiter erklärt hat. Er gründet sich darauf, daß Blutlauge aus den Säuren, womit Chrysopras ausgezogen worden, einen blauen Niederschlag giebt. Allein, wie trüglich die Proben mit der Blutlauge sind, wenn man nicht zugleich die gegen Trugschlüsse sichernden Cautelen kennt, ist jetzt genugsam bekannt. Ueberdem zeigt es blos das Daseyn eines Eisengehaltes an; es beweiset aber nicht, daß dieser die Ursach der grünen Farbe des Steins sey. Herr Sage **) leitet diese grüne Farbe vom Kobalt her, und gründet seine

*) Siehe dessen Untersuchung einer grünen, fettigen Erde, welche sich bey den Chrysopras zu Kosemütz in Schlesien befindet; in s. phys. chym. Schriften. Berlin 1761. S. 151.

**) Analyse chimique et concordance de trois règnes. P. M. Sage. à Paris 1786. Tom. 2. Pag. 73. „L'Agathe verte, connue sous le nom de *chrysoprase*, est aussi colorée par le cobalt; en fondant cette pierre avec deux parties de verre de borax, j'ai obtenu un très-bel émail bleu.“

seine Meinung auf die blaue Farbe, welche entsteht, wenn Chrysopras mit alcalischen Glasfritten geschmolzen wird. Herr Director Achard *), dessen chemische Untersuchung des Chrysoprases von mehreren mineralogischen Schriftstellern aufgenommen worden, giebt, nebst der Eisenerde, auch Kupferkalk als Bestandtheil des Chrysoprases an, und gründet diese Meinung darauf, daß ein Theil des ausgeschiedenen metallischen Gehalts sich in flüchtigen Alkali mit blauer Farbe auflöset.

§. 4.

Ich wende mich nun zu meinen eigenen Versuchen. Eine Parthei ausgesuchter reiner Stücke Chrysopras wurde geglühet und im Wasser abgelöscht. Die grüne Farbe desselben veränderte sich in bläulichgrau, und bey wiederholten Glühen und Ablöschen in grauweiß. Der Stein verlor durchs Glühen 1½ Procent, und war dadurch so mürbe geworden, daß er sich nun im gläsernen Mörsel ziemlich leicht zum feinsten Pulver reiben ließ.

Hievon wurden 300 Gran, oder 5 Drachmen, mit doppeltem Gewichte trocknen reinsten Mineralalkali gemischt, und in einem porcellanerdenen Tiegel einige Stunden lang gelinde durchgeglühet. Die Masse wurde nach vollbrachter Calcination zerrieben, und mit destillirtem Wasser digerirt. Die Auflösung, welche eine schmutzigbräunliche Farbe überkam, wurde filtrirt, und

*) Siehe dessen Bestimmung der Bestandtheile einiger Edelgesteine. Berlin. 1779.

und hinterließ einen graugelben Rückstand, welcher ausgesüßt und getrocknet 44 Gran wog; die filtrirte klare farbenlose Flüssigkeit aber ließ, nach erfolgter Sättigung mit Salzsäure, einen häufigen Niederschlag fallen, welcher gesammelt, ausgesüßt, getrocknet und durchgeglühet, in 268¾ Gran Kieselerde bestand.

§. 5.

Vorgedachte, bey Auflösung der calcinirten Masse in Wasser sich abgeschiedene 44 Gran wurden in einer Retorte mit 8fachen Gewicht Königswasser übergossen, dieses nach geschehener Digestion großentheils abstrahirt, die übergegangene Säure wieder zurückgegossen, und nach nochmaliger Digestion filtrirt. Es blieb weiße lokkere Kieselerde zurück, welche abgesüßt, getrocknet und geglühet, 20¼ Gran wog.

§. 6.

Die durchgelaufene Auflösung, welche eine diluirte grüne Farbe hatte, wurde mit ätzenden flüchtigen Alkali übergesättigt. Hierbey veränderte sich die grüne Farbe in eine bläuliche, und es schied sich ein geringer bräunlicher Niederschlag in Schleimgestalt ab. Dieser wurde auf ein Filtrum gesammelt, in eine kleine Retorte mit Salpetersäure übergossen, und solche davon wieder abstrahirt, welches Aufgießen und Abstrahiren noch zweymal wiederholt, und hierauf die Retorte zwischen Kohlen scharf durchgeglühet wurde. Der Rückstand wurde nun mit geschwächter Salpetersäure aufgelöset. Es blieb braune Eisenerde zurück, welche gesammlet und getrocknet, ¼ Gran betrug, und welche in Salzsäure aufgelöset, durch phlogistisirtes Alkali dunkelblau, durch Gallapfeltinctur aber dintenschwarz, niedergeschlagen wurde. Diese sehr unbedeutende Menge der Eisenerde kann also zur grünen Farbe des Chrysoprases wohl nichts beytragen; vielmehr treffen wir Steine von ähnlichem Eisengehalt an, die demohnerachtet ungefärbt erscheinen.

Aus der vom Eisengehalt befreyeten Salpetersauren Auflösung schlug sich durch flüchtiges mildes Alkali lockere Alaunerde nieder, die, abgesüßt und getrocknet, $\frac{1}{2}$ Gran wog, und sich dadurch als Alaunerde erwies, daß sie in Vitriolsäure ohne Aufbrausen zerging, und den süßlichstyptischen Alaungeschmack äußerte.

Von Bittersalzerde war nichts zu verspüren. Solte aber dennoch ein geringer Antheil davon gegenwärtig gewesen seyn, so war es viel zu wenig, als daß ich mich davon hätte vergewissern können.

§. 7.

Die mit ätzenden flüchtigen Alkali übersättigte Auflösung wurde nun auf Kalkerde versucht, und in dieser Absicht mit aufgelöseten kristallisirten Mineralalkali versetzt. Es entstand davon ein weißer Niederschlag, der gesammelt und getrocknet $4\frac{1}{4}$ Gran wog, und als reine Kalkerde in allen Proben bestand.

§. 8.

Aus der, nach Abscheidung der Kalkerde, übrigen Solution, welche immer noch von bläulicher Farbe war, wolten jezt weder Säuren, noch Alkalien weiter

etwas

etwas niederschlagen. Sie wurde daher in eine Retorte gegossen und zur Trockne abstrahirt. Es blieb eine gelbliche Salzmasse zurück, welche sich in destillirtem Wasser wieder mit grünlicher Farbe auflösete. Diese Auflösung, mit Weinsteinalkali versetzt, ließ nur einen geringen Antheil weißgrünlicher Erde fallen; der Rest aber wolte sich bey aller Mühe nicht niederschlagen lassen. Ich tröpfelte daher in die Mischung so viel Salpetersäure, als zur Wiederauflösung des Niederschlags nöthig war, und versetzte sie nun mit phlogistisirten Alkali, so lange, bis alles ausgeschieden worden, sammelte den Niederschlag, süßte ihn aus, und troknete ihn. Er hatte eine meergrüne Farbe und wog 17 Gran.

In diesem Niederschlage befand sich nun derjenige Bestandtheil des Chrysoprases, wovon dessen grüne Farbe abhängt. Was ist aber nun dieser Bestandtheil? Eisenkalk gewiß nicht; denn es ist durchaus wider dessen Natur, vom ätzenden flüchtigen Alkali aufgelöset zu werden, oder damit eine blaue Farbe darzustellen; ferner würde er auch durch phlogistisirtes Alkali mit einer dunkelblauen Farbe seyn niedergeschlagen worden; auch war die Eisenerde, davon im Chrysopras überhaupt nur eine unbedeutende Menge vorhanden ist, aus der Auflösung desselben zuvor schon abgeschieden worden.

Eben so wenig hat Kupfer an diesem Niederschlage irgend einen Antheil. Zwar löset er sich in flüchtigen Alkali mit blauer Farbe auf; da aber diese Eigenschaft dem Kupfer nicht ausschliessungsweise allein zukommt, so kann dieser einzige Umstand zu keinem entscheidenden Beweise dienen. So hat auch die hellmeergrüne Farbe dieses durch phlogistisirtes Alkali bewirkten Niederschlags gar nichts gemein mit der braunrothen Farbe, unter welcher das Kupfer durch eben dasselbe Fällungsmittel jedesmal erscheint. Zum vollständigsten Beweis aber, daß kein Kupfergehalt vorhanden war, diente folgender Versuch. Ich ließ jene 17 Gran grünlichen Niederschlag im Tiegelchen durchglühen, und den schwarzbraunen Rückstand, der nun noch 7 Gran wog, mit Salpetersäure stark digeriren. Es schied sich ein kleiner Theil dephlogistisirtes Eisen aus, welches aus dem zum Niederschlagen angewendeten phlogistisirten Alkali herrührte, und das Uebrige stellte mit der Salpetersäure eine grüne Auflösung dar. Letztere theilte ich in zwey Gläser und stellte in eins derselben ein blankes Eisen, und in das andere ein Zinkstäbchen. An keins von beyden aber schlug sich, weder im Kalten, noch in der Wärme, die geringste Spur von Kupfer nieder.

§. 9.

Nachdem ich mich nun von der Abwesenheit eines Kupfergehalts völlig überführt hatte, so konnte ich nun diesen bisher verkannten Bestandtheil des Chrysoprases für nichts anders, als für Nickelkalk erklären. Zu diesem Urtheil berechtigten mich alle Erscheinungen, die denen, bey angestellten Gegenversuchen mit dem Kalke eines möglichstreinen Nickelkönigs durchaus gleich waren. Es war nur noch übrig, die Reduction dieses Nickelkalks zu versuchen.

Da

Da ich Versuche, welche mir eine neue Erfahrung gewähren, gern wiederhole, um durch die Uebereinstimmung der Erscheinungen mich gegen zufällige Irrungen sicher zu stellen, so beobachtete ich solches auch bey diesem Gegenstande, und unterwarf eine anderweltige Menge Chrysopras der Zergliederung.

Die davon erhaltene blaue Auflösung des Nickelkalks in flüchtigen Alkali destillirte ich aus einer Retorte bis zur Trockne, röstete den Rückstand gelinde mit Wachs, und versuchte nun dessen Reduction auf der Kohle, sowol mit Borax, als mit schmelzbaren Harnsalze. Sie glückte auch mit beyderley Flüssen, jedoch erforderte sie ein anhaltendes Blasen; wolte sich aber mit Borax nicht gut in ein Korn bringen lassen. In den Proben mit microcosmischen Salze aber bezeigte er sich etwas schmelzbarer, und gab ein weißgraues Korn, welches eine glänzende polyedrische Oberfläche hatte, und im Bruch feinkörnig war.

Da aber diese wenigen regulinischen Körner zu weitern Prüfungen nicht zureichten, so suchte ich, davon einen etwas größern Vorrath zu erlangen, und diese Absicht erreichte ich in folgendem Versuch.

§. 10.

Unter den verschiedenen Abänderungen der feinglimmrigen, fettig anzufühlenden rohen Chrysopraserde, welche den Chrysopras zum Theil begleitet, erwählte ich zur Untersuchung diejenige, welche, durch ihre gleichförmige apfelgrüne Farbe, sich als die reinste, und mit den wenigsten heterogenen Theilen vermengte, auszeichnete. Hievon wurden 5 Drachmen, oder 300 Gran, mit vierfachen Gewicht eines aus 3 Theilen Salzsäure, und einem Theil Salpetersäure bestehenden Goldscheidewassers, in einer Retorte übergossen, und zuerst eine Zeitlang digerirt. Der Angriff der Säure auf die Erde war mit Entwickelung gelber Dämpfe begleitet. Die währender Digestion übergegangene Säure wurde, nebst einem Theile frischer Salpetersäure, in die Retorte zurück gegossen, und, nach nochmaliger Digestion, bis zur mäßigen Trockne abdistillirt. Die rückständige Masse, deren grüne Farbe in eine gelbliche verwandelt worden, wurde mit der übergezogenen Säure wieder übergossen, digerirt, und von dem nicht auflöslichen Rückstand durchs Filtrum geschieden.

§. 11.

Der von dieser Ausziehung durch Säuren übrige Theil bestand in einer sehr zarten, lockern, blendendweißen, glimmernden Kieselerde, welche, getroknet und geglühet, 105 Gran wog. Sie wurde mit doppeltem Gewicht Weinsteinalkali gemischt und geglühet, die Masse hierauf mit destillirtem Wasser zerrieben, mit Salpetersäure übersättigt, digerirt und filtrirt. In der durchgelaufenen Flüssigkeit war aber nichts, als 1 Gran Kieselerde enthalten, welche daraus nach Sättigung mit Alkali nach und nach flockig niederfiel.

§. 12.

Die von der Kieselerde abgesonderte Auflösung der Chrysopraserde (§. 10.) welche von grüner Farbe war,

war, wurde mit Weinsteinalkali niedergeschlagen, gesammelt, ausgesüßt und an der Luft getrocknet. Dieser Niederschlag wog 280 Gran, und war, wie die rohe Erde, hellgrün. Hiervon wurde der 5te Theil mit Salzsäure aufgelöst, welche Auflösung die erste grüne Farbe wieder hatte, und damit folgendes versucht,

a) mit flüchtigen Alkali fiel ein weißgrüner Niederschlag, welcher sich zum Theil in mehrern dergleichen Alkali wieder auflösete, und nun eine blaue Tinctur darstellte.

b) mit phlogistisirten Alkali fiel ein häufiger meergrüner in Blau sich neigender Niederschlag,

c) mit Gallapfeltinctur entstand eine schwache Dintenfarbe,

d) mit Schwefelleber ein schwärzlicher Niederschlag.

e) in die übrige Solution wurde ein blankes Eisen gestellt. Es lief dessen Oberfläche grau an; allein von Kupfer äußerte sich weder kalt noch warm die geringste Spur.

§. 13.

Die übrigen $\frac{4}{5}$ Theile des grünen Präcipitats, welches nun der von der Kieselerde befreyte Antheil von einer halben Unze roher Chrysopraserde war, wurde in Salpetersäure aufgelöset, in einem geräumigen Glase mit soviel milden flüchtigen Alkali übergossen, daß dieses im Uebermaas stand, und öfters durcheinander geschüttelt. Nachdem sich alles wieder klar gesetzt hatte,

wurde

wurde die überstehende blaue Auflösung von dem Rückstande ab, und letzter wieder mit einer frischen Menge flüchtigen Alkali wiederholentlich übergossen, so lange, bis es keine merkliche blaue Tinctur mehr gab.

§. 14.

Der durchs flüchtige Alkali ausgezogene Rückstand war eine lockere weißgraue Erde, die, an der Luft getrocknet, 85 Gran wog. Sie wurde in Königswasser durch Digestion aufgelöst, und diese Solution so lange mit ätzenden flüchtigen Alkali versetzt, bis nichts weiter dadurch fiel. Der hellbraune Niederschlag wurde geglühet, worauf er 26 Gran wog, alsdenn in einer Retorte mit Salpetersäure übergossen und diese abstrahirt, welches Uebergießen mit frischer Salpetersäure, Digeriren und Ueberziehen noch zweymal wiederholt wurde. Zuletzt wurde die Retorte unmittelbar zwischen Kohlen durchgeglühet, zerbrochen, und der calcinirte Rückstand daraus zerrieben, dieser in schwacher Salpetersäure solvirt, filtrirt, worauf ein rother Eisenkalk zurückblieb, der gesammelt, getrocknet, und mit Wachs durchgeglühet, vom Magnet gezogen wurde, und 11 Gran wog.

§. 15.

Die nach Abzug dieser 11 Gran Eisenerde in der Auflösung noch vorhandenen 15 Gran wurden durch Mineralalkali niedergeschlagen, an der Luft getrocknet, und mit destillirten Essig kalt extrahirt. Der Essig griff diesen Niederschlag mit Aufbrausen an. Nachdem er davon wieder abfiltrirt war, ließ er, durch

Mineral-

Mineralalkali, eine lockere Erde ohne Effervescenz fallen, welche geglühet 3 Gran wog, und in der Untersuchung mit Vitriolsäure als Bittersalzerde bestand. Die übrige Erde, deren Menge sich nun auf 12 Gran, im geglüheten Zustande berechnet, reducirt hatte, erwies sich als bloße Alaunerde.

§. 16.

Es war noch jene Flüssigkeit (§. 14.) übrig, aus welcher, durch ätzendes flüchtiges Alkali, das Eisen und die Alaunerde niedergeschlagen waren. Sie wurden mit milden Mineralalkali versetzt, und dieses fällete $1\frac{1}{2}$ Gran Kalkerde.

§. 17.

Ich kehre nun zu der blauen, mit milden flüchtigen Alkali bereiteten Ausziehung (§. 13.) zurück. Sie wurde, nebst dem zum Aussüßen des Rückstandes angewandten destillirtem Wasser, aus einer Retorte bis meistens zur Trockne überzogen. Die rückständige Masse wurde mit destillirtem Wasser aufgeweicht und filtrirt. Sie hinterließ 7 Gran einer staubigen isabellfarbenen Erde. Geglühet verlor sie die Hälfte des Gewichts, die Farbe veränderte sich aber dadurch nicht. Mit Salpetersäure aufgelöst, schlug sie sich durch Alkalien weißgelb, durch phlogistisirtes Alkali hellolivenfarben, durch Gallapfeltinctur gar nicht, durch arsenicalische Schwefelleber hellbraun nieder. Ich sahe sie also für einen unreinen Nickelkalk an; dessen genauere Prüfung aber wegen zu geringer Menge nicht statt hatte.

§. 18.

Die von dieser isabellfarbnen Erde abfiltrirte Flüssigkeit hatte jetzt, da kein flüchtiges Alkali mehr prädominirte, wieder eine hellgrasgrüne Farbe. Ich bemühete mich nun, den darin aufgelöst enthaltenen Stoff durch alkalische Salze abzuscheiden, konnte aber aller Bemühungen ungeachtet, dessen völlige Absonderung nicht erreichen, sondern es verblieb auch bey dem genauesten Sättigungspuncte immer noch ein Theil in der mittelsalzigen Flüssigkeit aufgelöset zurück. Den mehrsten Theil des Niederschlags erhielt ich zuerst durch mildes flüchtiges Alkali, und nach dessen Absonderung fällte Weinsteinalkali noch einen Theil. Der gesammelte, ausgesüßte, und an der Luft getrocknete Niederschlag, hatte eine blasse weißgrünliche Farbe, und wog 50 Gran.

§. 19.

Da sich aus der übrigen Flüssigkeit weder durch die Alkalien, noch durch Säuren, etwas niederschlagen lassen wolte, so blieb nur noch die Anwendung des phlogistisirten Alkali übrig. Dieses schlug noch einen beträchtlichen Antheil mit blaßer meergrüner Farbe nieder, welcher gesammelt, ausgesüßt, getrocknet und geglühet, körnig geworden war, eine braune Farbe angenommen hatte, und 21 Gran wog.

§. 20.

Den weißgrünlichen Präcipitat (§. 18.) unterwarf ich nun folgenden Prüfungen.

A) Ein Theil desselben mit flüchtigen Alkali übergossen, lösete sich schnell zur blauen Tinctur auf.

B) In

B) In Vitriolsäure lösete er sich mit Effervescenz auf, und stellte damit eine grüne Auflösung dar, aus welcher

a) Weinsteinalkali die Erde wieder weißgrünlich niederschlug;

b) phlogistisirtes Alkali eben so, nur war die Farbe etwas dunkler;

c) Galläpfeltinctur machte gar keine Veränderung oder Trübung;

d) arsenikalische Schwefelleber machte einen häufigen schwarzbraunen Niederschlag;

e) weder auf blanken Eisen, noch auf Zink, schlug sich etwas metallisches nieder, sondern die Auflösung verursachte nur auf beyden Metallen schwache graue Flecken;

f) an die freye Luft gestellt, schoß Nickelvitriol in klaren, Schmaragdgrünen, rautenförmigen Kristallen an, welche durch Calcination in ein weißgrünliches Pulver zerfielen.

§. 21.

C) Mit dem Löthrohr auf der Kohle versucht, verhielt sich der grüne Nickelkalk folgendermaßen:

a) für sich durchgeglühet, wurde er violett, zeigte aber gar keine Neigung zum fließen;

b) mit Borax geschmolzen, reducirte er sich nach anhaltenden Blasen zum Theil zu einer weißgrauen metallischen Masse, die sich aber nicht zu einem Kügelchen wolte vereinigen lassen.

c) mit

c) mit microcosmischen Salze reducirte er sich ebenfalls, floß auch leichter in ein Korn zusammen. Das Glaskügelchen zeigte sich während der Hitze granatroth, bey dem Erkalten aber hellhyacinthfarben.

§. 22.

D) Ich versuchte nunmehr die Reduction durch die Tiegelprobe. 30 Gran dieses Nickelkalks glühete ich zuerst eine halbe Stunde lang, wodurch er die Hälfte am Gewicht verlohr, und die weißgrünliche Farbe in graugrün veränderte. Das bey dem Nickelkalke sonst gewöhnliche Auswachsen im Feuer bemerkte ich hier nicht; vielleicht weil hier kein Arsenikgehalt zugegen war, dessen Entweichen bey der Calcinirhitze wahrscheinlich jene zarten Ramificationen verursacht. Ich vermischte diese 15 Gran calcinirte Erde mit gleichen Theilen Harz und 3 Theilen gebrannten Borax, brachte es in einen Schmelztiegel, mit verknisterten Kochsalz bedeckt, in den Schmelzofen, und regierte das Feuer ohngefähr wie bey einer Kupferprobe. Nachdem der Tiegel erkaltet war, fand sich dessen innere Seite mit einer dünnen, oberwärts hie und da grünen, weiter unten aber klaren hyacinthfarbenen Glasur überzogen. Die Masse selbst war gut geflossen, und nach dem Zerschlagen fand sich unter der kochsalzigen, ungefärbten Decke, ein durchsichtiges, hellbraunes Glas, und dazwischen ein metallischer König, welcher aber, als ein schwerflüßiges Metall, nicht dicht geflossen, sondern nur zu einer, aus einzelnen kleinen, lose zusammenhangenden Kügelchen bestehende Masse, zusammengeschweißt war.

Die

Die Farbe dieses Metalls war ein glänzendes Grau, in eine röthliche Schattirung unmerklich übergehend. Es wurde durch Schlämmen von der anhängenden Schlacke befreyet, und wog $9\frac{3}{4}$ Gran. Da aber an den Scherben des Tiegels hie und da noch feine Körner hingen, die nicht bequem gesammelt werden konnten, so kann dafür füglich noch $\frac{1}{4}$ Gran geschätzt und also das Gewicht des Nickelkönigs auf volle 10 Gran bestimmt werden.

a) Der Magnet zog diese metallische Körner so schnell, daß bey dem Annähern desselben sogleich die ganze Menge sich anhing, ohne daß ein einziges Kügelchen zurückblieb.

b) Ein Gran davon mit Salpetersäure übergossen, lösete sich in der Wärme grasgrün auf, aus welcher Auflösung

c) das flüchtige Alkali den metallischen Antheil wieder hellweißgrünlich niederschlug, bey mehrern Zugießen aber wieder klar und mit himmelblauer Farbe auflösete.

d) 5 Gran dieses Reguli in Salpetersäure aufgelöset, und mit phlogistisirtem Alkali niedergeschlagen, ausgesüßt und getrocknet, gab einen meergrünen Niederschlag, wovon nach starken Durchglühen 15 Gran brauner, körniger Rückstand blieb, der ganz dem Magnet folgbar war.

e) Auf der Kohle vor dem Löthrohr gaben diese Metallkörner keine Neigung zum schmelzen oder fliessen zu erkennen, sondern sie zerfielen zum grünlichen Kalk.

f) Mit Borax geschmolzen, wolten sie sich ebenfalls nicht gern zum fließen bequemen; das Boraxglas wurde aschgrau und undurchsichtig, und das Metall blieb darin zertheilt.

g) Mit microcosmischen Salze aber schmolzen sie ziemlich bald in ein einziges großes Korn mit polyedrischer Oberfläche zusammen. Das Glaskügelchen, welches während der Hitze dunkelgranatroth war, wurde bey dem Erkalten durchsichtig und behielt eine schöne Hyacinthfarbe.

§. 23.

Ob nun gleich diese Erfahrungen zusammengenommen völlig hinreichend sind, zu beweisen, daß derjenige Bestandtheil des Chrysoprases, wovon dessen eigenthümliche grüne Farbe entspringt, **wahrer Nickelkalk** ist, so habe ich zum Ueberfluß dennoch Gegenversuche mit einem Nickelkalke angestellt, welchen ich mir auf folgende Weise verschafte.

Eine Parthey Nickelerz, von der Grube König David am Sauberge zu Annaberg, zerstufte ich gröblich, sonderte die reinsten Stücken aus, verwandelte sie in ein gröbliches Pulver, und calcinirte dieses im flachen Scherben, so lange, als noch Arsenikdampf davon ging. Das Erzpulver nahm dabey eine schmuziggrüne Farbe an, und vegetirte zum Theil in kleine ästige Figuren. Diesen Nickelkalk reducirte ich mit schwarzen Fluß, und erhielt einen gelblichweißen, spröden, leichtflüßigen König. Dieser Nickelkönig wurde nochmals calcinirt, hierauf mit gleichen Theilen Vitriolöl

triolöl in einer Retorte digerirt, letzteres bis zur Trockne abstrahirt, die rückständige Masse mit Wasser aufgelöset und filtrirt. Aus der Auflösung fielen anfangs kleine Arsenikkristallen nieder; nach deren Absonderung schoß der Nickelvitriol in schönen, dunkelgrünen, rautenförmigen Kristallen an. Dieser Nickelvitriol wurde wieder in Wasser solvirt, mit Weinsteinalkali niedergeschlagen, der ausgesüßte und getrocknete Nickelkalk zerrieben, und mit flüchtigen Alkali übergossen. Dieses zog bald eine schöne blaue Tinctur aus, welche durchs Filtrum vom Rückstand befreyet, mit Salpetersäure gesättigt, und nun durch Weinsteinalkali wieder mit weißgrünlicher Farbe, so viel als davon fallen wollte, niedergeschlagen wurde.

Um nicht zu weitläuftig zu werden, überhebe ich mich der Erzählung der mit diesem Nickelkalke angestellten besondern Gegenversuche, und begnüge mich mit der Anzeige, daß ich im Wesentlichen eine völlige Gleichheit der Erscheinungen gefunden habe.

§. 24.

Wer sich von dem chemischen Verhalten dieses Halbmetalls überhaupt belehren will, den verweise ich vorzüglich auf des Ritters Bergmann schätzbare Abhandlung vom Nickel. Hierin giebt der Verfasser Rechenschaft von seinen, mit unverdrossenster Mühe angestellten Versuchen, den Nickelkönig aus seinen Erzen, in welchen er stets mit fremden metallischen Stoffen vergesellschaftet ist, rein darzustellen. Bey meinen eigenen Versuchen habe ich diese Schwierigkeiten bestätigt

 gefun-

gefunden; doch glaube ich, jene Behandlungsart, den metallischen Gehalt dieses Halbmetalls durch flüchtiges Alkali rein darzustellen, als die beste ansehen zu dürfen; nur fällt das Product etwas kostbar aus.

Im Chrysoprase hingegen ist die Nickelerde mit keiner fremden metallischen Substanz, den sehr geringen Eisengehalt ausgenommen, verunreinigt; und da die gedachte Behandlungsart zur genauen Abscheidung dieses unbeträchtlichen Eisengehalts dient, so kann das aus dem Chrysopras, oder aus der ihn begleitenden Chrysopraserde, reducirte Halbmetall, als Nickelkönig im möglichst reinsten Zustande betrachtet werden.

§. 25.

Jedoch, wider diese Behauptung wird man vielleicht die Anziehbarkeit vom Magnet einwenden, und aus diesem Umstande auf einen noch darin gegenwärtigen Eisengehalt zu schließen, sich berechtigt glauben. Ist aber der Satz, daß nur Eisen allein den Gesetzen der magnetischen Anziehung unterworfen sey, schon unwiderruflich bewiesen? Sind bereits die erheblichen Einwendungen, die von mehrern Naturforschern dagegen gemacht werden, gänzlich widerlegt? Wenn der Chemiker im reinen Kobalt, reinen Nickel, durchaus keine Spur vom Eisenstoff mehr findet, und dennoch den Magnet darauf wirken siehet, — darf man seinen Zweifel an der, auf das Eisen allein eingeschränkten magnetischen Kraft, geradezu verlachen?

Uebri-

Uebrigens bin ich überzeugt, daß in der Angabe von den Bestandtheilen mehrerer Körper des Mineralreichs, die man als völlig erwiesen glaubt, und davon doch unsre Kenntnisse noch nicht ganz richtig sind, unter andern auch dieser Umstand zu den Quellen des Irthums gehört, daß man, bey bemerkter magnetischer Anziebarkeit eines Educts, gleich ohne fernere Prüfung auf bloßes Eisen zu schließen pflegt.

§. 26.

Ich versuchte auch die Zerlegung des Chrysoprases auf nassen Wege durch concentrirte Vitriolsäure; vornemlich in der Absicht, um zu erfahren, ob im Chrysoprase Flußspatsäure, oder sonstige flüchtige Theile zugegen wären. Eine Unze rohen, feingestoßenen und geschlämmten Chrysopras übergoß ich in einer Retorte mit gleichen Theilen rectificirten Vitriolöl, und 2 Theilen destillirtem Wasser. Nachdem letzteres bey mäßiger Hitze übergegangen, verstärkte ich das Feuer, um auch die überflüßige Vitriolsäure überzutreiben, welche nun theils in schweren weißen Dämpfen, und zuletzt in Tropfen, die zischend in die Vorlage fielen, überging. Nach dem Erkalten weichte ich den Rückstand mit kochenden destillirtem Wasser auf, und filtrirte die Auflösung. Das auf dem Seihepapier wieder gesammelte Chrysopraspulver fand ich jedoch nicht völlig aufgeschlossen, und überhaupt nur wenig alterirt. Wegen dieser Wahrnehmung der Unvollständigkeit dieser Art, den Chrysopras zu zerlegen, konnte ich also auch aus der Prüfung der erhaltenen vitriolsauren Auflösung keine weitere Resultate ziehen.

Herr Director Achard, welcher in seiner Bestimmung der Bestandtheile einiger Edelgesteine, den Chrysopras auf dieselbe Art zu zerlegen gesucht hat, giebt (S. 111.) die Bestandtheile von einer Unze desselben folgendermaßen an: 5 Gran einer Erde, die durch die Destillation mit der Vitriolsäure flüchtig wird, 8 Gran Kalkerde, 6 Gran Bittersalzerde, 2 Gran Eisenerde, 3 Gran Kupferkalk, und 456 Gran Kieselerde. S. 105. aber sagt Herr A. „der aufgestiegene Sublimat wog — 8 Gran, und floß mit dem Blaserohr am Lichte zu einer porcellainartigen Kugel.“

Mir ist, auch bey wiederholten Versuchen, keine Spur von einer mit Vitriolsäure sich verflüchtigenden, schmelzbaren Erde vorgekommen. Solte etwa an demjenigen Gestein, welches Herr Dir. Achard zu seinem Versuch angewendet hat, zufällig Flußspat angesessen haben? wovon mir jedoch bey sorgfältigen Nachsuchen unter mehrern vollständigen Suiten der Stein- und Erdarten aus dem Kosemitzer Chrysopras-Bruche nichts zu Gesicht gekommen ist. Doch hätte in diesem Fall das erdige Sublimat sich als durchaus unschmelzbar erweisen müssen, nicht aber mit dem Blaserohr am Lichte zu einer porcellänartigen Kugel fließen können; indem diese Schmelzbarkeit nur demjenigen Niederschlage eigen ist, welcher entsteht, wenn die aus gläsernen Retorten destillirte Flußspatsäure mit vegetabilischen Alkali gesättigt wird.

Auch mit dem Gehalte der Bittersalzerde in der Angabe des Herrn Dir. Achard stimmt meine Erfahrung nicht ein. Selbst in der grünen Chrysopraserde, deren äußeres talkähnliches Ansehn einen beträchtlichern

chern Gehalt an Bittersalzerde versprach, fand ich doch nur einen mäßigen Antheil.

Ist etwa der Chrysopras des Herrn Dir. Achard von einer mir noch nicht vorgekommenen Gattung gewesen? Oder solte an den verschiedenen Resultaten der Umstand mit Schuld seyn, daß ich jedesmal rectificirtes Vitriolöl angewendet habe? Wiewohl die Salz- und Salpetersäure haben dem Hrn. Dir. A. die nemlichen Producte geliefert.

Wegen des vermeinten Kupfergehalts im Chrysoprase habe ich mich bereits erklärt. Auch würde es, mir wenigstens, eine neue Erscheinung seyn, bey Verdünstung einer Kupferauflösung in Säuren, das Kupfer im kalkförmigen Zustande sich ausscheiden zu sehen.

§. 27.

Es ist noch übrig, einiger Vitrificationsversuche zu erwähnen, wozu ich sowol den rohen Chrysopras, als den daraus gezogenen Nickelkalk, in Versetzung mit verschiedenen Verglasungsmitteln angewendet habe.

a) Roher Chrysopras, feingerieben und geschlämmt, 1 Theil,
Weinsteinalkali 2 Theile,

gemischt, und im Tiegel geschmolzen, gab ein Veilchenblaues Glas, das an der Luft in einen bräunlichen Liquor zerfloß.

b) Roher Chrysopras 5 Theile,
Weinsteinalkali 4 Theile,

gab nach 2stündigen Schmelzfeuer ein schönes veilchenblaues hartes Glas.

 c) Ro-

c) Roher Chrysopras,
Trocknes Mineralalkali, jedes zu gleichen Theilen,

lieferte ein Turmalinbraunes, und in dünnen Scheiben durchsichtiges Glas. Die Oberfläche desselben war mit einigen zarten Adern netzförmig gezeichnet; welche Adern von einer an einander gereiheten Lage von äußerst kleinen reducirten Nickelkörnern verursacht wurde.

Diese ohne hinzugesetzten Phlogiston erfolgte Reduction ist merkwürdig. Lehmann gedenkt schon eines aus rohen Chrysopras mit reducirenden Flüssen erhaltenen Korns, allein er verkannte dessen Natur, und sahe es fälschlich für Eisen an.

d) Roher Chrysopras
Gebrannter Borax, zu gleichen Theilen,

lieferte ein durchsichtiges braunes Glas, wie klarer Rauchtopas.

e) Chrysopras, welcher mit Vitriolsäure ausgezogen worden, (§. 26.)
Gebrannter Borax, gleiche Theile,

gab ein gleiches, hellbraunes Glas; zur Anzeige, daß Vitriolöl keine völlige Zerlegung des Chrysoprases hat bewirken können, ob ich gleich die Säure im gedoppelten Gewichte angewendet hatte.

f) Präparirte Kieselerde, 80 Gran.
Weinsteinalkali, 60 Gran.
Nickelkalk aus dem Chrysoprase, 3 Gran,

gab ein klares Glas, von schöner veilchenblauer Farbe.

g) Prä-

g) Präparirte Kieselerde, 80 Gran,
Weinsteinalkali 60 Gran,
Nickelkalk, aus Annaberger Nickelerz, dessen Bereitung (§. 23.) erwähnt worden, 3 Gran.

In diesem Gegenversuche erhielt ich ein klares veilchenblaues Glas, das mit dem vorhergehenden völlig gleich war.

h) Präparirte Kieselerde,
Gebrannter Borax, jedes 60 Gran,
Nickelkalk aus dem Chrysopras, 3 Gran,

gab ein klares hellbraunes Glas.

i) Präparirte Kieselerde,
verglasete phosphorische Knochensäure, jedes 60 Gran,
Nickelkalk aus dem Chrysopras 3 Gran,

lieferte ein honiggelbes Glas, das aber, wegen des in der Knochensäure noch befindlichen Selenits, nicht ganz klar geworden war.

§. 28.

Unter mehrern Resultaten, die aus vorstehenden Erfahrungen fließen, will ich nur einige erwähnen.

Lehmann hat, so viel ich weiß, die Erfahrung zuerst gemacht, daß Chrysopras, mit Pflanzenalkali geschmolzen, ein blaues Glas giebt, und durch die Schmelzversuche des Herrn Dir. Achard ist diese Erfahrung bestätigt worden. Aus meinem Versuche (§. 27. f.) geht hervor, daß diese blaue Farbe lediglich nur von dem Nickelgehalt des Chrysoprases abhängt, und der Versuch (§. 27. g.) lehrt, daß der Nickelkalk, wenn er von fremdartigen Beymischungen so viel als möglich befreyet ist, den merkwürdigen eigenthümlichen Character besitzt, die mit vegetabilischen Alkali versetzten Fritten durch die Verglasung blau zu tingiren. Warum erfolgt aber diese blaue Farbe nicht auch mit dem Mineralalkali? Worin liegt der Grund von dieser unerwarteten Verschiedenheit?

Auch ergiebt sich aus jenen Versuchen der Ungrund von der Behauptung des Herrn Sage, daß der metallische Stoff im Chrysoprase Kobald sey. Es sind, ausser dem Kobald, schon mehrere Stoffe bekannt, welche unter gewissen Bedingungen ein blaues Glas geben; von welchen Bedingungen aber der Chemiker gehörige Kenntnisse haben muß, wenn er daraus die Natur des metallischen Stoffs richtig bestimmen will. So färbt Kobaldkalk alle Flüsse, — das microcosmische Salz, den Borax, die beyden feuerbeständigen Alkalien, das mineralische sowol, als das vegetabilische, — blau. Tungstein- oder Wolframsäure färbt die mit phosphorischen Salzen versetzten Fritten blau; die mit Borax versetzten hingegen läßt sie ungefärbt. Nickelkalk färbt bloß die mit Pflanzenlaugensalz versetzten Fritten blau; die mit Mineralalkali aber, so wie die mit Borax versetzten, braun; das microcosmische Salz hingegen honiggelb.

Da der Chrysopras nun mit Borax kein blaues, sondern ein braunes Glas giebt, so kann dieses, zusammen genommen mit der Erfahrung, daß die Auflösung desselben in Salzsäure keine Spur einer grünen

sympathetischen Dinte giebt, hinlänglich seyn, von der Abwesenheit des Kobaltgehalts sich zu überzeugen.

Herr Sage giebt zwar vor, aus Chrysopras und Borax ein blaues Glas erhalten zu haben; allein diese seine Versicherung stimmt abermals nicht mit der Erfahrung überein.

§. 29.

Der mineralogische Character des Chrysoprases ist also: ein durch Nickel grün gefärbter Quarz.

Seine aus 300 Granen dargelegten Bestandtheile sind:

Geglühte Kieselerde, (§. 4) = $268\frac{1}{4}$ Gran
— — — (§. 5) = $20\frac{1}{4}$ — } $288\frac{1}{2}$ Gran.

— Alaunerde = = = $\frac{1}{4}$ —
(als so viel anstatt des $\frac{1}{2}$ Grans ungeglühter Erde (§. 6.) zu schätzen seyn wird.)

— Kalkerde = = = $2\frac{1}{2}$ —
(als das Quantum von $4\frac{1}{4}$ Gran milder Kalkerde. (§. 7.).

— Eisenerde (§. 6) = = = $\frac{1}{4}$ —

— Nickelkalk = = = 3 —
(der durch phlogistisirtes Alkali niedergeschlagene und geglühete Nickelkalk betrug (§. 8.) 7 Gran. Laut Versuch (§. 22. c) sind diese 7 Gran das Product von $2\frac{1}{3}$ Gran reinen Nickelkönig, und hiervon sind 10 Theile gleich 13 Theilen Luft = und Wasserfreyen Nickelkalks.)

Summa $294\frac{1}{2}$ Gran
Verlust $5\frac{1}{2}$ —

300 Gran.

Mit

Mit dieser gefundenen Proportion der Bestandtheile stimmen die Resultate von mehrern meiner Versuche gut überein. Doch gebe ich gern zu, daß, bey anderweitigen Versuchen, kleine Verschiedenheiten, vornemlich im Gehalt des Nickels und des Eisens, Statt haben können; da die grüne Farbe des Chrysopra ses oft variirt: so wie ich auch von der Bittersalzerde merklichere Spuren gefunden habe, jedoch noch niemals mehr als $\frac{1}{8}$ Procent.

§. 30.

Die Bestandtheile derjenigen Sorten grüner Chrysopraserde aber, welche ich der Prüfung unterworfen, sind in einer halben Unze:

Geglühete Kieselerde ; ; ; (denn (§. 11.) 300 Gran hatten 105 Gran zurückgelassen.)		84 Gran.
— — Alaunerde (§. 15.) ; ;		12 —
— — Bittersalzerde (§. 15.) ; ;		3 —
— — Kalkerde ; , ; ; (anstatt der $1\frac{1}{2}$ Gran milder Kalkerde §. 16.)		1 —
— — Eisenerde (§. 14.) ; ; ;		11 —
— — Nickelkalk (§. 17) ;	$3\frac{1}{2}$	
— — — — (§. 18) ; (denn von dem Nickelkalk, wovon (§. 18) 50 Gran erhalten worden, ging die Hälfte verloren.	25	; $37\frac{1}{2}$ —
— — — — (§. 19.) ; (denn die 21 Gran durchphlogistisirtes Alkali niedergeschlagener und geglüheter Nickelkalk sind, laut Versuch §. 22. c) als das Product von 7 Gran Nickelkönig, und welche 9 Granen Luft- und Wasserleeren Nickelkalke gleich sind, zu betrachten.)	9	
Summa		$148\frac{1}{2}$ Gran.
Verlust, welcher demjenigen, den diese rohe Chrysopraserde durchs Glühen erleidet, meistens gleich kommt ;		$91\frac{1}{2}$ —
		240 Gran.

§. 31.

§. 31.

Zum Schluß füge ich noch mit Wenigen das Resultat meiner Untersuchung des Kosemützer Opals hinzu.

Unter den mir vorgekommenen Suiten des Chrysoprases habe ich den grünen Opal stets in Bruchstücken eines Ganges, vom halben bis ganzen Zoll Mächtigkeit, und mit seinen Saalbändern eingefaßt, angetroffen; die röthlichen, gelben, und weißen Opalarten hingegen sitzen meistens auf grauen und bräunlichen Hornsteinen. Der weiße Opal, welcher aber, wie der grüne, in gangartigen Stücken vorkommt, entfernt sich schon mehr vom Opalartigen, und nähert sich dem Calcedon und undurchsichtigen Milchquarze.

Zur Untersuchung habe ich jene durchsichtige, ins weisblaue spielende Opalart angewendet, und deren Bestandtheile in einer halben Unze folgendergestalt gefunden:

Kieselerde	237	Gran
Alaunerde	$\frac{1}{4}$	—
Eisenerde	$\frac{1}{4}$	—
	$237\frac{1}{2}$	Gran
Verlust	$2\frac{1}{2}$	—
	240	Gran.

Opalisirender Quarz würde also für diese Steinart die angemessene Benennung seyn.

Daß

Daß der grüne Opal seine Farbe, gleich dem Chrysopras, ebenfalls vom beygemischten Nickelkalk erhält, davon habe ich mich durch vorläufige Versuche bereits überführt. Ob aber nicht auch ein Nickelgehalt im grünen Serpentin, und mehrern Stein- und Erdarten zugegen sey, darüber mögen künftige Versuche entscheiden.

Berlin, den 26. Junii 1787.

X.

Beschreibung der in der Grafschaft Steinthal in Unter-Elsaß befindlichen Gänge und Eisengruben,

vom

Herrn Baron von Dietrich.

Von der lithologischen Beschaffenheit des Steinthals habe ich schon mit wenigen Worten pag. 361 in dem 6ten Bande dieser Schriften Erwähnung gethan. Ich muß hier nur noch anführen, daß es unmöglich sey, von dem Granit, der durchaus im Steinthale herrscht und so zu sagen seine Grenzen bestimmt, zu behaupten, daß er von der Zerstörung eines ältern Granits herkomme, und später erzeugt worden sey.

Hier sitzt der Granit ohngefehr im Mittel der Breite dieser Bergkette; die Berge, welche im Steinthal aus ihm bestehen, werden nicht allein zu den höchsten dieser Reviere, sondern auch des ganzen Vogesischen Gebirges gerechnet; sie sind durchaus mit rothen Sandsteinbergen umgeben.

Bey dieser Gelegenheit kann ich nicht unbemerkt lassen, daß einer von diesen Sandbergen die Hohetonne heißt. Er ist nicht allein der höchste in der ganzen Gegend, sondern vielleicht auch in den Vogesischen Gebirgen. Er giebt nichts an Höhe dem Granitberge nach, der ihm gegenüber steht, und den Namen Champ du feu au Ban de la Roche oder Steinthal führt. Der Gipfel dieser Hehentonne besteht aus einem starken Lager von Sandstein der in dünnen Schichten abgetheilt ist, welche sehr viele gerollte Quarzgeschiebe einschließen; in einem dieser Steine habe ich auf der Kuppe dieses Berges ein Goldflitschen gefunden. Wo wäre also der Granitsand hergekommen, der in dem Steinthal einen neuen Granit hätte formiren können, da weit von hier nichts von dieser Bergart zu sehen ist, und die große Höhe dieser Gebirge nicht erlaubt zu vermuthen, daß andere Berge die nicht höher oder wohl gar niedriger sind, durch ihre Zerstörung zu dessen Erzeugung beygetragen haben? Ich gerathe hier fast in Versuchung, die Entstehung des Granits, des Schiefers und des Sandsteins ohngefehr zu gleicher Zeit anzunehmen, und ich glaube hier auf dem Granit- Sand- und Schiefergebirge Kennzeichen der ehemaligen Gegenwart des Wassers gefunden zu haben. Ich gehe noch weiter, indem ich behaupte, daß diese Gegenwart des Wassers auf allen hohen Gebirgsketten bewiesen zu seyn scheint. Doch diese meine Meynung schreibt andern keine Gesetze vor, hierüber eben so wie ich zu denken.

Auf dem höchsten Gipfel eines Sandsteingebirges, der auch einer der höchsten des ganzen Vogesischen Gebirges

birges ist, verhärtete Sandflötze mit einem Gemenge von gerollten Kieseln zu finden — In dem Schiefergebirge Massen von Marmor mit Seegeschöpfen zu sehen — Kennzeichen auf dem Granit zu entdecken, die von nichts andern als vom Wasser herkommen können, und darüber ich meine Erfahrungen der Gesellschaft am angeführten Orte S. 363. mitgetheilt habe. — Solten diese und andere kleine Umstände, die man leichter beobachten als beschreiben kann, mir nicht das Recht geben, diesen angegebenen Saz zum wenigsten in dieser Gegend als wahr anzunehmen?

Uebrigens ist auch der Steinthaler Granit so dicht, so fest und in seinem Korn so verschieden, daß gar keine Möglichkeit übrig bleibt, ihn als einen aus zerstörtem Granit zusammen gesetzten neuen Granit zu betrachten.

Ehe ich zu der Beschreibung der in diesen Gebirgen befindlichen Gruben fortschreite, will ich einen kleinen Auszug etlicher alten Urkunden über die Steinthalischen Bergwerke anführen.

In einem Schreiben vom May 1558 befahl der Kayser Ferdinand, Joh. Jacob und Wolz Dietrich von Rathsamhausen, damals Herr im Steinthal, die Kayserlichen Kommissarien, die er zur Untersuchung der Bergwerke ernannt hatte, wohl zu empfangen und sie ohne Hindernisse die Bergwerke befahren zu lassen. Rathsamhausen weigerte sich, diesem Befehl nachzukommen; hierauf beschwerten sich die Kommissarien über ihn, in einem Schreiben vom 12ten Julii 1558.

Den 19ten August schrieben sie abermals und beklagten sich, daß man ihnen auf Befehl des Herrn von Rathsamhausen bey ihrer Befahrung den Eingang in die Häuser, imgleichen Essen und Trinken versagte. Den 8ten Octob. darauf schrieb die Kammer der Oberösterreichischen Länder an besagten Herrn, und verwieß ihm, daß er den Kayserlichen Kommissarien nicht gehorsam gewesen wäre, und Holz und Wohnungen denjenigen, die Gruben geöfnet hätten, versagt habe.

Der Bergrichter zu Mariakirch gab im Namen des Erzherzogs Ferdinand von Oestreich, im Anfang des 1579sten Jahres, an Herzog Johann Pfalzgraf am Rhein, Herzog von Bayern, Graf von Veldenz, die Erlaubniß, die in dem Steinthal befindlichen Erzgruben zu bearbeiten. Dieser Graf von Veldenz hatte auch die Erlaubniß, in denen in Elsaß gelegenen Hanauischen Herrschaften Bergwerke zu bauen. Den 6ten April 1579 schrieb der Kayser an seinen Vasall Joh. Fried. von Rathsamhausen zum Stein, und befahl ihm, die Bergleute im Steinthal ungestört arbeiten und denselben gegen Bezahlung, Wohnung und Nahrung geben zu lassen; er behauptete dabey: er hätte als Dominus directus das Bergrecht, und das Recht es andern zu gestatten. Rathsamhausen stritt wider dieses Principium, und nach einem weitläuftigen Briefwechsel erkannte der Erzherzog den 9ten Novemb. 1579, daß dieses Recht, kraft alter Lehnbriefe, seinem Vasall zugehörte. Der Graf von Veldenz mußte also, auf sein vom Kayser erhaltenes Privilegium Verzicht thun, worauf Rathsamhausen demselbn selben selber eine Erlaubniß gab, die Bergwerke im Steinthal zu bearbeiten; jedoch reservirte er sich den Zehenden.

Seitdem sind die Besitzer des Steinthals beständig in Possession dieser Gerechtigkeit geblieben, welche auch in ihren Lehnbriefen mit inbegriffen ist.

Aus alten Schriften *) über die Bergwerke im Steinthal, die wie obige Briefe in meines Vaters Archiven befindlich sind, habe ich folgende zum Theil wenig bedeutende Urkunden über die Bergwerke allda, ausgezogen.

„Zu Rothau bey den grünen Tannen sind 5 Ei„sengänge.“

„Oben zu Solbach an dem neuen Weg sind gute „Eisenerze. Zu Roschbach oder Ranrue ist schwarz „Erz, so aber nicht gut zu läutern ist. Die schweren „Erze muß man in der Tiefe und nicht oben am Tage „suchen. Setzt man viel Kalkstein zu, so macht „man wohl das Eisen flüssig, aber es giebt weniger „und böser Eisen zu läutern.“

„Die Gruben zu Roschbach und Waldersbach „scheinen einen Gang zu haben, und wäre davon ein „unabgängig Werk zu hoffen, denn das Gebirg ist edel und „mürbe; es wäre rathsam einen Stolln dabey anzule„gen;

*) Bedenken über das Steinthal. Bericht vom 19ten May 1602. Vom Bergverwalter Mändel von Fischbach übertriebenes Project rc. Bericht von 1629.

„gen; dieser Gang streicht in der Stunde 12 gegen „Mittag ꝛc.“

„Zu Schönnberg oben am Dorfe, wo das Bäch„lein fließt, ist schönes Erz.“

Nach dem Bericht von 1629 und einer Note von 1633, war bey Schönenberg ein Silbergang, den man den St. Elisabethergang nannte; er zertheilte sich auf der Sohle eines 7 Lachter tiefen Schachts in zwey Trümmer. „Das erste strich zwischen sechs und sie„ben und wendete sich gegen 5 Uhr; das zweite Trumm „strich zwischen 4 und 5 Uhr. Unten im Thal sind „edle Gänge, welche sich in der Probe mit Silber und „Bley beweisen ꝛc.“

In Wilderspach, laut den nämlichen Berichten von 1602 und 1629, wurden Kupfergruben betrieben. Der Gang strich zwischen 5 und 6 und der Bericht davon lautet also: „und streichen solche Gänge „vom langen alten Stolln, wie auch der Gang beym „Häußchen über das Thal, gegen Morgen, und in der „Wiese bey der Mühl' an der Bach kommen sie zu„sammen, machen ein Kreutz, setzen mit einander ins „andere Gebirg gegen Morgen. Darauf ist neben der „Mühle ein Stolln zwischen 6 und 5 Uhr auf einem „Flötz oder Steinscheide 26 Lachter getrieben. Alda „hat man einen Rußgang überkreuzt, ist das Rußstriff„lein 2 oder 3 Finger dicke, beweißt sich in der Probe „mit Silber, hat sein Streichen zwischen 2 und 3 „Uhr ꝛc.“

Nach diesen vorausgesetzten Anmerkungen will ich nunmehr den jetzigen Grubenbau selbst betrachten.

Gleich hinter Rothau erhebt sich der Berg, den man Chenot de Rothau zu nennen pflegt; seine Oberfläche ist mittelmäßig steil, und sehr stark, vorzüglich nahe am Fuß des Berges, mit Eichen und Buchen, höher aber mit den schönsten Tannen bewachsen. Seine Bergart bestehet aus Granit, und aus den aus verschiedenen Mischungen seiner Bestandtheile zusammen gesetzten Felsarten. Dieser Berg schließt auf beyden Seiten an zwey sanfte Nebenthäler an, in oder neben welchen die in diesem Berg sich befindenden Eisengänge am weitsten ins Feld setzen, und auch am mächtigsten sind; da hingegen die Gänge und Trümmer, so auf den von diesen Schluchten oder vielmehr dem Haupt- oder Bruschthal zu laufenden Nebenthälern entfernten Stellen, in Menge zu Tage ausstreichen, aber sehr selten in die Tiefe und ins Feld setzen, und meistens sich kaum auf etliche Lachter erstrecken, sich auskeilen, und also nur Rasenläufer sind.

Der Husarengang, welcher ein Hauptgang dieses Berges ist, befindet sich in der Nähe des untersten dieser Nebenthäler, in welchem die Rothaine ihren Lauf hat, und das Neuwillerthal könnte benannt werden. Er streicht in der Stunde $4\frac{4}{8}$ Mitternacht fort, und setzt, wie man es aus den vorliegenden Arbeiten ersehen kann, durch dieses Nebenthal in den gegenüber gelegenen, der Schirmeker Gemeinde zuständigen Bannwalderberg, welcher dem Bischof von Straßburg zugehöret.

Dieser Gang ist 3 Fuß mächtig, ist aber nicht ganz edel, indem seine Erze in der Mitte durch ein rauhes jaspisartiges Gebirg zertheilt sind. Auf dem Hangenden bricht ein blauröthlicher etwas schiefrichter Eisenstein; auf dem Liegenden aber ein schwarzer ebenfals schiefrichter Eisenstein, dessen Nebengestein aus Granit bestehet. Es befindet sich zwischen dem Erz und dem Quergestein im Hangenden noch eine Gattung schlechter aschenfarbiger Schmirgel, den die Rothauer Bergleute den Namen Minette beygelegt haben. Da man diese Minette stehen läßt und den Gang nicht bis zu dem Quergestein des Hangenden weghauet, so ist mir dieses Quergestein zwar nicht bekannt, aber aller Wahrscheinlichkeit nach bestehet es auch aus Granit. Ueberhaupt nennt der Bergmann in Rothau Minette, ein armes Erz, das aus einem Gemenge von Quergestein und Eisen bestehet. — Im Steinthal ziehet gemeiniglich die Minette die Magnetnadel an; öfters scheint sie ein bloßer Uebergang des Quergesteins in ein schlechtes Eisenerz zu seyn, und ist auch vielmal von dem Eisenstein selbst sehr wenig unterschieden.

Mehrere Gattungen dieser Steinthaler Minette sind, wie oben gesagt worden, Schmirgelarten, die man zum Schleifen und Poliren benutzen könnte.

Man hat vor alten Zeiten diesen Gang durch ein Hauptgesenke oder den so genannten Husarenschacht bearbeitet, dessen eigentliche Teufe mir unbekannt ist, weil er mit Bergen beynahe angefüllt war, als ich das Werk befuhr. Ich habe vor etlichen Jahren einen Querschlag nach diesen Gang vom Tage hinein treiben lassen,

lassen, mit welchen man ihn im 65ten Lachter *) erschroten hat. Jetzt verfolgt man diesen Gang mit einem aufsteigenden Ort, den verschiedene Stroßen nachfolgen.

Da das Gesenke kaum 17 bis 18 Lachter von der Stelle wo man den Gang erschroten hat, entfernt ist, und man schon zehn Lachtern lang das Erz abgebauet hat, so wird diese Arbeit bald mit dem Gesenke durchschlägig werden. Ohngefehr 600 Lachter von eben beschriebener Husarengrube hat man, so wie es scheint, auf dem nämlichen Gang Baue angelegt. Hier, wo sich der Gang schon etwas von dem vördern Nebenthal entfernt hat, zertheilt er sich, jedoch nur nahe am Tage, in drey Trümmer. Diese vereinigen sich wiederum in einem Schachte, welcher sechs Lachter tief ist. Auf der Sohle dieses Schachts ist der Gang 4 bis 5 Fuß mächtig, bestehet aber mehrentheils aus Kieß und blauen jaspisartigen Schiefer. Am Hangenden hat es 8 bis 10 Zoll mächtig schönes Erz, welches so wohl als das Liegende und Hangende, wie auch das Streichen des Ganges, mit selbigen des Husarenschachts einerley ist.

Auf der vördern Seite des nämlichen Bergrükkens ist nur noch eine einzige Grube, in welcher man ein wenig ins Feld fortgegangen ist. Sie liegt auf dem Punkte, welchen die Einwohner mit dem Namen Coutell oder Cotelle belegt haben. Um auf diesen Gang zu kommen, hat man gegen Mittag einen 26

 Lachter

*) Unter dem Namen des Lachters verstehe ich in dieser ganzen Abhandlung 6 Fuß Pariser Maaß.

lachter langen Querschlag vom Tage hinein getrieben. Das Gestein in diesem Querschlage bestehet durchaus aus rauhem Schiefergebirg. Man hat mit dieser Arbeit zwey Trümmer entdeckt, davon dasselbe, welches in den Chenot hinein zieht, mehrentheils taub ist und aus Minette und Schiefer bestehet. Das andere gegen die Cotelle zu, ist achtzehn Zoll mächtig, und führet gutes Erz. Das Hangende ist geschmeidiger Schiefer, das Liegende aber ist mit mächtigen Schmirgel bedeckt, den man noch nicht durchbrochen, und folglich das wahre Liegende noch nicht untersucht hat. Zwischen dieser Minette ist etwas Eisenstein zu sehen, daher ist sie etwas reicher an Eisen, übrigens aber doch von der gewöhnlichen Beschaffenheit.

In der Grube hat man Mühe, mit dem Auge diese Erze von dem tauben Gebirge zu unterscheiden, man kennt sie aber leicht mit dem Stufeisen; denn der Schiefer schlägt sich weiß, das Erz aber röthlich. Jede Grube hat eine Scheidebank oder Scheidehütte, allwo das zu Tag ausgeförderte Erz von den Bergen geschieden und von da ungeröstet auf die Hütte geliefert wird. Dem Bergmann wird für den Kübel *) dieser Erze drey Livres funfzehn Sols bis 4 Livres bezahlt.

Man hat eine große Anzahl Rasenläufer in der Mitte auch bis an den Gipfel des Chenot, auf den von beyden Nebenthälern am meisten entfernten Punkten gefunden. Die Bergleute gehen demselben wie Maulwürfe

*) Der Kübel oder das Meßerz wiegt 750 Pfund im Durchschnitt.

würfe einige Wochen lang nach, und müssen ihre Arbeit auf einmal verlassen, indem der Eisenstein sich plötzlich auskeilt. Hin und wieder sind diese Erze gleich unter der Dammerde drusigt, mit Quarz und mit Kies *) vermengt; letzterer ist gemeiniglich verwittert und in rothen Eisenocher übergegangen. Nähert man sich dem zweyten Nebenthale, Minguette, längst dem sanften Abhang des Chenots, so trift man wieder Lagerstätte an, die weiter ins Feld setzen.

Man kömmt zuerst an die Arbeiten auf dem Chenot de Minguette, allwo der zweyte Hauptgang dieses Bergrückens streicht. Er theilt sich in vier parallellaufende Trümmer, welche alle viere edel, aber auch alle mit Kies untermengt sind, und davon nur zwey betrieben werden. Rechter Hand, ohngefähr tausend Lachter von Minguette, ist ein Schacht 14 Lachter tief, worinnen ein Ort zehen Lachter lang ausgelängt ist. Die Erze sind von brauner Farbe, mit Sand und gelben Letten vermengt; das Hangende und Liegende bestehet aus milden Granit, den die Bergleute der Grafschaft, Sandstein zu nennen pflegen; er ist aber viel milder nahe beym Gange als weiter von ihm, und die Glimmertheilchen sind kaum noch darinnen zu sehen.

Das zweyte Trumm wird durch einen angefangenen Stolln betrieben. Es ist ohnfähr 2 Schuh mächtig, aber die Erze sind daselbst nicht anhaltend; die Alten haben diese Arbeit mit einem Stolln etwas höher über-

*) Es ist hier durchaus vom Schwefelkies die Rede.

überfahren, und daselbst sechs kleine Gesenke abgeteuft, sie haben aber niemals die tauben Mittel durchbrochen. Wird der jetzo angefangene Stolln fortgetrieben, so werden alle Mittel durchsunken, und kann daselbst vieles Erz gewonnen werden. Der Gang hat hier auf beyden Seiten schöne Ablösungen. Das wahre Hangende ist milder und zum Theil weicher Granit, den man kaum dafür erkennen könnte und würde, wenn das Quergestein nicht ganz daraus bestünde. Es ist aber dieses Hangende öfters mit rother Minette überzogen, so daß es selten zum Vorschein kommt. Das Liegende bestehet aus einem feinen Gemenge von Quarz und Feldspath, das ziemlich fest, und dessen Körner nahe am Gang schier unsichtbar werden. Die Erze sind röthlich und schiefricht, und haben das nämliche Streichen wie alle Trümmer im Chenot.

Ich schreite nunmehr zu den Gruben, die in der Minguetteschlucht oder in dem zweyten Nebenthal gelegen sind. Die Schlucht zieht sich zwischen zwey sanften Abhängen von Mitternacht gegen Mittag den Berg hinauf, ohngefähr in der Stunde $1\frac{4}{8}$, und sie selbst wird erst gegen den obern Bergrücken etwas steil.

Hier hat man einen Stolln getrieben, dessen Feldort hundert und vierzig Lachter vom Tage anjetzo entfernt ist. Ohngefähr 34 Lachter vom Tage hinein hat man einen Gang erbrochen, der beynahe parallel mit der Schlucht streicht und sein Fallen gegen Abend hat. Es brach darauf brauner und schwarzer drusigter Eisenstein,

senstein, auf den man ein Gesenke $4\frac{1}{2}$ Lachter tief abgeteuft, und in welchem man sehr viel Erz gewonnen hat.

Ohngefähr acht Lachter weiter ins Feld, hat man ein zweytes Gesenke von der nämlichen Teufe niedergebracht. In der Stollenfirst ist der Gang im Hangenden verschwunden; im Liegenden aber und zwar auf der Sohle, siehet man ihn noch. Es hat hier schwarzes Erz mit Glaskopf und Stuffen weißes Sanderz gebrochen, von der nämlichen Art, die in dem 6ten Bande der Schriften der Gesellschaft Seite 366. beschrieben sind.

Man hat auch in der First des Stollens aus einem Nest schwarzen Eisen-Mulm und schwarze glimmerichte Erze gewonnen. Uebrigens ist der Stolln bis auf den Gang nicht in der nämlichen Stunde, wegen des festen Gesteins, fortgetrieben worden; man ist mit demselben in gebrochener Linie fortgegangen, und hat den Hauptgang erst in dem 112ten Lachter mit dem Stolln erschroten. Auf diesen Gang hat man mit Strecken gegen Südost und Nordwest ausgelängt. Auf der erstern dieser Strecken gegen dem Chenot zu, haben die Erze nur vier Lachter lang und 10 Fuß hoch über die Stollnsohle angehalten, wo dann ein faules seifenartiges Gebirg die Erze, die hier nicht kiesig und zwey Schuh mächtig waren, ganz abgeschnitten hat. Der Gang, der noch über vier Lachter verfolgt worden ist, ist noch sehr regelmäßig; sein Hangendes und Liegendes ist ein weißer Letten. Es ist zu vermuthen, daß wenn man dieses Ort forttriebe, man bald wieder Erz

mit

mit ihm erbrechen würde: denn so viel ich bemerkt habe, bleiben die Eisengänge, wenn sie von der Beschaffenheit der Unsrigen diesen Namen verdienen, das aber nicht oft geschehen kann, gewöhnlich nicht weit unedel. Man hat in dieser Strecke vier Lachter vom Anhau des Ganges auf einen Zoll derbes Erz, dessen Mächtigkeit sich aber bald zu zwey Fuß erhoben hat, in der Länge von 4 Lachtern 18 Fuß tief niedergebaut; aus welcher Arbeit mit zwey Handpumpen die Wasser gehoben wurden, welche aber so stark sind, daß man sie endlich hierdurch nicht mehr gewältigen kann. Die Erze stehen auf der Sohle vier Fuß mächtig an, sie sind blau, stahlderb und etwas glimmricht. Mit der Strecke, die Nordwest und zwar gegen Remiamote geht, ist man dem Gang 30 Lachter auf der nämlichen Sohle nachgefahren; in welcher Distanz er beständig sein Streichen und Fallen behalten hat, nebst seinen Ablösungen oder Saalbändern. Man hat alda einen Stroßenbau angefangen, der ohngefähr 50 Schuh in die Höhe gebracht ist. Auf den verschiedenen Endpunkten dieser Stroßen sind Feldörter angesetzt worden, davon das obere 30 Lachter lang fortgesetzt ist, das untere aber ist wider meinen Willen eingestellt worden; die Erze stehen 3 Schuh mächtig an, sie sind aber allzukiesigt und sogar sind sie manchmal derber Kies. Würde dieses Ort ohngefähr noch 20 Lachter fortgetrieben, so würde man ohne Zweifel wieder schöne Erze erbrechen, weil alda noch 2 Schachte vorliegen, wo die Erze in der Sohle 18 Zoll mächtig anstehen. Hier ist das sichtbare Hangende Minette und auch zum Theil fauler Schiefer, im Liegenden aber

findet

findet man bisweilen ganz derben Quarz, gemeiniglich aber Granit, auch hin und wieder mit braunen Hornstein vermengt. Leicht ist es, einen Stolln fünf Lachter tiefer als die eben genannten Baue anzulegen, durch welchen alle diese Arbeiten von ihrem Wasser befreiet werden. Ich hätte gewünscht, daß man das Hauptstollnfeldort in der Stunde, nach der man den Hauptgang überfahren hat, fortgetrieben hätte, weil man damit verschiedene Gänge welche dem Thal zufallen, in der Teufe durchschnitten und untersucht hätte; insonderheit die von der obern Bacpre, von Remiamote und vom Spalzberg, worauf schon zu Tage viele Schürfe geöfnet worden, von welchen besonders reiche Erze auf die Hütte geliefert worden sind, und von welchen bald die Rede seyn wird. Das Erz ist hier sehr derb röthlich, auch blau und stahlmäßig mit metallischem Glanz; die Erze stehen noch mächtig in allen Gesenken an, sie haben aufs wenigste 18 Zoll, und schienen, als man die Arbeit verlassen mußte, in der Teufe ergiebiger zu seyn, und sich daselbst mehr zu veredlen.

Meine Anmerkungen über den ersten Brief des Herrn von Trebra pag. 5 — 9, beziehen sich auf die Gruben, die ich eben beschrieben habe. Der Kübel dieser geschiedenen Erze wird den Bergleuten mit vier Livres bezahlt.

Steigt man über die westliche Seite des Nebenthals Minguette hinauf, so kommt man zu dem Gebirgsabhang, den man Remiamote nennt, in welchem verschiedene Eisengruben sich befinden. Die Erze sind alda meistens stahlderb, bläulicht mit metallischem Glanz,

Glänz, hin und wieder mit Feldspath und mit etwas Quarz vermengt. Der Hauptgang in Remiamote streicht durch den Bergrücken gegen Minguette zu, und ist vermuthlich der dortige Kiesgang. Man bearbeitet ihn durch einen Stolln, der 48 Lachter lang ist, in welchem er ebenfalls wie zu Minguette streicht. Vor Ort stunden die Erze nur 6 bis 8 Zoll mächtig an, in der Stollnsohle aber sah ich sie an verschiedenen Orten 18 Schuh mächtig, und setzen in den angefangenen Gesenken nieder. Dieser reiche Gang verflächt sich gar zu stark, und schließt öfters kiesführende Mittel ein. Das Hangende besteht aus einem Gemenge von Quarz und Feldspath, und vielem Kies; das Liegende aber besteht bald aus Granit, der mit Minette und Kies gemischt ist, bald ist es dem Hangenden ähnlich.

Von diesem Stolln, ohngefähr 500 Lachter hinunter, ist auf dem nämlichen Gang ein zweyter Stolln getrieben worden, der 25 Lachter lang ist. Es fallen hier auch wie oben Mittel vor, wo derbe Kiese, und zwar in dieser Gegend, außerordentlich bis 6 Schuh mächtig brechen, hinter welchen Mitteln, wenn sie durchgebrochen werden, sich der Gang gemeiniglich wieder stärker anlegt. Im Hangenden findet sich hier weißer Letten, und mildes oder verändertes Granitgebirg, im Liegenden aber habe ich Quarz und Kies, zuweilen auch wahren Granit angetroffen.

Der Kübel Erz von diesen Gruben, wird den Bergleuten zu 4 Livres 10 Sols bezahlt.

Auf

Auf der ganzen Gebirgsseite von Riamote siehet man Auswürfe oder Geschiebe von Eisenerzen, desgleichen alte Halden bis vorwärts gegen Mitternacht, wo der Berg sich der Brüsch oder dem Hauptthale nähert. Die Alten hatten so gar fast am Fuß des Bergs verschiedene Arbeiten angefangen, davon ich die eine im Chaudronpré etliche sechzig Lachter im Gedinge habe forttreiben lassen. Ich wollte aus dieser Arbeit einen tiefen Stolln treiben, der die Minguetter- und Riamottergänge überfahren hätte. Man hätte mit ihm alle diese Baue gelöst, und ihnen die Wasser in einer Teufe, die fast die Hälfte der ganzen Höhe des Berges beträgt, abgeführt, und das Gebirge in der Tiefe wo niemals ein wahrer Versuch gemacht worden ist, aufgeschlossen, und also den Bergbau verewigt. Man fand auch schon wirklich Spuren von Erzen daselbst: allein in meiner Abwesenheit wurden die gemeinen Bergleute bald müde auf Quergestein zu arbeiten; und da sie nicht gewohnt waren, wenn sie für sich arbeiten, auf ihre Rechnung Baue anzulegen, da wo sie nicht den Gang in der Nähe vermuthen oder wirklich auf ihn selbst auffahren konnten, und überdies den Nutzen einer solchen Hauptarbeit nicht einzusehen vermögend waren, so benahmen sie dem Beamten meines Vaters alle Hofnung, mit diesem Stolln jemals Gänge zu überfahren: die Arbeit wurde also verlassen. Das Stollnmundloch ließ man zusammen brechen, und jezo würde es vielleicht sehr viel kosten, diesen Stolln wieder aufzumachen.

Auf der Höhe nahe am Fuhrweg sind verschiedene Halden, davon die Gruben seit wenigen Jahren stehen geblie-

geblieben sind. Der Eisenstein daselbst war schwarzbraun drusigt, auch hin und wieder ganz schwarz, stahlderb mit metallischem Glanz; er brach am Hangenden und Liegenden eines zwey Schuh mächtigen Ganges, mit schönen Saalbändern und derben Kies in der Mitte des Gangs, welcher letztrer verursacht hat, daß man diese Arbeiten verlassen hat. Die Gangart war hier ein gelber Quarzartiger und kiesigter Schiefer. Dieser Gang fällt so wie alle übrigen Gänge in Remiamote gegen Mitternacht, folglich recht sinnig, und hat ein Streichen in der Stunde sechse.

Ich kehre nun wieder zu den hintersten Gruben in Remiamote und zu denen am nächsten dabey gelegenen Werken in Bacpré zurück.

Im Bacpré sind drey Arbeiten; sie bestehen in den untersten, mittlern und obern Stölln, die alle auf den nämlichen Gang der in der Stunde 6. streicht, getrieben sind. Die zwey obern Stölln sind auch in dieser Stunde getrieben, aber der unterste ist etwas winklicht, und man hat erst im 10ten Lachter mit ihm den Gang erschroten. Die Eisenerze sind roth von Farbe und haben vor dem Stollort 4 bis 6 Zoll Mächtigkeit; da hingegen sie auf den Stroßen 12 Zoll mächtig sind: welches Hofnung macht, daß wenn das Feldort fortgetrieben würde, sich die Erze mächtiger anlegen würden. Dieser unterste Stolln ist 40 Lachter lang; sein Hangendes bestehet aus rother Minette und wilden Schiefer, das Liegende aber aus einem feinen Gemenge von Quarz und Feldspath.

Die mittlere Stolln ist 58 Lachter lang. Vor Ort steht das Erz 10 bis 12 Zoll mächtig ganz rein oder derb an, und auf den hier befindlichen drey Stroßen, sind die Erze eben so rein und 18 Zoll mächtig, aber der Gang verflächt sich hier sehr stark; die Erze und das Liegende sind dabey so feste, daß es sehr schwer ist, ein Loch darin zu bohren. Für ein Bohrloch von 12 Zoll werden 15 bis 18 Bohrer erfordert. Die Erze bestehen in blauen stahlderben Eisenstein. Das Hangende ist blauer jaspisartiger Schiefer, und das Liegende Quarz mit festem, aber doch sehr kleinkörnichtem Granit.

Der obere Stolln ist erst kürzlich angefangen worden, und hat 6 Lachter Länge auf dem Gange selbst; die Erze sind eben so reich als in dem vorigen, und sind vor Ort 12 Zoll mächtig, aber sie sind nicht so sehr fest. Das Hangende und Liegende ist jaspisartiger Schiefer von mittelmäßiger Härte.

Die drey Stölln sind ohngefähr 400 Lachter einer von dem andern entfernt.

Man hatte auf der entgegengesetzten Seite dieses Bergs im Rougelordon einen Stolln angefangen, der von einem Obersteiger recht gut angegeben war, um diesen Gang noch tiefer zu bebauen; allein diese Arbeit ist ebenfalls in meiner Abwesenheit verlassen worden. Der Kübel Erz vom Bacpré wird den Bergleuten mit 5 Livres bezahlt.

Von den Gruben im Bacpré kommt man zu den Spatzbergerarbeiten, alwo man durch einen 30

Lachter langen Querschlag den Gang erschroten hat; auf welchem das Feldort 70 Lachter lang getrieben worden ist. Von da hat man noch ohngefähr 10 Lachter ein Ort im Liegenden fortgetrieben, wo viele reiche und drusige Erze gewonnen worden sind. Der Gang streicht vor dem Stollort noch fort, machet aber ein drey Fuß mächtiges taubes Mittel, welches aus Quarz, jaspisartigem Gestein und Kies bestehet, das man nicht hat durchbrechen lassen, daher diese Arbeit eingestellt und der untere Stolln 30 Fuß tiefer wieder angefangen worden ist, mit welchem man aber erst im 50sten Lachter den Gang überfahren hat, weil dieser Stolln mehr winklicht als der oberste getrieben ist. In den beyden Flügelörtern die man zur Rechten und zur Linken ausgelängt hat und deren jedes auf der Stollnsohle 4 Lachter fortgetrieben ist, stehen die Erze 8 bis 10 Zoll mächtig an, die Firsten aber sind ausgebauet. Doch ist Hofnung da, daß wenn man das obere und untere Feldort erlängte, man reiche und mächtige Erze antreffen würde. Das Stollnmundloch steht gegen Mittag und der Gang streicht gegen Abend in der Stunde 9. Das Hangende bestehet aus mürben groben Granit oder wohl gar aus Granitsand mit ein wenig aschfarbiger Minette vermengt. Das Liegende bestehet aus Quarz, Kies, jaspisartigem Schiefer, abwechselnd mit groben Granit. Der Kübel Spatzberger Erz wird mit 4 Livres 10 Sols bezahlt.

In Fingoutte, nahe beym Bacpré, hat man neulich einen alten Stolln aufgewältigt, in welchem man im 16ten Lachter das Feldort erreicht hat. Vor

Ort

Ort war der Gang zwey Fuß mächtig, bestand aber mehrentheils aus Quarz, Minette und Granitsandgebirg. Auf dem Liegenden hat es zwar noch vier Zoll reines Erz, da aber dieses die Kosten nicht austrägt, so wird das Feldort nicht fortgetrieben, sondern man nimmt nur die Bergfesten und Ueberbleibsel der Alten weg. Es ist der nemliche Gang, der in Bacpré bearbeitet wird; er hat das nemliche Streichen, die Erze und das Liegende sind wie in dem daselbst befindlichen untersten Stolln, nur das Hangende ist hier geschneidiger Granit oder Granitsandgebirg.

Ohngefähr 30 Lachter von diesem Stolln, theilt sich der Gang in zwey Trümmer, wie aus den alten Halden zu sehen ist. Bey jetzigem Betrieb ist aber hierauf noch kein Versuch geschehen, wiewohl der Gang bis in den Solbacher Wald streicht, bis an welchen Ort er überall mit Schürfen entblößt worden ist.

In dem Nebenthal, welches weiter gegen Abend hinauf dem Minguetter parallel läuft, und den Namen St. Nicolaus führt, sind vor diesem verschiedene Arbeiten getrieben worden, davon die Erze sehr reich waren. Die eine Arbeit war in der Pierre taillée gegen St. Nicolaus hinüber, allwo verschiedene Stollen und Schächte angelegt waren, die aber sämtlich Anno 1785 eingestellt worden sind, obgleich mit wenigen Kosten, so viel ich mich erinnere, diese Arbeiten hätten können erhalten werden. Man hat hierauf in der Nachbarschaft einen Stolln 42 Lachter lang auf einen Hauptgang fortgetrieben, mit welchem man in den ersten 13 Lachtern ein kleines Trumm blauer Erze überfahren hat, das sich aber so wohl vor Ort als in der Firste ganz auskeilete. Vier Lachter weiter fort traf man den Hauptgang, den ich noch in Betrieb fand, und der ein hofnungsvolles Ansehen hatte. Vor dem Stollort und auf der ersten Stroße war er 18 Zoll mächtig, und fiel beynahe seiger, und hatte sein Streichen gegen Abend in der Stunde 9. Das Hangende war sandiger Granit, und das Liegende Quarz und röthlicher Feldspath. Der Eisenstein war röthlichbraun, und es wurde der Kübel mit 5 Livres bezahlt.

Von St. Nicolaus weiter herunter in der Schlucht im Winkler, waren ehedessen Gruben betrieben worden n einem Gemenge von festem Quarz und Feldspath, allwo die Glimmertheilchen des vom Gange mehr entfernten Quergesteins nicht mehr zu sehen waren. Der Eisenstein war hier blau, stahlderb, und sehr reich, aber das Gestein zu wild, als daß man große Hofnung auf anhaltende Gänge hätte fassen können. Man hatte nahe am Tage 12 bis 18 Zoll mächtige Erze, die sich aber bald verminderten und gar auskeilten. Der Kübel von diesen Erzen wurde mit 4 Livres 10 Sols bezahlt.

Alle die Gruben, von welchen bis jetzt die Rede gewesen, sind ohngefähr eine halbe oder kaum $\frac{3}{4}$ Stunde von Rothau entfernt, und auch meistens im Rothauer Bann gelegen; ob nun wohl die andern Dorfschaften dieser Grafschaft nicht so reichlich mit Eisengängen versehen sind, so findet man doch welche daselbst, die einige Aufmerksamkeit verdienen.

Zu Waldersbach, in dem Dorfe selbst, streicht ein Hauptgang, auf welchem man ehedessen die besondere Gattung Erz gewonnen hat, die ich in dem 6ten Band der Schriften der Gesellschaft am angeführten Ort beschrieben habe, und die Herr Schreiber untersucht hat. Ein gemeiner Bauer in Waldersbach hatte im Dorfe einen 50 Lachter langen Querschlag nach diesen Gang getrieben, und damit 18 Zoll Erz erschroten. Das Erz war gelb und schwarzbraun, sehr mit Eisenocher umhüllt, und brach in einem sandigen Gebirge. Auf beiden Seiten ist man mehrere Lachter dem Gang nachgefahren, und man hat zur rechten Hand ein Gesenk unternommen, wo die Wasser mit Menschenhänden nicht zu halten waren. Ich gab diesem Mann die Anweisung, einen tiefen Stollen, ohngefähr 10 Lachter seiger tiefer, und zwar nahe bey der allda gelegenen Mühle, anzufangen, der, im Fall sich das Fallen des Ganges nicht veränderte, im hundert und 12ten Lachter ihn hätte treffen sollen. Dieser Stollen war zu Ausgang 1785, 105 Lachter, 4 Fuß weit, nach aller Wahrscheinlichkeit nur noch 6 bis 7 Lachter vom Gang entfernt. Die Arbeit ist, so viel mir bewußt, eingestellt worden, da sie doch nach allem Vermuthen eine anhaltende und reiche Grube versprach; es müßte aber über der Kirche ein Schacht niedergesunken werden, um so wohl dem Wettermangel vorzubeugen, als die Sicherheit der Bergleute herzustellen, weil diese Grube allezeit des faulen Gebirgs und der starken Wasser wegen gefährlich bleiben wird.

Der Gang streicht in dem Punkte, wo er jezt betrieben wird, in der Stunde 3; welches Streichen er aber nicht behält, weil jedes vorfallende feste Mittel

 ihn

verwirft und auch sein Fallen verändert. Vor dem Stollort hatte man zu Ende des 1785ten Jahres festes Sandgebirg mit sehr starken Wassern. Man sieht aus den oben angeführten Urkunden, daß die Alten schon einen tiefen Stolln hier angerathen hatten, und obwohl das Streichen des Ganges von ihnen in der Stunde 12 angegeben ist, so kann man doch nicht zweifeln, daß es nicht der nemliche sey. Die Ursache dieser Veränderung habe ich so eben angezeigt; denn es ist hier nicht die Rede von einem Hauptstreichen, sondern nur von einem Localstreichen.

Geht man von Waldersbach nach Schöneberg oder Belmont hinauf, so findet man auch Spuren von Eisengängen, und zwar ziemlich nahe bey dem Dorfe, ohngefähr hundert Schritte vom Wege, der von Rothau nach Schöneberg geht. Ein sehr fester Granit ist hier so zu sagen die einzige Gebirgsart; ich habe in ihm die Spuhr eines Ganges etliche Lachter lang auf derben den Magnet ziehenden Eisenglanz, neben andern sehr armen gelben und braunen Eisensteinen verfolgen lassen. Das Gebirg ist nicht geschneidiger geworden, und das Erz hat sich verdrückt, daher man mit Recht diese Arbeit hat stehen lassen. Von den in den alten Berichten gedachten Silbergängen habe ich keine Spuhr mehr bey Schöneberg auffinden können.

In dem Wildersbacherbau, in einem kleinen Thal, welches in dem vördern Nebenthal der Rothaue seine Oefnung hat, und auf dessen Gebirgsabhängen, welche auch bloß aus wildem Granit oder auch nur aus

zwey

zwey seiner innigst vermischten Bestandtheilen bestehen, finden sich verschiedene Trümmer, auf welchen man am Tage die derbsten blauen metallartigen Eisensteine findet, und zwar ohne Ablösungen und sehr mit Quergestein vermengt. Sie sind gewöhnlich nur 2 bis 3 Zoll dick, zuweilen werden sie aber auch einen Fuß mächtig, und die mehrsten dieser Trümmer streichen in der Stunde sechse. Hin und wieder findet man doch Minette und sandigen Granit an den Wänden oder an dem Nebengestein des Erzlages, und auf diesen Punkten scheinen die Gänge anhaltender und reicher zu seyn. Dieses war der Fall bey einer Grube, die man gegen der alten Schmelzhütte über, die in der Wildersbacher Kehle lag, geöfnet hatte. Man hatte sich des Daseyns des Ganges unter der Dammerde durch vier, ziemlich von einander entfernte Schürfe, versichert.

Der Gang strich in der Stunde $3\frac{4}{8}$ also anders als vorhergemeldete Trümmer. Da sein Nebengestein mild war, so war ich nicht ohne Hofnung, daß dieser Gang in die Teufe setzen würde, um so mehr, da er das nemliche Erz als die bemeldten Trümmer führte, so wie es auch in der That geschehen ist.

In dem nemlichen Bann entdekt man an verschiedenen Orten, besonders bey Hautpertheux, Spuhren von dem im angeführten Berichte beschriebenen Kupfergang, welcher zu Tage ausstreicht. Diese Spuhren findet man in der Stunde 6, und bey dem Dorf Neuwiller zeiget sich ebenfalls in dieser nemlichen Richtung das Ausstreichen verschiedener Kupferspuhren, obwohl ich nicht deswegen eigentlich versichern kann, daß sie von dem nemlichen oder Wildersbachergang herkommen. Man erschürfte diesen Gang auf der Wildersbacher Höhe an der nördlichen Seite dieser Kehle, indem man nach einem Eisengang Versuche machen wollte, welcher soglcich wieder bedeckt wurde.

Die Alten haben gegen dem mitternächtlichen Ende des Dorfs einen Schacht abgeteuft, wovon man noch die Ueberbleibsel einer Halde sehen kann. Man findet hier Quarz, Kupferpecherz, Kupfergrün, nebst Eisenglanz. Zu Neuwiller hat man auch die nemlichen Erze in einem Schacht angetroffen. Wenn man etwas unternehmen wollte, so könnte man unten am Berge, wo man geschürft hat, einen Querschlag hineintreiben, wodurch man in Stand gesetzt würde, diesen Gang zu untersuchen.

Es arbeiten im Steinthal ohngefähr 40 Mann auf den Gruben, sowohl Männer als junge Pursche, die zum Karrenlaufen und Scheiden dienen. Verschiedene andere Eisengruben liefern zwar der Rothauer Eisenschmiede Eisenstein, da sie aber aus dem Straßburger Bischöflichen, und aus denen der Stadt Straßburg zugehörigen Herrschaften herkommen, und also nicht in der Grafschaft Steinthal ihre Lagerstätte haben, so verweise ich deswegen den Leser an die Hauptbeschreibung der Elsassischen Bergwerke, die einen Theil der im zukünftigen Winter herauskommenden Fortsetzung meiner, als Königlichen Berg- und Hüttencommissarius, gethanen Reisen ausmachen wird.

Unter den vielen Eisengruben, die ich befahren habe, sind die im Steinthal noch zu denen, die am wenig-

wenigsten schlecht bebauet werden, zu zählen. Da sie meistens auf Anhöhen befindlich sind, so kann man mehrere Stöllen auf den nemlichen Gang unter oder über einander anlegen; und durch dieselben die Förderung mit dem Ungarischen Hunde sehr bequem verrichten. Das Gebirg ist gemeiniglich fest, wo es aber faul ist, wird der Bau so gar hin und wieder mit zu dichter Zimmerung versehen, weil das Holz den Bergleuten aus den Herrschaftlichen Wäldern dazu geliefert wird. Da aber das Holz immer theurer wird, indem man es bequem durch die Brüsch in die Ebene flößen kann, so wird man bald gedrungen werden, die nützliche Grubenmaurung einzuführen.

Das Eisenerz ist noch zu gemein, und der Eisenpreis zu niedrig, als daß man hoffen könnte, auf Eisengängen einen regelmäßigen Bergbau anzutreffen. Sobald die Anbrüche aufhören, bleiben auch die Oerter stehen, und weil man kein taubes Mittel durchbrechen will, kömmt man sehr selten weit ins Feld hinein; vielweniger erreicht man eine große Seigerteufe, denn die obenangeführten Ursachen widerstehen der Anlage gehöriger Hülfsmittel dazu.

Man kennt verschiedene Exempel, wo Eisengänge im Granit gefunden worden, mich deucht aber doch, daß es an keinem Orte so durchgängig und allgemein ist, als in dem Steinthal. Im Kalkgebirg trift man die meisten Eisensteine an, sie machen darin gemeiniglich große Nester und Stockwerke aus, selten aber findet man darin solche regelmäßige Gänge, wie etliche von denen, die ich hier beschrieben habe; sie sind aber auch,

 wo

wo man sie antrift, weit mächtiger im Kalkgebirge, als in unserm Granitgebirge, wo sie für Eisengänge durchaus sehr schmal sind.

Die so genannte Minette, die wirklich eine Gattung Schmirgel ist, kann man vielleicht hier als eine Mischung des nahe bey den Erz führenden Gängen veränderten Granits mit einer geringen Portion Eisensteins innigst verbunden ansehen, wobey der aus dem verwitterten Granit freygewordene Quarz eine Hauptrolle spielt. Es findet sich sehr feine Minette, aber auch grobkörnige, und in Rücksicht auf obige Bestandtheile wird man sich nicht verwundern, wenn ich sage, daß sie mit Stahl Feuer giebt, und das Glas ritzt.

Man weiß, daß überhaupt der Schmirgel sehr stark mit Glimmer vermischt ist; er findet sich gemeiniglich bey Felssteinen, Grünstein rc., und hat wahrscheinlich auch in entfernten Ländern den nemlichen Ursprung, den ich hier der Minette zumuthe.

Ich füge hier nur noch eine Beobachtung bey, die vielleicht einige Aufmerksamkeit verdienen dürfte. Sie betrift die außerordentliche Verschiedenheit, die in der Mischung und Gattung des Quergesteins in diesem einfachen Granitgebirg statt hat. Ich habe sie in der nemlichen Strecke im Hangenden und Liegenden und auf verschiedenen Sohlen des nemlichen Ganges in sehr kurzen Entfernungen bemerket.

XI. Be-

XI.

Beschreibung der lachenden Gans männlichen Geschlechts

von

D. Johann Julius Walbaum.

§. 1.

Es hat der Ritter von Linne zwey verschiedene Arten Gänse mit einem Namen, nemlich Anas erythropus benennet; indem er geglaubet, daß die eine das Männchen und die andere das Weibchen wäre. Diesen Irrthum hat schon Gunner a) und hernach Pennant b) bemerket. Da ich nun selbst die Gelegenheit gehabt, beyde Arten zu zergliedern; so habe ich gefunden, daß die Bemerkung richtig ist. Ich will daher mich bemühen, sie hier deutlich auseinander zu setzen.

§. 2.

Die Beschreibung, welche der Ritter von dem Weibchen der Gans, welche er erythropus oder Roth-

a) In den Anmerkungen zu *Leemii* Beskrivelse.

b) *British Zool.* II. n. 268.

Rothfuß c) nennet, gemacht hat, trift mehrentheils mit unsrer lachenden Gans überein. Dahingegen die Beschreibung des Männchen nur mit der Bernakelgans übereinstimmet. Ich vermuthe daher, daß der Ritter seine Beschreibungen nur nach der Abbildung des Rudbecks oder nach ausgestopften Häuten, und nicht nach lebendigen oder frisch getödteten Vögeln gemacht habe: sonst würde er diese beyde verschiedenen Arten Gänse, welche nur wegen der weißen Stirn einander ähnlich sind, nicht als Männchen und Weibchen mit einander vereiniget haben. Ich werde auch dadurch in meiner Vermuthung bestärket, weil er in seinem *Systemate naturae* den lateinischen Namen des Edwards von diesem Vogel als ein Synonymon so wol der gemeinen wilden Gans, als bey der lachenden Gans angeführet hat.

§. 3.

Man nennt diese Art Gänse auf deutsch, die gemeine Nordgans d), die lachende Gans e), die Polnische Gans f), die Canadische Gans mit braun gefleckten Federn g), den wilden Rothfuß h); auf Fran-

c) Anas *erythropus*, cinerea, fronte alba. (Foemina) Rostrum sordide carneum: frons sola alba. Caput, collum, dorsum cauda cinerea: maculae in sterno nigricantes, pedes sanguinei. *Fauna Suec.* p. 41.

d) Pallas Naturgesch. 6. Sammlung.

e) Seligmanns Sammlung verschiedener Vögel, 5 Theile. 48 Theile.

f) *Krameri Elenchus vegetabilium et animalium.* p. 339.

g) Müllers Linneisches Nat. Syst. 2 Th. 288 S.

h) *Onomatologia hist. natur.* I. 411.

Französisch, l'oye sauvage du nord i), l'oye moqueuse k); auf Englisch The laaghing Goose l), The white fronted Goose m); auf Schwedisch Fiaellgaos n); auf Norwegisch Finmarke Gaos o); auch Helsingegaas p), welcher Name auch der Bernakelgans von Olassen q) beygeleget wird. Es behauptet aber O. Fabricius r), daß dieser Name nicht der Bernakelgans, sonder der lachenden Gans allein zukomme. Zur Aufklärung dieser streitigen Sache will ich eine Stelle aus Leems Dänischer Beschreibung von den Finmarkischen Lappen hier anführen, wobey der Bischof Gunner in einer Anmerkung diese Gans kenntbar abgeschildert hat. In dem Texte steht folgendes:

„In Ost-Finmarken soll eine Art wilder Gänse „gefunden werden, welche kleiner und von anderer „Farbe sind, als die vorher beschriebene gemeine wilde „Gans. Sie sind braun auf dem Rücken, und unter „dem Bauche weiß mit schwarzen, viereckigen Flecken „bezeichnet. Sie haben überdem einen weißen Ring „um

i) *Brisson ornith.* in octavo II. 433.

k l) *Edwards av.* tab. 153.

m) *Pennant. Brit. Zool.* in fol. 150. et in octavo II. n. 268. tab. 94. n. 1.

n) *Fauna Suecica.*

o) *Knud Leems* Beskrivelse over Finmarkens Lapper p. 264.

p) *Clusii Exoticor.* p. 368. Debes Nat. Hist. der Inseln Färou. p. 127. Hammer Norsk Naturhistorie, 1 Deel. p. 27.

q) Reise durch Island. §. 88 und 666.

r) *Fauna Groenlandica.*

„um die Augen, einen braungelben Schnabel und „brandgelbe Füße." In der darunter gesetzten Anmerkung hat Gunner diese Gans noch weitläuftiger beschrieben: „Diese kleine Art Gänse, sagt er welche Finmarkische Gans genannt wird, ist viel kleiner, „als die allgemein bekannte wilde Gans, und so groß „als der Eidervogel: denn der Schnabel an der gemeinen wilden Gans ist noch einmal so groß und lang. „Ihre Stirn ist weiß, und diese Weiße gehet auch „weiter an den Seiten neben dem Grundtheile des „Oberkiefers herunter. Der Kopf und Hals sind „schwarzbraun, doch ist die Farbe oben auf dem „Kopfe fast ganz schwarz. Diese Schwärze gehet „auch herunter an den Seiten der weißen Stirn „und der weißen Federn, welche an dem Grundtheile des Oberkiefers sitzen. Auf den Backen „und dem untersten Theile ist die braune Farbe heller, „als an den andern angezeigten Stellen. Unten unter dem Bauche hat sie viele, große, schwarze Flecken, wovon man einige auch unter der Brust siehet. „Der Schnabel ist gelb und die Füße sind brandgelb. „Sie hat keine Gemeinschaft mit andern wilden Gänsen, und paaret sich auch nicht mit ihnen. Sie ist „ohne Zweifel die Anas, *erythropus* cinerea fronte alba. *Fn. Suec.* 116, und die Helsinggans des „Clusius und des Lucas Debes. Insonderheit ist „sie das Weibchen nach der Beschreibung, welche „Linne so wol von dem Männchen als Weibchen an „der angezeigten Stelle ausgeliefert hat." Brünniche führet in seinen *Ornith. boreal.* p. 13 n. 54 „eine „Abart der grauen wilden Gans an, welche eine ganz

„weiße

„weiße Stirn und schwarzfleckigten Bauch hat, und „aus Jütland kommen soll, die auch von einigen un„recht Trappgans benennet wird. Diese ist der Finmarkischen Gans sehr gleich. Doch da er nichts von „ihrer Größe saget; so ist es schwer, etwas Gewisses „davon zu bestimmen." s)

§. 4.

Die Gans, welche ich hier beschreibe, hat viele Aehnlichkeit mit einer grauen wilden Gans, ist aber kleiner und von ihr hauptsächlich darin unterschieden, daß sie einen rothgelblicht weißen kurzen Schnabel, eine weiße Stirn, durch einen schwarzen Streif abgesondert, einen braunen Rücken, einen weißen mit schwarzgefleckten Unterleib, und saffrangelbe Füße mit röthlichgreisen Nägeln hat.

§. 5.

Die Farbe überhaupt betrachtet, ist oben dunkelbraun mit greiß gewässert, gleicherweise auch an den Seiten, wo sie aber vorwärts mehr ins graue fällt und mit einer weißen Linie an dem Ende der großen Deck-

s) Die lateinischen Namen, welche ich bey den Schriftstellern davon gefunden habe, sind:

Anser, *ferus*, rostro semicylindrico, corpore supra cinereo subtus pallidiore, collo striato. Varietas V. *Lin. Syst.* nat.

Anser (*erythropus*) cinerea fronte alba (foemina) *Fn. Suec.*

Anseris feri varietas fronte alba, abdomine nigro maculato *Brunnich Orn.* 13.

Anser septentrionalis sylvestris. *Brisson.* l. c.

Anser Canadensis fuscus maculatus. *Edwards.* l. c.

Anser ferus stellatus, *Aldrovandi Orn.* lib. 19 p. 67.

Deckfedern getheilet wird; unten schmutzigweiß mit kohlschwarzen unregelmäßigen Federn bis an den Hinterleib schattiret; hinten rußschwarz, und am äußersten Ende, gleichwie auch an der Stirn, schneeweiß. Insbesondere ist der Schnabel am Grundtheile und Rande fleischfärbig, übrigens oben und unten gelblichweiß. Der Kopf hat verschiedene Farben, nemlich auf dem Huthe castanienbraun, an den Seiten und unten an der Kehle haselbraun, an der Schnippe, Stirne, und am Kinne schneeweiß, und hinter diesen eine kohlschwarze Binde, welche vor dem Scheitel, vor den Augen und hinter dem greisen Kinne wie ein Ring herumläuft, und die weiße Farbe von der braunen absondert. Die Farbe des Halses am Hintertheile kommt mit dem Huthe überein, und die am Vordertheile mit der Kehle. Der Vordertheil der Brust ist greiß mit hellen Haselbraun gewässert, und der Untertheil derselben oder der Unterleib weiß mit großen kohlschwarzen unregelmäßigen Feldern größtentheils verdunkelt. Der Schulterraum wird von castanienbraunen Federn mit einem greisen Rande bedeckt. Der Hintertheil des Rückens und Schwanz sind rußschwarz, auch mit einem weißen Rande eingefaßt. Der Steiß, Burzel und der Hinterleib weiß, der Unterleib scheckigt, so daß große schwarze und kleine weiße Felder mit einander abwechseln. Die Federn bey den hohlen Seiten und auf den Lenden haben eine haselbraune Fahne mit einem greisen Rande. Die Flügel haben auf der vordern Hälfte erst eine mäusegraue, darauf eine castanienbraune mit greisen Bogen untermengte Farbe, auf der hintern Hälfte erst eine graue breite Binde, alsdenn einen

einen schmalen weißen Streif, darauf eine schwarze breite Binde, und endlich einen grauen Rand. Die nackten Füße sind saffrangel b und die Nägel röthlich-greiß.

§. 6.

Die Bekleidung ist dick, und bestehet aus langen und dichten, grauen Duhnen und aus vielen krummen auf einander gedrückten Federn, welche ablang und von verschiedener Farbe sind. Sie haben theils eine abgestutzte und theils eine abgerundete Fahne, deren Schaft an der untern Hälfte mit dunichten Fasern, an der obern Hälfte aber mit geraden, gefiederten und zusammenhängende Fasern, welche aber an der borstenförmigen Spitze von einander fahren, an beiden Seiten besetzet ist.

§. 7.

Die äusserlichen Theile.

1) Der Kopf ist in Vergleichung mit dem Rumpfe nur klein, halb kreisförmig, zusammengedrückt, oben gewölbt, unten und an beyden Seiten fast platt; hat schwulstige Backen, und eine braune Farbe, welche auf dem Obertheile sehr dunkel, an dem Seiten aber und an der Kehle helle ist. Zwischen dem Scheitel und der weißen Stirn lieget ein kohlschwarzer Streif überzwerg, welcher wie ein Ring an den Seiten vor den Augen bis nach dem Kinn herunter steiget.

2) Der Schnabel ist ein wenig kürzer und viel niedriger als der Kopf, gerade ausgestreckt, von oben

fast halbkegelicht, mit einer blassen fleischfarbigen und hin und wieder gelblichten Haut überzogen.

3) Die Kiefer sind ungleich und treten in einander. Der Oberkiefer ist fast halb kegelicht am Grunde, wie ein Deckel des Sarges viereckigt und höher als breit, über den Nasenlöchern abgenuzt kielförmig, und bey den Nasenlöchern mit einer flachen Grube ausgehöhlet, von da bis an den Nagel gewölbt, an beyden Seiten mit einem erhabenen Rande umgeben, und endigt sich mit einem abgerundeten weißgelben buckeligten Nagel, welcher sich über das Ende des Unterkiefers neiget, und unter demselben etwas hervorstehet. Der Rand ist in der Richtung fast gerade, aber bey den Mundwinkeln etwas gebogen. Die inwendige Fläche ist röthlichweiß, niedrig ausgehöhlt, rauh wie eine Raspel, mit einer langen Ribbe in der Mitte getheilt und mit einem erhabenen gezähnten Rande umgeben. Der Unterkiefer ist gelblicht, schmaler und kürzer, auch viel niedriger als der Oberkiefer, gerade ausgestreckt, und bis an den Nagel in zwey Arme getheilet, hat an den Seiten eine lange, erhabene, fleischfarbige Ribbe und über derselben eine Rinne. Sein oberer Rand ist gerade und mit Zähnen besetzt. Er endiget sich mit einem gelblichvioletten, geraden, löffelförmigen, und auswärts buckelichten Nagel.

4) Die Zähne sind knochicht, aufgerichtet, mit einer zurückliegenden sägenartigen Spitze begabet, und sitzen dicht an einander. Diejenigen des Oberkiefers sind an der inwendigen Fläche des Randes, wie Ribben gleichsam ausgegraben, nehmen in der Länge allgemach

gemach zu, und ragen nur ein wenig mit ihren Spitzen, absonderlich bey den Mundwinkeln, hervor. An dem Unterkiefer sitzen sie oben auf dem Rande aufgerichtet, wie die Zähne an einem Kamme, nur die ersten ausgenommen, welche zurückgebogen sind und nach vorn sich neigen. Sie nehmen in der Länge zu und hernach wieder ab.

5) Die Zunge von mittelmäßiger Größe, und röthlichtweißer Farbe, ist fleischicht, bandförmig, vorn mit einem abgerundeten dünnen hornichten Blatte verlängert, an den Seiten verbrämt, oben fast glatt und mit einer langen Furche in der Mitte ausgehöhlet, unten gewölbt; hat hinten einen herzförmigen Höcker, und hinter demselben, so wie an dem Seitenrande harte, zurückstehende Spitzen oder kurze Stacheln.

6) Die Nasenlöcher sitzen hoch an der Mitte des Schnabels. Sie sind ablang, gerade gerichtet, mittelmäßig und stehen offen.

7) Die Schnippe t) ist weiß, kurz und in drey rundliche, fast gleiche Lappen abgetheilt.

8) Die Augen, welche hoch und fast in der Mitte doch etwas näher dem Grundtheile des Schnabels sitzen, sind mittelmäßig und kugelicht. Da sie bey dem Vogel, nach welchem die Beschreibung gemacht ist, schon trübe waren, so kann ich die Farbe derselben nicht genau bestimmen. Der runde Augenstern schien mir schwärzlicht und der Regenbogen hellbraun zu seyn.

t) Capistrum.

9) Der Hals ist lang und mit den Federn bis auf seine Hälfte so dick als der Kopf. Er hat am Hintertheile eine castanienbraune, an den Seiten- und Vordertheile eine haselbraune Farbe, welche gegen die Brust in eine greise sich verwandelt und mit haselbraunen wellenförmigen Strichen durchgezogen ist.

10) Der Rumpf ist schwer, länglichteyförmig, etwas niedergedrückt, am Rücken gerade, gewölbt, und hinterwärts rußschwarz, am Unterleibe u) niedrigbogicht, und mit den Federn gewölbt, weiß und schwarz gefleckt, gegen die hohlen Seiten aber castanienbraun mit greisen bogichten Linien unterbrochen, am Hinterleibe w) bogicht, aufsteigend und weiß.

11) Der Steiß x) hat einen weißen abgerundeten Umfang, und bedecket die Hälfte des Schwanzes. Auf der Mitte desselben liegen rußschwarze Federn mit einem weißen Rande.

12) Der Schwanz ist abgerundet, länger als breit, von mittelmäßiger Größe und rußschwarzer Farbe, die am äußersten Rande ins Weiße übergehet. Er bestehet aus 16 geraden, ablangen Ruderfedern, die meisten davon sind an dem auswendigen Barte rußschwarz, am inwendigen graulicht, und am Ende mit einem weißlichten Rande eingefaßt; nur die drey auswendigen ausgenommen, woran die Fahne größtentheils

u) Die Gegend über dem Brustbeine.

w) Abdomen molle.

x) Uropygium.

theils weiß und nur in der Mitte auf beyden Seiten des Schafts rußschwarz ist.

13) Der Burzel y), welcher weiß und spitz ist, erstrecket sich fast bis an das äußerste Ende des Schwanzes.

14) Die Füße, welche etwas länger als der Schwanz sind, sitzen bis an das obere Kinn frey und unter dem Schwerpunkte des Leibes. Sie haben vier Zehen und eine Hose hinten an den Lenden. Diese bestehet aus großen, zurückgekehrten, schlaffen und halbweißen Federn, welche an den Schenkeln sitzen, und nicht bis an das untere Knie reichen. Die Schienbeine sind fast bis an das untere Knie mit grauen angedrückten Federn bedeckt. Das untere Knie und die übrigen nackten Theile der Füße haben eine saffrangelbe, schuppichte Haut zu ihrer Bekleidung. Die Fußröhren sind zusammengedrückt, vorn und hinten stumpf, und halb so lang als die Schienbeine. Die drey vordern Zehen, worunter der mittelste die andern in der Dicke und Länge übertrift, werden durch eine ganze und schuppichte Schwimmhaut an einander verbunden. Die äußere bestehet aus fünf Gliedern, und ist etwas kürzer als die mittelste, welche nur vier Glieder hat. Die innere ist wieder kürzer als die äußere und aus drey Gliedern zusammen gesetzt, auch an dem auswendigen Rande mit einer linienförmigen Haut begabet. Die hintere Zehe hat zwey Glieder und eine linienförmige Schwimmhaut an seinem untern Rande. Sie sitzet hinter-

y) Crissum.

hinterwärts an dem Unterende der Fußröhre, und hänget frey über dem Grundtheile der innern Zehe herab.

15) Die Nägel, welche ablang, stumpf, etwas krumm, auswendig gewölbt und inwendig ausgehöhlet sind, ragen hervor. Sie haben an ihrem Grundtheile eine röthliche und am Ende eine gelblichgreise Farbe. Der mittelste übertrift die übrigen in der Größe und unterscheidet sich von ihnen dadurch, daß er sich nach der inwendigen Seite krümmet, und an der auswendigen einen hervorstehenden Rand hat.

16) Die Flügel in ihrer Lage betrachtet, gehen kreutzweis über den Schwanz und ragen mit ihren Spitzen über denselben hervor, auch werden die Schlagfedern von den Ellbogenschwingen auf dreyviertel bedecket. In der Ausbreitung sind sie dreymal so lang als breit, vorn und hinten spitzwinklicht. Die zehn Schlagfedern z) haben einen weißen Schaft; die 1. 2. 3. eine graue Fahne, mit einer rußschwarzen Spitze und die übrigen eine ganz rußschwarze Fahne. Die Schwingfedern a) 15 an der Zahl, sind abgeründet, bandförmig, gegen den Rumpf etwas gekrümmt, und haben an einem halb schwarzen und weißen Schaft, eine kohlschwarze Fahne; nur die beyden letzten davon ausgenommen, welche am Rande des auswendigen Bartes mit einer weißen Linie bezeichnet, und übrigens nur rußschwarz sind. Die 3 Ellbogenschwinger b) von

z) Remiges primores.

a) Remiges secundariae.

b) Remiges tertianae.

von zu- und abnehmender Länge, worin sie die Schwingfedern übertreffen, tragen eine lanzenförmige, stumpfe und schwarzbraune Fahne, welche auch am Rande des auswendigen Bartes mit einer weißen Linie gezieret ist. Die 7 Schwinger des Oberarms c), welche in der vordern Hälfte des hintern Segels d) stecken, sind kürzer als die vorhergehenden, und von zu und abnehmender Länge, bandförmig, abgerundet, grau und am Ende schwarzlicht. Neben diesen, nämlich an der hintern Hälfte des genannten Segels, sitzen die großen schwarzbraunen, abgerundeten Schulterfedern, welche zwar länger sind als die vorhergehenden, aber doch nicht bis an den Steiß reichen. Die darauf liegenden Deckfedern, wie auch diejenigen, welche auf dem Schulterraum e) sich befinden, haben eine castanienbraune Fahne mit einem greisen und haselbraunen Rande am Ende eingefasset. Die kleinen Deckfedern auf dem vordern Segel f), und diejenigen, welche die Hand auswendig bekleiden, sind aschgrau und am Rande mäusegrau; die mittlern auf dem Unterarme castanienbraun mit greiß gerändelt, und die untersten großen hellgrau mit weiß am Ende erleuchtet. Der kleine Nebenflügel, die Unterfläche des Flügels, sind asch-

c) Remiges quartanae.

d) Velum posticum, ist die Haut, welche von dem Elbogen bis an das Schulterblatt sich erstrecket, und im Fluge wie ein Segel ausgespannet wird.

e) Interscapulium.

f) Velum anterius ist die dreyeckigte Haut, welche von dem vordern Ende des Unterarms bis an die Schulter sich erstrecket.

aschgrau, gleicherweise auch der Unterflügel g), welcher aus 8 geraden, lanzenförmigen, stumpfen, zu- und abnehmenden Federn bestehet, so am Ende einen mäusegrauen Rand haben.

§. 8.

Von den inwendigen Theilen, welche mit den Eingeweiden einer Hausgans übereinkommen, habe ich nur die Geburtsglieder untersuchet, um zu erfahren, ob diese Gans, die ich vor mir hatte, ein Männchen oder Weibchen sey. Bey dem obersten Ende der Nieren habe ich ablange, weislichte Hoden, und über dem Ausgange des Mastdarms ein gewundenes, darmförmiges männliches Glied, so wie es bey den gemeinen Enten männliches Geschlechts beschaffen ist, gefunden. Woraus ganz deutlich zu ersehen ist, daß diese Gans kein Weibchen von der Bernakelgans seyn kann, wie der Ritter von Linne es vorgegeben hat.

§. 9.

Die Heimath dieser Gans, welche zu den Zugvögeln gehöret, ist der Ort, wo sie hecken. Dieses thun sie in Lappland, Island und andern nordlichen kalten Ländern; von da ziehen sie mit ihren Jungen am Ende des Herbstes weg, und begeben sich nach England, Pohlen und andern wärmern Provinzen von Europa und Amerika, und im Anfange des Frühlings fliegen sie wieder nach ihrem Geburtsorte. Die Gans, nach welcher diese Beschreibung gemacht ist, wurde mir

g) Ala subbrachialis, oder Ala nota inferior *Willugby*.

mir im Anfange des Märzes 1784, samt einer grauen wilden Gans gebracht, da sie hier beyde von einem Jäger bey ihrem Durchzuge zu gleicher Zeit geschossen waren. Nach Pennants Berichte thun diese Art Gänse auf den Kornfeldern keinen Schaden, wie die gemeinen wilden Gänse, sondern sie suchen nur ihr Futter in dem Marschlande oder auf sumpfichten Wiesen.

§. 10.

Ihr Fleisch ist eßbar. Einige halten es für eine leckerhafte Speise, ob es gleich trocken ist, wenn es gebraten wird. Doch durch die Kochkunst kann man schlechte Speisen zu Leckerbissen machen. Die Federn und Dunen sind sehr weich und zu Betten anzuwenden.

§. 11.

Die Ausmessung.

	Fuß	Zoll	Linien.
Die Länge von dem äußersten Ende des Oberkiefers bis zum Ende des Schwanzes	2	2	0
— bis zum Ende der ausgestreckten Füße	2	2	6
— bis zu dem Schmeerbalge	1	8	9
— bis an das äußerste Ende des Unterkiefers	0	0	1½
— bis zum Anfange der Nasenlöcher	0	0	11
— bis zum Ende derselben	0	1	2
— bis zum Mundwinkel	0	1	10
— bis zu der Schnippe	0	1	9
— bis zur Stirn	0	1	11

	Fus	Zoll	Linien.
Die Länge von dem äußersten Ende des Oberkiefers bis zum Genicke	0	3	11
— bis zur Mitte der Augen	0	2	8
— bis zu den Schultern	1	0	6
— bis zum Anfange des Brustbeins	1	0	3
— bis zum Ende desselben	1	5	1
— bis zu den Pfannen der Schenkel	1	4	4
Länge der Füße	1	0	0
— des Schenkels	0	3	0
— des Schienbeins	0	4	8
— der Fußröhre	0	2	4
— der mittelste Zehe samt den Nagel	0	2	11
— der auswendigen	0	2	6
— der inwendigen	0	2	2
— der hintern Zehe	0	0	8
Länge der beyden ausgestreckten Flügel	4	3	2
— eines Flügels	2	0	0
— des Oberarms	0	5	2
— des Unterarms	0	5	6
— der Hand mit den Schlagfedern	1	3	6
Die Breite des Schnabels vor dem äußersten Ende des Unterkiefers			
senkrecht	0	0	3
überzwerch	0	0	4
— bey dem Anfange der Nasenlöcher			
senkrecht	0	0	6
überzwerch	0	0	8½
— vor der Stirn senkrecht	0	1	0
überzwerch	0	0	11

Die

	Fus	Zoll	Linien.
Die Breite des Kopfes bey der Mitte der Augen senkrecht	0	1	7
überzwerch	0	1	2
— bey der Mitte der Schläfe senkrecht	0	1	7
überzwerch	0	1	3
Die Breite des Rumpfes mit den Federn bey dem Anfange des Brustbeins senkrecht	0	3	6
überzwerch	0	4	1
— bey dem Ende desselben senkrecht	0	3	9
überzwerch	0	3	10
Die Breite des Schwanzes beym Grundtheile	0	3	2
bey der Mitte	0	2	11
Die Breite der Fußröhre senkrecht	0	0	6
überzwerch	0	0	3
Die Breite der Flügel bey dem Gelenke der Hand	0	7	5
bey dem Gelenke des Elbogens	0	8	10

Das Gewicht war $4\frac{3}{4}$ Pfund.

XII.

Beschreibung der bunten Sturmmeve männlichen Geschlechts,

von

D. Johann Julius Walbaum.

§. 1.

Die Arten der Meven sind schwer von einander zu unterscheiden, weil mancherley Arten und Spielarten auf dem Meere bey einander herumfliegen, und sich nur auf steilen Klippen zusammen paaren, wo selten ein Mensch hin kommen kann. Zudem haben einige unter ihnen eine gleiche Farbe, die nur an wenigen Theilen des Körpers unterschieden ist, und sich noch mit den Jahren ihres Wachsthums bis zum reifen Alter verändert. Man findet daher eine Verwirrung dieser Gattung Vögel bey vielen Schriftstellern; indem sie entweder aus einer Art viele andere gemacht, oder verschiedene Arten in eine zusammen gebracht, und folglich sie mit einander verwechselt haben. Will man diese Verwirrung vermeiden, so muß man mehr auf die

die Größe des Körpers, auf die Proportion des Schnabels, auf die Höhe der Füße und auf den Unterschied des männlichen und weiblichen Geschlechts, als auf die Farbe Achtung geben; weil diese nicht bey allen ein beständiges Kennzeichen ist. Diese Veränderlichkeit wollen auch einige an dem hier beschriebenen Vogel bemerket haben, wie ich solches in der Folge anzeigen werde.

§. 2.

Er ist eine von der größesten Art der Meven, welche sich in dem Meere aufhalten, und hat viel Aehnlichkeit mit dem Weihen, welchen er aber in der Größe übertrift. Er wird von einigen unserer Fischer bunte Sturmmeve a) genannt, weil er vor einem herannahenden Sturme am Strande sich mehr als sonst sehen läßt. Bey den Engländern heißt er Wagel b), bey den Franzosen Goiland varié c), bey den Isländern Swartbaks-unge d), bey den Dänen Grave-Maage e) Sild maage f), bey den Norwegern Eymor, auch

a) Die andern deutschen Namen derselben sind:
Braune Meve, St. Müllers Linneische N. S. II. 347.
Braun- und geschupte Meve, *Kleinii Prodr. av.* §. 70 n. 7.
Große Falkmeve, Hallers Vögelgeschichte, p. 572. Bunte Grönländische Meve der größesten Art, Anderson von Island ꝛc. §. 30.

b) *Pennant* II. 536. tab. 88. *Raii Syn.* 130. *Willughby Orn.* p. 239.

c) *Brisson. ornith.* G. 102. Sp. 5.

d) *Olaffsens Reise.* §. 337. und 673. tab. 14.

e) *Brunnichii ornitholog.* n. 150,

f) Pontoppidans Dänische N. H. 169.

auch Gulsotting g), auf lateinisch bey dem Linne h) Larus albus dorso fusco. Einige Schriftsteller i) halten ihn für einen jungen Vogel von der weißen Sturmmeve (Larus marinus L.) oder von der grauen (Larus cinereus Brisson.), welcher sein vollkommenes Alter zur Fortpflanzung seines Geschlechts noch nicht erhalten hat; indem er mit diesen beyden Spielarten in der Gestalt und Größe (die Farbe ausgenommen) völlig übereinkömmt. Pennant aber hält ihn für eine besondere Art; weil die Farbe des Regenbogens, der Schlagfedern und der Ruderfedern, welche an allen Vögeln ein unveränderliches Merkmal seyn soll, bey ihm anders beschaffen ist, als bey der weißen Sturmmeve. Allein, dieses Merkmal ist, wie gesagt, veränderlich, und zeiget daher keine besondere Art an, wie man solches an den zahmen jungen Schwänen wahrnimmt. Diejenigen Naturforscher, welche Gelegenheit haben, zur Heckezeit die gepaarten Meven zu betrachten, können die Sache am besten entscheiden. Ich habe deswegen eine Stelle aus Olafsens Reise hier unten k) beygesetzet, welchen man als einem

g) *Hamers* Nordische N. H. 34.

h) *Fauna suecica* p. 54. Reise durch Oeland p. 308. Hieher kann auch des Lidbecks Larus Lapponicus gerechnet werden. Siehe Schwed. Acad. Abh. 26. Theil. 155. S.

i) *Oth. Fabricius* l. c. p. 102. O. Fr. *Müller in Prodrom. Zool. Dan.* p. 20. n. 163.

k) „In Ansehung des Geschlechts, das hier Maager (Lari) heißt, „kömmt viel Unordnung bey den Naturhistorienschreivern vor; „weil eine jede Art des Mevengeschlechts so deutlich die Farbe „alle Jahr verändert, von der Zeit an, da sie Junge sind, bis „sie erwachsen werden, und sich paaren können. Ich will zum Bey-

nem Augenzeugen Glauben beymessen kann. Da nun die Jungen fleckigter als die Alten sind, und die bunte Sturmmeve mit der grauen und weißen in der Größe und Form des Körpers übereinkömmt; so halte ich den ersten für eine einjährige, und die andere für eine zweyjährige Junge von der weißen Sturmmeve.

§. 3.

Er hat einen leichten, eyförmigen, dickbefiederten Körper, von der Länge einer großen Ente, einen zusammen gedrückten, zahnlosen, hackichten und vor dem Kinne bucklichten, rußschwarzen, großen Schnabel, mit ablangen Naselöchern, in der Mitte durchbohret,

„Beyspiel zwey Arten, die Linne *Fn. Suec.* ed. 2 n. 153 und „154 (unter den Namen Larus canus und fuscus) auch hat, anführen. Diese sind zwar die Vornehmsten; er führet aber die „Farbe der Jungen von der letzten Art (fuscus) an. Es ist auch „weit gefehlt, daß dieser oder andere Lari im zweyten Jahre „ihre beständige Farbe erhalten. Der so genannte Klein ist „durch die vielfältigen Veränderungen in ihrer Farbe dazu verleitet geworden, so viele neue Arten zu machen; weil er einige „von diesen mit ihren Spielarten in die Hände bekommen. Da „hingegen kann ich mit Gewißheit versichern, daß das, was vor „dem von der Farbe des Eidervogels, des Theistes und andern „Vögeln berichtet worden ist, nebst dem, was noch von einigen „Arten folget, zuverlässig sey: denn ich habe sie selbst unzählige male betrachtet; indem sie in großer Menge in der Gegend „sind, wo ich gebohren und erzogen bin. Es kommt auch mit „den Beobachtungen der Bauren im Westlande überein. Linne „und mehrere der neuen Naturkundiger haben zwar die Unbeständigkeit der Farbe bemerket, doch bishero darin nichts festgesetzet. Was er in seinen Reisen durch Westgothland sagt, „daß Remiges und Rectrices am seltensten die Farbe verändern, „findet auch nicht bey den veränderlichen Geschlechtern der Wasservögel statt." Siehe dessen Reise durch Island §. 673.

bohret, einen großen Kopf, dicken und mittelmäßigen Hals, sehr lange Flügel, röthlichgreise, vierzehige Schwimmfüße mit halb nackten Schienbeinen und schwarzen stumpfen Nägeln, einen großen abgestutzten Schwanz, und auf seinem Leibe buntes Gefieder, worauf weiße, braune und schwarze, unordentliche Flekken mit einander abwechseln.

§. 4.

Die Farbe ist überhaupt bunt, nämlich unten größesten Theils weiß mit wenigen mäusegrauen Flecken gezieret, oben und an den Seiten meistens schwarzbraun mit bräunlichtgreisen und weißen bogichten Streifen überzwerch durchzogen. Insbesondere ist der Schnabel größtentheils rußschwarz, um die Naselöcher, wie auch an dem Grundtheile des Unterkiefers fahl und etwas röthlich. Der Kopf oben und an den Seiten greiß mit vielen fahlen länglichten Flecken vermischet, aber um den Kinn und die Kehle milchweiß. Der Hals ist in der Farbe dem Kopfe gleich; nur sind die fahlen Flecke größer, überzwerch bogicht, und sitzen häufiger hinten und an den Seiten, als vorn, allwo sie blasser werden. Die Brust und der Bauch sind greiß, an beyden Seiten aber gegen die Flügel mit fahlen oder mäusegrauen bogichten Flecken gezieret. Der Schulterraum und die Schulterfedern schwarzbraun mit bräunlichtgreisen und etlichen weißen bogichten Streifen untermischet. Der Steiß l) und Burzel m) sind

l) Uropygium.

m) Crissum.

sind schneeweiß mit wenigen fahlen ungleichen Querstreifen bezeichnet; der Schwanz ist auf der vordern Hälfte rußschwarz, aber mit weiß marmoriret, und am äußersten Ende mit einem weißen Rande eingefasset. Die äußerste Feder an jeder Seite ist meistens schneeweiß, hat an der vordern Hälfte nur einige fahle Flecke, und gegen das Ende drey schwarze Querstreifen. Die ersten vier Schlagfedern sind am äußersten Barte rußig, am innern, so weit wie er bedeckt wird, aschgrau, aber an der Spitze weiß und mit einem fahlen Rande eingefasset; die übrigen Schlag- und Schwingfedern haben an dem auswendigen Barte eine fahle, an dem inwendigen eine hellgraue und an der Spitze eine schneeweiße Farbe. Die Deckfedern kommen mit den Schulterfedern darin überein. Die Füße haben schneeweiße befiederte Zehen und röthlichgreise Fußröhren, auch solche Plattfüße mit rußschwarzen Nägeln besetzet. Der Stern im Auge ist schwarz und der Regenbogen bräunlichgelb.

§. 5.

Die Bekleidung ist dick, und bestehet aus kurzen grauen Dunen und vielen langen, abgerundeten Federn, welche locker, und weit übereinander liegen. Ihre Fahne ist an der untern Hälfte weiß und dunicht, an der obern aber greiß und mit ungleichen, bräunlichten Querstreifen geschildert, auch mit langen, gerade gefiederten Fasern besetzet, welche gegen das Ende wie Borsten auseinander fahren.

§. 6.

Wenn man die Theile des Körpers genau betrachtet, und sie mit einander vergleicht, so findet man, daß 1) der Kopf groß von gleicher Höhe und Dicke, eyförmig, und nach vorn pyramidenartig ist. Er hat einen etwas gewölbten Scheitel, eine flach ausgehöhlte abschüssige Stirn, flache Seiten, die sich gegen den Schnabel einander nähern, und eine flache Kehle.

2) Die Schnippe n) bedecket auf ein Drittel den Oberkiefer, ist auf dem Rücken des Schnabels tief ausgekerbet o) und tritt an den Seiten gegen die Naselöcher in einem spitzen Winkel hervor.

3) Der Schnabel ist sehr stark, etwas niedriger, und ein wenig länger als der Kopf, gerade, keilförmig zusammengedrückt, vorn spitz und hakicht, oben vor der Schnippe gewölbt, in der vordern Hälfte aber abgenutzet kielförmig, und gegen die Spitze bogicht abschüssig, unten vor dem Kinne bucklicht, am Grunde auf ein Drittel mit den Federn der Schnippe bedekket. Die Kiefer sind ungleich, messerförmig, und treten ein wenig in einander. Der Oberkiefer ist am Grunde etwas biegsam und viereckigt, um die Mitte dreyeckicht, und wird nach vorn allgemach schmaler, allwo er sich mit einem bogichten spitzen Haken endiget, der über das Ende des Unterkiefers eine Linie breit herabtritt. An den Seiten ist er sehr abschüssig, ein wenig gewölbt, und von den Naselöchern bis zur Schnippe

n) Capistrum.

o) Emarginatus.

pe durch eine länglichte Grube ausgehölet; an der inwendigen Unterfläche flach und rauh und mit einem schneidenden zwiefachen Rande umgeben, wovon der auswendige Theil höher als der inwendige stehet. Der Unterkiefer ist hinten niedriger als der Oberkiefer, nimmt aber in der Höhe allgemach zu bis an das Kinn, allwo unterwärts ein stumpfwinklichter Höcker sich befindet; von da nimmt er wiederum ab, und endigt sich in eine zusammen gedrückte, rinnenförmige, stumpfe Spitze. Er ist in zwey von einander fahrenden Aermen fast bis an das Ende getheilet. Der Unterrand desselben gehet von dem Mundwinkel bis zum Höcker vor dem Kinne etwas bogicht herab, allwo er kielförmig wird und gegen die Spitze schief in die Höhe steiget. Der Oberrand ist anfangs etwas einwärts gebogen, und läuft bis in die Gegend des Buckels gerade fort; von da steiget er in einem flachen Bogen herab. Inwendig ist der Kiefer als eine tiefe Rinne ausgehöhlet, worin die Zunge lieget p).

4) Die Mundspalte ist lang, an den Mundwinkeln mit Federn bedeckt, von da gehet sie gerade fort bis vor die Nasenlöcher, und endlich abwärts gebogen.

5) Der Gaum ist blaßroth, überall fast flach, an den Seiten mit einer erhabenen Ribbe eingeschlossen, welche den inwendigen Rand des Unterkiefers ausmachet, bis an den Grundtheil der Zunge rauh, wie eine Feile, hinterwärts aber glatt und gespalten.

 6) Die

p) Siehe *Kleinii Stemmata avium* tab. 36. fig. 1. a.

6) Die Zunge ist fast so lang als der Unterkiefer, fleischicht, blaßroth, schmal, lanzenförmig, hinten mit kurzen, zurückstehenden, steifen, borstigen Zacken, in der Form eines inwendigen Winkels besetzet; vorn hornicht, etwas stumpf und wenig ausgekerbt, oben rinnenförmig und unten kielicht oder winklicht.

7) Die Nasenlöcher, welche der Spitze des Schnabels näher als dem Grundtheile desselben, auch nahe am Rande sitzen, sind pfriemenförmig, vorn etwas weit und rundlich, hinterwärts aber zugespitzt, und stehen offen.

8) Die Augen sitzen hoch, ohngefähr in der Mitte des Kopfes hinter der Stirn. Sie sind mittelmäßig, kugelicht, haben einen bräunlichtgelben, schmalen Regenbogen, und einen runden weiten Stern.

9) Der Hals mit seinen Federn scheint eben so dick als der Kopf zu seyn. Er ist etwas länger als die Hälfte des Rumpfs, und wie ein S hin und her gebogen, und scheint nur kurz zu seyn, wenn der Vogel in seiner Ruhe sitzet.

10) Der Rumpf ist länglichteyförmig, etwas zusammen gedrückt, vorn rundlicht und dicker als hinten, oben gerade und gewölbt, unten von vorn nach hinten bogicht und kielicht, mit den Federn aber gewölbt.

11) Der Schwanz ist fast so breit und lang als der Rumpf, doch etwas kürzer als die Füße, hinten abgestutzt, und gleichet einem ablangen Vierecke. Er bestehet aus 12 abgeründeten, fast gleich langen schwarzbunten

bunten Ruderfedern, worunter die äußerste an der Seite schneeweiß und mit 3 schwarzen Querbänden geschildert ist. Die weißen mit fahlen gekrümmten Querstreifen gezierte Steißfedern q) bedecken den Schwanz bis auf die Hälfte. Die Burzelfedern r), welche weniger geflecket sind, reichen bis zum Ende des Schwanzes.

12) Die Flügel sind sehr groß, in ihrer natürlichen Lage stehet das Ende derselben weit über den Schwanz hervor. Wenn sie ausgestreckt werden, so sind sie vorn und hinten spitzwinkelicht, und an dem Unterrande fast gerade. Ein jeder derselben enthält 10 abnehmende, spitzige Schlagfedern s), wovon die ersten 5 eine rußschwarze Fahne haben, deren innerer Bart, so weit wie er von der folgenden Feder bedecket wird, aschgrau aussiehet, die übrigen 5 sind blasser oder fahl, und an der Spitze mit einem weißen Rande eingefasset. Hierauf folgen 16 abgeründete und nach dem Rumpf gekrümmte Schwingfedern t), welche der Farbe nach mit den 5 letzten Schlagfedern übereinkommen, und endlich 6 Elbogenschwinger v) von zu- und abnehmender Länge, welche sich nur durch ihre gerade Richtung und einen breiten weißen Rand an ihrem stumpfen Ende, von den Schwingfedern des Vorderarms sich unterscheiden. Die 6 Schwingfedern des

q) Uropygium.

r) Crissum.

s) Remiges primariae.

t) Remiges secundariae.

v) Remiges tertianae.

Oberarms w) von zu- und abnehmender Länge sind schwach, gerade, stumpf, hellgrau, an der Spitze scheckicht und auf die Hälfte kürzer als die Elbogenschwinger, sie werden von den Schulterfedern bedecket. Die bunten Schulterfedern haben eine alblange, stumpfe und dichte Fahne, die längsten derselben reichen bis an den Grund des Schwanzes. Der Afterflügel bestehet aus vier stumpfen abnehmenden Federn, welche in der Farbe mit den ersten Schlagfedern überein kommen. Der Unterflügel x), welcher an der Unterfläche des Oberarms sich befindet, enthält 10 lanzenförmige gerade, ab- und zunehmende Federn, welche eine mäusegraue Fahne mit greisen Querstreifen haben.

13) Die Füße sitzen frey und lassen sich gerade ausstrecken, haben vier Zehen und eine Schwimmhaut zwischen den 3 vordern. Sie sind lang, fast bis an die Hälfte des Schienbeins nackend und mit kurzen Lenden, auch mit einer Hose z) auswendig an den Schenkeln begabet; die Plattfüße haben eine vollkommene, eingekerbte Schwimmhaut, und an der aus- und inwendigen Zehe einen häutigen Rand. Die mittelste Zehe übertrift die andern an der Dicke und Länge, und bestehet aus vier Gliedern. Die inwendige ist etwas kürzer und hat 5 Glieder, die auswendige ist noch kürzer

w) Remiges quartanae, quae velo five plicae. Posteriori inter cubitum et scapulam una cum scapularibus infixae harent.

x) Ala sub brachialis.

z) Hose werden lange zurückstehende Federn des Schenkels oder des Schienbeins genannt, weil sie wie eine weite Hose hinter den Lenden hervorragen.

kürzer, und enthält nur 3 Glieder, die hintere sitzt über den Knöchel der Fußröhren, ist sehr klein, hänget herab, und hat zwey Glieder, aber keine Schwimmhaut.

14) Die Nägel sind klein, linienförmig, wenig gekrümmt, oben gewölbt, unten ausgehöhlet, vorn stumpf und haben eine kohlschwarze Farbe.

§. 7.

Er nähret sich von Fischen und dem Fleische der todten Seethiere und andern kleinen Wasservögeln, welche er verfolget. In dem Magen des Vogels, nach welchem diese Beschreibung gemacht ist, habe ich keine Fischgräten, sondern halb verdautes rohes Fleisch, ein Stück von einem Darme einer Schwanenfeder dick und einige vegetabilische Theile gefunden, welche wie Häckerling aussahen. Er begiebt sich weit vom Lande in das Meer, und folget gern den Schiffen nach, absonderlich bey dem Wallfischfange. Wenn ein Sturm bevorstehet, so nähert er sich dem Strande oder den Klippen, worauf er auch nistet. Sein Aufenthalt ist in der Ostsee und in dem nordlichen Meere. Bey harter Kälte im Winter, wird er an den kalten nordlichen Küsten selten oder fast gar nicht wahrgenommen; deswegen hält man ihn für einen Zugvogel. Allhier trift man ihn auch des Winters an, denn derjenige, wornach ich diese Beschreibung gemacht habe, ist in der Mitte des Decembers 1782 bey Travemünde geschossen worden.

§. 8.

Die Ausmessung nach dem Pariser Maasstabe.

	Fus	Zoll	Linien.
Die Länge von der Spitze des Oberkiefers bis zum Ende des Schwanzes	2	0	9
— bis zur Spitze des Unterkiefers	0	0	1
— bis zum Anfange der Naselöcher	0	1	0
— bis zum Ende derselben	0	1	4
— bis zu dem Höcker des Unterkiefers	0	0	8
— bis zum Anfange der Schnippe an den Seiten	0	1	8
— bis an die Stirn	0	2	11
— bis zum Mundwinkel	0	3	2
— bis zu der Mitte der Augen	0	3	10
— bis zum Genicke	0	5	2
— bis an die Schultern	0	11	2
— bis zum Anfange des Brustbeins	1	0	0
— bis zum Ende desselben	1	3	6
— bis zu den Pfannen der Schenkel	1	3	9
— bis zu dem Schmeerbaig	1	6	5
— bis zum Ende der hinterwärts ausgestreckten Füße	2	2	9
Die Länge beyder ausgestreckten Flügel	4	11	0
— eines Flügels allein	2	4	0
— des Oberarms	0	5	7
— des Unterarms	0	6	6
— der Hand sammt den Schlagfedern	1	11	9
— der Füße	1	0	0
— des Schenkels	0	2	11

Die

	Fuß	Zoll	Linien.
Die Länge des Schienbeins	0	4	9
— der Fußröhre	0	2	9
— der mittelsten Zehe	0	2	8
— der auswendigen	0	2	6
— der inwendigen	0	2	2
— der hintern Zehe	0	0	5
Breite des Schnabels vor der Spitze des Unterkiefers senkrecht	0	0	1
überzwerch	0	0	1
bey dem Buckel senkrecht	0	0	10
überzwerch	0	0	4½
bey dem vordern Ende der Naselöcher senkrecht	0	0	9
überzwerch	0	0	6
bey dem Anfange der Schnippe senkrecht	0	0	10
überzwerch	0	0	7
vor der Stirn senkrecht	0	1	0
überzwerch	0	1	1
Breite des Kopfes bey der Mitte der Augen senkrecht	0	1	8
überzwerch	0	1	5
bey den Schläfen senkrecht	0	1	10
überzwerch	0	1	10
Breite des Rumpfes bey der Mitte des Brustbeins senkrecht	0	4	2
überzwerch	0	2	10
bey dem Ende desselben senkrecht	0	3	6
überzwerch	0	2	4

	Fuß	Zoll	Linien.
Breite des Rumpfes bey dem Anfange des Schwanzes überzwerch	0	2	3
bey der Mitte des Schwanzes überzwerch	0	3	8
Breite der Fußröhre senkrecht	0	0	5
überzwerch	0	0	3
der Flügel bey dem Gelenke der Hand	0	8	6
bey dem Gelenke des Oberarms	0	9	0

Das Gewicht dieses Vogels hat 2½ Pfund betragen.

Von der bunten Sturmmeve weiblichen Geschlechts.

§. 1.

Dieser Vogel ist von dem vorhergehenden nur etwas in der Farbe unterschieden: denn in den übrigen Theilen kömmt er mit ihm überein. Ich habe davon zwey Exemplare untersuchet, welche doch nicht völlig einander gleich waren. Ich will deswegen das eine allhier in der Kürze beschreiben, und die Abweichung des andern mit B. bezeichnet als eine Anmerkung darunter setzen. *)

§. 2.

*) Die Grundfarbe bey B war so wol oben als an den Seiten greiß, mit bräunlichtschwarzen und blassen haselbraunen Flecken verdunkelt, unten auch greiß mit blassen bräunlichtschwarzen Flecken vermischet. Die Farbe an dem Schnabel war fast überall rußschwarz, an der äußersten Spitze des Oberkiefers aber, wie auch an dem hintern Ende des Unterkiefers etwas greiß. An dem Kopfe und Halse, Steiße, Burzel und den Lenden, war sie der obigen mehrentheils gleich, doch sahen die

§. 2.

Ueberhaupt war die Grundfarbe oben und an den Seiten milchweiß mit bräunlichtschwarzen, blassen, wellenförmigen Strichen überzwerch durchgezogen, unten aber aschgrau mit greisen unordentlichen Flecken vermischet. Insbesondere aber hatte der Schnabel an dem vordern Ende eine rußschwarze, übrigens aber eine röthlichtgreise Farbe. Der Kopf war oben und an den Seiten greiß, unten milchweiß, aber allenthalben mit länglichten blassen haselbraunen Flecken bestreuet. Hiermit kam der obere Theil des Halses überein, doch waren die Flecken größer und bogicht. Der untere Theil des Halses, die Brust und der Bauch grau mit greiß geflecket. Die Lenden, der Steiß und Burzel weiß mit grauen Streifen gezieret. Der Schwanz hellgrau mit einem weißen Rande am Ende eingefasset und mit unordentlichen weißen Flecken an beyden Seiten der Fahne einer jeden Feder gezieret.

Die

die Flecken fahl oder schwärzlicht aus. An dem Schwanze bunt, nemlich am äußersten Rande und vorn schneeweiß, gegen den äußersten Rand aber und in der Mitte mit bräunlichtschwarzen überzwerchen und gekrümmten Flecken auf einem weißen Grunde geschildert. An den Federn des Schulterraums der Schultern und an den Deckfedern der Flügel etwas bräunlichschwarz mit haselbraun geflecket, und an der Spitze mit einem feinen weißen Rande eingefasset. An den ersten fünf Schlagfedern auf dem äußern Barte bräunlichschwarz ohne weiße Spitzen, an dem innern Barte aschgrau, an den übrigen aber wie an den Schwingfedern auf dem auswendigen Barte aschgrau, an dem inwendigen gleichwie an der Spitze schneeweiß. Die Füße und Augen waren wie die obigen gefärbet.

Die Federn auf dem Schulterraume, auf den Schulterblättern, und die Deckfedern auf den Flügeln, waren größesten Theils milchweiß mit einigen blaßbraunen überzwerchen, auch mit winklichten Flecken wellenartig schattieret. Die Schlagfedern und Schwingfedern hatten an dem äußern Barte eine greise mit braun vermischte Farbe, an dem innern Barte aber und an der Spitze eine schneeweiße. Die großen Deckfedern auf der Hand und auf dem Vorderarme waren etwas dunkeler und an der Spitze mit weiß eingefasset. Die Füße sahen weißlicht in fleischroth spielend aus, und hatten rußschwarze Nägel. An den Augen sahe man einen schwarzen Stern und einen dunkelbraun gelblichten Regenbogen.

§. 3.

Die Ausmessung des Vogels A.

Die Länge von der Spitze des Oberkiefers	Fuß	Zoll	Linien.
bis zum Ende des Schwanzes	2	0	9
— bis zu der Spitze des Unterkiefers	0	0	1
— bis zum Anfange der Naselöcher	0	1	0
— bis zum Ende derselben .	0	1	4
— bis zum Höcker des Unterkiefers	0	0	8
— bis zum Anfange der Schnippe an den Seiten des Schnabels	0	1	8
— bis zu der Stirn . .	0	2	9
— bis zum Mundwinkel .	0	3	2
— bis zu der Mitte der Augen .	0	3	7
— bis zum Genicke . .	0	4	11
— bis an die Schultern .	0	11	0
— bis zum Anfange des Brustbeins	1	0	0

Die

	Fus	Zoll	Linien.
Die Länge von der Spitze des Oberkiefers bis zum Ende des Brustbeins	1	3	6
— bis an die Pfannen der Schenkel	1	4	0
— bis zu dem Schmeerbalg	1	5	9
— bis zum Ende der hinterwärts ausgestreckten Füße	2	1	9
Die Länge beyder ausgestreckten Flügel	4	9	0
jedes Flügels allein	2	3	2
des Oberarms	0	5	5
des Unterarms	0	6	8
der Hand mit der längsten Schlagfeder	1	5	3
Die Länge der Füße	1	0	2
des Schenkels	0	2	11
des Schienbeins	0	4	9
der Fußröhre	0	2	8
der mittelsten Zehe	0	2	9
der auswendigen	0	2	6
der inwendigen	0	2	1
der hintern	0	0	6
Die Breite des Schnabels vor der Spitze des Unterkiefers senkrecht	0	0	$1\frac{1}{2}$
überzwerch	0	0	$1\frac{1}{2}$
bey dem Buckel senkrecht	0	0	8
überzwerch	0	0	4
bey dem vordern Ende der Naselöcher senkrecht	0	0	8
überzwerch	0	0	6
bey dem Anfange der Schnippe senkrecht	0	0	9
überzwerch	0	0	7
vor der Stirn senkrecht	0	0	10
überzwerch	0	1	0

Die

	Fuß	Zoll	Linien.
Die Breite des Kopfes			
bey der Mitte der Augen senkrecht	0	1	5
überzwerch	0	1	3
bey den Schläfen senkrecht :	0	1	8
überzwerch :	0	1	8
Die Breite des Rumpfes bey der Mitte des Brustbeins senkrecht	0	3	10
überzwerch	0	2	7
bey dem Ende desselben senkrecht	0	3	4
überzwerch	0	2	1
bey dem Anfange des Schwanzes			
senkrecht : :	0	0	7
überzwerch : :	0	2	0
bey der Mitte des Schwanzes überzwerch :	0	4	0
Die Breite der Fußröhre senkrecht :	0	0	4½
überzwerch	0	0	2
Die Breite der Flügel bey dem Gelenke der Hand überzwerch :	0	7	4
bey dem Gelenke des Oberarms überzwerch : :	0	6	6

Das Gewicht des Vogels A war 2 Pfund 2 Unzen, und des Vogels B 2 Pfund 8 Unzen.

Das Maaß des Vogels B traf mit dem Maaße des Vogels A an den mehresten Theilen überein; den geringen Unterschied will ich hier anzeigen.

	Fuß	Zoll	Linien.
Die Länge von der Spitze des Oberkiefers			
bis zum äußersten Ende des Schwanzes : :	2	0	3
bis zum Schmeerbalge :	1	6	1

Folglich war der Schwanz an B 10 Linien kürzer als A.

Die

	Fuß	Zoll	Linien.
Die Breite des Schnabels bey dem Höcker senkrecht	0	0	9
überzwerch	0	0	4
bey dem vordern Ende der Naselöcher senkrecht	0	0	9
überzwerch	0	0	6
Die Breite des Kopfes bey der Mitte der Augen senkrecht	0	1	7
überzwerch	0	1	4
bey den Schläfen senkrecht	0	1	9
überzwerch	0	1	10
der Fußröhre senkrecht	0	0	4
überzwerch	0	0	2

Beschreibung der weißgrauen Sturmmeve männlichen Geschlechts.

§. 1.

Die Namen, welche ich von dieser Meve bey andern Schriftstellern gefunden habe, sind: die größeste graue Meve a), der Burgermeister b), die große Graumeve c), aschfarbene Meermeve d). Französisch Le Goland cendrè e), Le Goland gris f), Eng-

a) *Kleinii Prodr. hist. av.* §. 70. *Stemm. av.* p. 32 tab. 36 fig. 1.

b) *Martens* Reise nach Spitzbergen, 1 Cap. n. 5. Phipps Reise nach dem Nordpol.

c) Hallens Vogelhist. p. 569.

d) Gesners Vogelbuch 1. c.

e f) *Brisson Orn.* II. p. 404 & 405.

Englisch Herring-Gull g), Dänisch Perl maage h), Norwegisch Graa-Maase i), Sild-Maager, Blaa-Maager k), Isländisch Maar, Maasur l), Lateinisch Larus cinereus *Brisson* m). Ich will deswegen nur die Abweichung anzeigen, und dem Leser bey den übrigen Theilen auf die vorhergehende Beschreibung verweisen.

§. 3.

Die Farbe, überhaupt betrachtet, ist oben und an den Seiten größesten Theils hellgrau, vorn, unten und hinten schneeweis. Insbesondere ist der Schnabel gelblichgreiß, wie Horn, mit schwarzen gegen einander überstehenden Flecken bey der Spitze, und einem großen safrangelben Flecken bey dem Höcker des Unterkiefers gezieret; an der inwendigen Fläche, gleichwie an den Mundwinkeln orangegelb; der Kopf und Nacken schneeweiß mit länglichten, schmalen aschgrauen Flecken

g) *Willugby Orn.* p. 262. *Pennant. Zool. br.* II. p. 535. tab. 88.

h) Pontopidan N. H. von Dännemark p. 169.

i) Pontopidan N. H. von Norwegen II. p. 166. Ström Söndmör p. 246.

k) *Leem. Lapp.* p. 282. 283.

l) *Olaffen Reise* S. 673.

m) Die lateinischen Synonyma sind:
Larus cinereus maximus *Willugby* l. c. *Raii syn. av.* 127.
Larus (argentatus) albus dorso alisq. canis remigibus primaribus versus apicem nigris. *Brunnichii Orn.* n. 149.
Larus (glaucus) totus albus dorso et alis canis, remigibus extremitate albis. *Brunnichii Orn.* n. 148. *O. Fabricii Fauna Groenl.* p. 100.
Larus (hyperboreus) dorso dilute cinereo, extremitatibus remigum albis *Gunneri* apud *Leem. Lapp.* p. 283. not. 132.

Flecken schattiret. Die Kehle, der vordere Theil des Halses, die Brust, der Bauch, Steiß, Bürzel und der Schwanz sind schneeweiß. Der Hintertheil und die Seiten des Halses haben zerstreute aschgraue Flekken n); der Rücken in der Mitte und zwischen den Schultern ist hellgrau, dieselbe Farbe haben auch größesten Theils die Schulterfedern und die Schwingfedern, sie endigen sich aber mit einer weißen Spitze. Die ersten sechs Schlagfedern haben außer der angezeigten Farbe hinter der weißen Spitze einen unordentlichen kohlschwarzen Flecken, welche dem Ende des zusammen geschlagenen Flügels ein buntes Ansehen giebt. Die Füße haben eine gelblichtröthlich greise Haut zur Bedeckung und an den Zehen schwarze Nägel. An den Augen siehet man einen schwarzen runden Stern, welcher von einem hellgelben Regenbogen umgeben wird, und an den Augenliedern einen röthlichtgelben Rand.

§. 4.

Die Theile des Körpers haben dieselbe Form als man sie an der bunten Sturmmeve findet. Es ist also kein anderer Unterschied zwischen beyden als nur in der Farbe. Aus dem beygefügten Maaße wird man auch die Gleichheit der Größe ersehen.

§. 5.

n) Wenn des Gunnerus Anmerkung seine Richtigkeit hat, so kann diese Meve auch eine zweyjährige Junge von der weißen Sturmmeve Larus marinus seyn. Er sagt nemlich in einer Note zu *Leem.* Lappon. p. 282. Hoc probe notandum est, nullum, quantum novi, larum proprie sic dictum nimirum adultum dari griseo variegatum vel maculatum.

§. 5.

Die Ausmessung.

Die Länge von der Spitze des Oberkiefers	Fuß	Zoll	Linien.
bis zum Ende des Schwanzes	2	—	—
— bis zur Spitze des Unterkiefers	0	0	1
— bis zum Anfange der Naselöcher	0	1	0
— bis zum Ende derselben :	0	1	4
— bis zum Buckel des Unterkiefers	0	0	8
— bis zum Anfange der Schnippe an den Seiten des Schnabels	0	1	8
— bis an die Stirn :	0	2	10
— bis zum Mundwinkel :	0	3	3
— bis zu der Mitte der Augen	0	3	7
— bis zum Genicke :	0	5	2
— bis an die Schultern :	0	10	6
— bis zum Anfange des Brustbeins	1	0	0
— bis zum Ende desselben :	1	3	0
— bis zur Pfanne des Schenkels	1	3	6
— bis zu dem Schmeerbalge :	1	5	0
— bis zum Ende der hinterwärts ausgestreckten Füße :	2	0	6
Die Länge beyder ausgestreckten Flügel	4	9	0
— eines Flügels :	2	3	4
— des Oberarms :	0	5	3
— des Unterarms :	0	6	4
— der Hand sammt den Schlagfedern : :	1	5	0
— der Füße :	0	11	0
— des Schenkels :	0	2	5
— des Schienbeins :	0	4	7
— der Fußröhre :	0	2	9
— der mittelsten Zehe :	0	2	8

Die

	Fuß	Zoll	Linien.
Die Länge der auswendigen Zehe	0	2	5
— der inwendigen	0	2	2
— der hintern Zehe	0	0	5
Breite des Schnabels von der Spitze des Unterkiefers senkrecht	0	0	$\frac{1}{4}$
überzwerch	0	0	1
— bey dem untern Buckel senkrecht	0	0	8
überzwerch	0	0	4
— bey dem Ende der Naselöcher senkrecht	0	0	8
überzwerch	0	0	5
— bey dem Anfange der Schnippe senkrecht	0	0	8
überzwerch	0	0	6
— vor der Stirn senkrecht	0	0	10
überzwerch	0	1	0
Breite des Kopfes bey der Mitte der Augen senkrecht	0	1	5
überzwerch	0	1	2
— bey den Schläfen senkrecht	0	1	8
überzwerch	0	1	9
Breite des Rumpfes bey der Mitte des Brustbeins senkrecht	0	3	7
überzwerch	0	2	7
— bey dem Ende desselben senkrecht	0	2	10
überzwerch	0	1	11
Breite des Schwanzes am Anfange überzwerch	0	2	4
— in der Mitte desselben	0	4	4

	Fuß	Zoll	Linien.
Breite der Fußröhre senkrecht :	0	0	5
überzwerch :	0	0	2
— der Flügel bey dem Gelenke der Hand : :	0	7	6
— beym Gelenke des Oberarms	0	7	•

XIII.

Ueber die Vergleichung einiger zusammengesetzten Mikroskope von Beseke.

Fünf zusammengesetzte Mikroskope, nemlich das Dollondsche, Cuffsche, Hofmannsche, Skurkesche (dieses ist das Meinige *)) und Tiedemannsche, habe ich in diesen Tagen mit einander verglichen und die Grade der Vergrößerung eines jeglichen in der Art, wie ich in des Leipziger Magazins der Naturgeschichte und Oekonomie 1sten St. v. J. 1786 angegeben habe, ausgemessen. Mir ist nach meiner, am angezeigten Orte, geäußerten Absicht, ungemein daran gelegen,

*) Skurke war Mechanikus in Danzig, der alle Arten von optischen Instrumenten verfertigte. Er war zu seiner Zeit (er soll schon seit vielen Jahren todt seyn) in Danzig, Preußen und Kurland ein berühmter Künstler, der aber ums Brodt arbeiten mußte. Er bezog die Messen und Märkte, um nur viel von seiner Waare abzusetzen, und machte daher auch viel schlechte, wohlfeile Sachen. Mein Mikroskop soll eine in Königsberg bestellte Arbeit gewesen seyn, die man aber wegen des höhern Preises nicht behalten wolte; ein Kurländer kaufte es daher, und so kam es bey einer Auktion in meine Hände. Es sollen noch viele Skurkesche Instrumente in Danzig und Königsberg hie und da versteckt seyn.

mit höchster Genauigkeit zu wissen, wie sich die Vergrößerungen nebst übrigen nothwendigen Eigenschaften meines Instruments zu andern Instrumenten verhalte, weil ich darauf das Verhältniß meiner mikroskopischen Beobachtungen zu den Beobachtungen anderer gründen zu müssen glaube.

Ich begnüge mich nicht damit, die vom Künstler gemachte mehrentheils unsichere, oft nur prahlende Berechnung der Vergrößerungsgrade in Zahlen zu wissen; sondern ich untersuche nach meiner Art mit dem Zirkel und Maasstabe, und zeichne den Vergrößerungsgrad jeder Linse mir vor Augen. Wie ich darauf ein Mittel zu gründen gedenke, alle heutige mikroskopische Beobachter über den Streit, wer mehr oder weniger, besser oder schlechter gesehen habe, zu vereinigen, habe ich dem Publikum durch jenes Magazin a. a. O. vorgelegt. Nächstens hoffe ich mein daselbst gethanes Versprechen, nemlich Tabellen für die scheinbaren und wahren Größen der mikroskopischen Thiere nach Maasgabe des Vergrößerungsgrades eines jeglichen zusammengesetzten Mikroskops zu entwerfen, bey denen man nur einer leichten Rechnung bedarf, durch die man jene Grade nach seinem Instrumente verhältnißmäßig bestimmen kann, zu erfüllen.

Ich theile hier vorjetzt die Vergleichung der Vergrößerungsgrade jener genannten Mikroskope mit, woraus zugleich die Vorzüge des einen vor dem andern erhellen werden.

Ein Stück messingener Dratsaite von Nro. 5, deren 81 Gewinde oder Durchmesser einen Rheinl. Zoll (des leicht zu begehenden Fehlers wegen nahm ich lieber diese

diese Gewinde auf einen Zoll, als auf eine Linie) einnehmen, wurde zu dieser Messung gebraucht. Diesem zufolge gehen 8 Gewinde auf eine Linie in Dezimalmaas, oder der Diameter einer solchen Seite beträgt $\frac{1}{8}$ Linie; das $\frac{1}{80}$ Theil, welches bey einem Zoll verlohren geht, ist bey der Linie nur $\frac{1}{640}$ Theil und für ganz unbedeutend anzusehen. Aller Mühe ohngeachtet, unter den Klaviersaiten von Nr. 5 an bis Nr. 9 eine solche zu finden, die den Zoll eines allgemein bekannten Maasstabes als der Rheinl. und Pariser ist, dergestalt theile, daß in der Rechnung keine Brüche entstehen, habe ich nur die Nr. 5 treffen können. *)

Ein Stück solcher Klaviersaite brachte ich nun unter die verschiedenen Linsen genannter Mikroskope, hatte mein, in jenem Magazine angegebenes, Megalometer darneben, und nahm noch außerdem, daß ich das vergrößerte Bild sogleich im Linienmaaße auf dem Megalometer vor mir hatte, zu völliger Gewisheit den Zirkel und Maasstab zur Hand, und erhielt diesem zufolge nachstehende Vergrößerungen.

Das Dollondsche Mikroskop hat sechs Linsen.

Nr. 6 vergrößerte jene Saite 16 mal **)

5 ‚ ‚ 26 —

*) Es würde gut, ja zur Vereinigung aller Mikrographen in Ansehung der von ihnen behaupteten Vergrößerungsgrade der Linsen ihrer Mikroskope nothwendig seyn, daß von nun an eine Dratsaite aus Nro. 5. als das beständige allgemeine Maas zur Bestimmung der Vergrößerungskraft der Linsen angenommen und gebraucht würde. Die Gründe liegen in dem hier gesagten.

**) Die Grade der Vergrößerungen dieses und der folgenden Mikroskope in Linien gezeichnet, sehe man in der angehängten Tafel.

Nr. 4 vergrößerte jene Saite 40 mal
3 ⸗ ⸗ 52 —
2 ⸗ ⸗ 86 —
1 ⸗ ⸗ 200 —

Es zeigt das Bild in großem Sehefelde mit vieler Klarheit, ohne Farben, aber der Umriß ist nicht scharf genug abgeschnitten.

Das Cuffsche Mikroskop hat auch sechs Linsen.

Nr. 6 vergrößerte jene Saite 42 mal
5 ⸗ ⸗ 56 —
4 ⸗ ⸗ 76 —
3 und 2 fehlten
für 1 war die Saite zu dick, und die Abmessung fiel beschwerlich.

Es zeigt das Bild im mittelmäßigen Sehefelde mit vieler Klarheit, ohne Farben; der Umriß ist scharf.

Das Hofmannsche hat auch sechs Linsen, die aber nach Verschiedenheit des abzuwechselnden Tubus A und B verschiedene Vergrößerungen geben.

Im Tubus A Nr. 6 vergrößerte jene Saite 17 mal
5 ⸗ ⸗ 28 —
4 ⸗ ⸗ 40 —
3 ⸗ ⸗ 54 —
2 ⸗ ⸗ 66 —
1 ⸗ ⸗ 96 —
0 ⸗ ⸗ 132 —

Es zeigt das Bild im großen Seehefelde, mit vieler Klarheit, ohne Farben, und der Umriß ist scharf abgeschnitten.

In

Tafel. Eine solche Linie, wie z. B. a b drückt den Diameter der vergrößerten Klaviersaite aus.

Im Tubus B Nr.			
6	vergrößerte jene Saite	32	mal
5	„ „	54	—
4	„ „	92	—
3	„ „ „	114	—
2	„ „	140	—
1	„ „	208	—

Es zeigt das Bild in großem Sehefelde, mit geringer Klarheit, ohne Farben, und der Umriß ist minder scharf.

Das Skurkesche Mikroskop hat auch sechs Linsen.

Nr.			
6	vergrößerte jene Saite	36	mal
5	„	44	—
4	„ „	52	—
3	„ „	128	— *)
2	„	184	—
1	fehlt.		

Es zeigt das Bild in großem Sehefelde, mit vieler Klarheit, ohne Farben, und der Umriß ist scharf abgeschnitten.

Endlich das Tiedemannsche Mikroskop **) hat auch sechs Linsen.

 Nr. 1

*) Dieser Linse bediene ich mich gewöhnlich zu meinen feinern Beobachtungen. Herr Hofmann empfiehlt seine Linse Nr. 2. zu Beobachtungen der kleinsten Infusionsthiere, erhält aber nur 66malige Vergrößerungen, da ich 128malige erhalte.

**) Das erste hieher gesandte bekam vor wenigen Tagen Sr. Excellenz der Oberrath und Kanzler, Freyherr Taube hieselbst. Eine genaue Beschreibung und Abbildung steht in der gedruckten Beschreibung der Tiedemannschen Werkzeuge. Stuttgard 1785. 8.

Nr.				
Nr. 1 *)	vergrößerte	jene Saite	36	mal
2	=	=	44	—
3	=	=	64	—
4	=	=	80	—
5	= =	=	136	—
6	=	=	184	—
0	= =	=	416	— **)

Es zeigt das Bild in besonders großem Sehefelde mit vorzüglicher Klarheit ohne Farben, und der Umriß ist scharf abgeschnitten.

Stelle ich nun eine Vergleichung unter diesen Mikroskopen an, so ist

1) das Cuffsche das vorzüglichste, weil es bey den übrigen Eigenschaften eines guten Mikroskops die stärkste Vergrößerung giebt. Nur der Mechanismus ist unbequem und unzulänglich, besonders bey vielfältigen Beobachtungen von mancherley Art.

2) Nächst dem Cuffschen würde ich das Skurkesche Mikroskop müssen folgen lassen, weil dieses mit den Linsen Nr. 6. 3. 2 eine stärkere Vergrößerung giebt als das Tiedemannsche, und wahrscheinlich mit der Linse Nr. 1. (die mir fehlet) die Tiedemannsche Linse Nr. 6.

*) So steigen die Linsen in verkehrter Zahlenordnung; Herr Tiedemannn zählet also herauf, wo andere, wie gewöhnlich, hinunter zählen. Besser wäre es, dieser Künstler richtete sich nach der einmal eingeführten Art, so werden Mißverständnisse bey der Angabe der Linsen verschiedener Mikroskope verhütet.

**) Diese Linse ist obenein gesandt worden, und ist nicht mit den übrigen Stücken des Apparats mitgezählet und aufgereihet worden.

Nr. 6. auch übertreffen würde, da dieser Linse schon meine Nr. 2. vollkommen gleich ist. Da ich nun aber hierüber zu urtheilen außer Stande bin, und Herr Tiedemann bey dem jetzt hieher gesandten Exemplare eine Linse von außerordentlicher Stärke die 416mal im großen klaren Sehefelde mit scharfen Umrisse vergrößert, beygelegt hat, so gebe ich dem Tiedemannschen Instrumente vor allen übrigen den Vorzug, und dieses um so lieber, da der Mechanismus auffallend bequem, und die Arbeit daran gewiß mit allen englischen Instrumenten wetteifert. Ein Verdienst, das einem Deutschen, wider welchen sonst so viele Vorurtheile streiten, Beyfall, Ehre und Käufer verschaffen kann und wird. Daß ich das Tiedemannsche Mikroskop dem Hofmannschen weit vorziehen muß, ist eine Pflicht, die ich sowohl den Gläsern, wie der Augenschein lehret (denn der Hofmannsche Tubus B. ist ein Nothbehelf, und stehet wegen der geringern Klarheit, der stärkern Vergrößerung ohngeachtet, dem Tubus A. nach) als auch der Schönheit des Apparats, die den Hofmannschen weit übertrift, schuldig bin.

3) Hierauf lasse ich das Skurkesche Mikroskop folgen, aus einigen Gründen also dem Tiedemannschen nachgesetzt. Sonst ist beym Skurkeschen der Mechanismus gerade so, wie beym Bakerschen Mikroskope; zwar nicht so mannichfaltig als beym Hofmannschen; es fehlt ihm aber nichts, um die feinsten Observationen bequem anstellen zu können. Ich bediene mich gemeinhin der Linsen Nr. 3 und 2. und erhalte mit Nr. 3. beynahe die Vergrößerung von Nr. 0. im Hof-

Hofmannschen Tubus A, und mit Nr. 2 beynahe die Vergrößerung von Nr. 1. im Hofmannschen Tubus B. ; habe aber bey dieser Nr. 2. ein helleres Feld und ein schärferes Bild. Ich vermuthe mit Grunde, daß meine verlohren gegangene Linse Nr. 1. die Hofmannsche Linse Nr. 1. im Tubus B. übertroffen haben würde.

4) Hierauf lasse ich erst das Hofmannsche Mikroskop folgen, das in verschiedenen Nebensachen Vorzüge vor dem Skurkeschen hat, im wesentlichen aber, wie gezeigt worden, nachstehen muß. Der Tubus B. würde ganz überflüßig seyn, wenn nicht darin die Linse Nr. 2. und 1. stärkere Vergrößerung gäben, als im Tubus A. Daß blos um diese Vergrößerung zu erhalten, ein zweter Tubus hat gemacht werden müssen, weil man sie nicht hat durch den Tubus A erreichen können, ist als eine Unvollkommenheit der Linsen anzusehen. Ueberdem fehlt dem Tubus B. die nöthige Klarheit. Was die Hofmannsche Berechnung der Vergrößerungskräfte seiner Linsen in beyden Tuben anbetrift, so sind die Fehler sehr auffallend. Nach dessen auf beygelegten Zettel befindlichen schriftlichen Angabe soll

im Tubus A. die Linse Nr.	6	vergrößern	16	mal
	5	=	31	—
	4	=	52	—
	3	=	78	—
	2	=	154	—
	1	=	189	—
	0	=	300	—
im Tubus B. die Linse Nr.	6	=	37	—
	5	=	75	—

Im

im Tubus B. die Linse Nr.	4	vergrößerte	124 mal
	3	=	186 —
	2	=	371 —
	1	=	559 —

Bringe ich die Hofmannschen Linsen in mein Skurkesches Mikroskop, so vergrößert

die Linse Nr.	6	—	36 mal
	5	—	68 —
	4	—	104 —
	3	—	140 —
	2	—	160 —
	1	—	240 —
	0	—	360 —

ohne daß die im Hofmannschen Tubus erhaltene Klarheit dabey verliehrt. Hieraus würde folgen, daß der Künstler nur den Tubus zu verändern hätte, so würde Tubus B. überflüßig, und stärkere Vergrößerung erhalten worden seyn.

Auf meinem Megalometer, dessen ich mich bediene, die scheinbare Größe des Gesehenen nach □Zollen und □Linien sogleich zu messen, kann ich schlechterdings keinen Fehler in jener Angabe der Vergrößerungskräfte jener verglichenen Linsen begehen, und ich halte es für nothwendig, um andere in den Stand zu setzen, mir nach zu messen, noch eine genauere Beschreibung dieses Instruments zu geben. Mein Megalometer besteht aus einer Fläche von 6 Zoll lang und 5 Zoll breit. Die zum Gebrauch bestimmte obere Seite ist in so viel □Zolle und □Linien in Dezimalmaas eingetheilt, dergestalt, daß sich die Zollstriche von den Linienstrichen durch ihre Stärke unterscheiden, von 5 zu 5 Linien, und von Zoll zu Zoll sind verschiedene in die Augen fallende Zeichen (ich habe X und V dazu gebraucht) gemacht, damit man sogleich mit dem rechten Auge, indem man den Gegenstand mit dem linken Auge entdeckt hat, das vergrößerte Bild in □Linien und Zollen sehen und messen könne. Ein solches Instrument wird mit dem Objekte in gleicher Horizontalfläche gebracht, aus Gründen, die ich a. a. O. erklärt habe. Des beständigen Gebrauchs wegen muß es so eingerichtet, und an der Seite, wo es nöthig, so ausgeschnitten seyn, daß es durch Schrauben befestigt werden kann; was nun die Linieneintheilung anbetrift, so muß sie an dem Orte anfangen, der durch eine neben der rechten Seite des Tubus herabfallende Perpendikularlinie bezeichnet wird; es muß daher auch der Megalometer zur rechten Hand angeschroben werden, weil man mit dem rechten Auge darauf das scheinbare Bild zu sehen, und erforderlichen Falls mit der rechten Hand vermittelst eines Zirkels zu messen hat.

Unter mehrern Beyspielen meiner Messungen vermittelst solchen Megalometers, will ich nur eins anführen. Ich maaß vier verschiedene Menschenhaare, nahm davon die mittlere Zahl, und fand es $\frac{1}{33}$ Linie. Lambert fand es durch Hülfe des Branderschen Glasmikrometers $\frac{1}{30}$ Linie. Nur kleine Berechnung ist dabey erforderlich. Wenn nehmlich die Vergrößerungskraft einer gegebenen Linse in Rücksicht eines gewissen gemessenen Objekts (z. B. die Dratsaite deren Diameter $\frac{1}{8}$ Linie ist, unter der Skurkeschen Linse Nr. 6. deren Vergrößegrößerungskraft 36 ist) bekannt ist, so hat man zur Auffindung der wahren Größe irgend eines, durch dieselbe Linse vergrößerten und auf dem Megalometer gemessenen, scheinbaren Bildes, nichts weiter nöthig, als die gefundene scheinbare Größe mit der Vergrößerungskraft der Linse zu vergleichen, um das Verhältniß der wahren Größe des noch unbekannten Gegenstandes zur wahren Größe des bekannten gemessenen Objekts (welches in meinem Falle jene Dratseite von $\frac{1}{8}$ Linie ist) zu finden, und also zu sprechen:

wie sich die gemessene Vergrößerungskraft der Linse verhält zu der gemessenen Größe des bekannten Objekts, so verhält sich die gemessene scheinbare Größe eines gegebenen Objekts zu der unbekannten wahren Größe desselben Objekts.

Das heißt:

man dividire die scheinbare Größe in die Vergrößerungskraft der Linse, so giebt der Quozient multiplizirt durch die Größe des zum Regulatif angenommenen gemessenen Gegenstandes, die wahre Größe des gegebenen Gegenstandes.

Ich maaß z. B. die Diametralvergrößerung eines Menschenhaars unter meiner Linse Nr. 2. deren Vergrößerungskraft 184 ist, und fand jene 46, folglich ist der Quozient 4; diesen durch 8 (weil die wahre Größe der Dratsaite, als welche zum Maasstabe der Linsenvergrößerung angenommen war, $\frac{1}{8}$ Linie betrug) multiplizirt, giebt $\frac{1}{32}$ Linie.

5) Was endlich das Dollondsche Mikroskop betrift, welches ich ganz zuletzt stellen will, so ist es dem

Hofmannschen, wo nicht vorzuziehen, doch gewiß an die Seite zu setzen. Die Arbeit, der Mechanismus und Apparat übertrift den Hofmannschen unendlich und ist fast dem Tiedemannschen gleich zu schätzen. Es ist wirklich zu bedauren, daß die in ihrer Art schönen Gläser des Hrn Hofmann mit so grober Zurüstung versehen sind; doch scheint diese Schuld wohl an einem ungeschickten Leipziger Messigsarbeiter zu liegen. Billig sollte ein Hofmannsches Mikroskop im Preiße fast auf die Hälfte herabgesetzt werden, weil es gegen das Tiedemannsche über die Maaße theuer ist, auch theurer ist als das Dollondsche, wobey doch alles aufs schönste in Messing und Mahagony gearbeitet, und ein vortrefliches Sonnenmikroskop noch befindlich ist.

Beobachtungen

und

Entdeckungen

aus der

Naturkunde

von

der Gesellschaft naturforschender Freunde

zu Berlin.

Zweiten Bandes Drittes Stück.

Mit vier illum. Kupfertafeln.

Berlin,

bey Friedrich Maurer.

1788.

XIV.

Beschreibung der Poleyblättrigen Kalmia und der gelbblühenden Roßkastanie

von

F. A. J. von Wangenheim 1787.

5te und 6te Tafel.

Diese Art der Kalmia, auf der 5ten Tafel ein sehr schöner kleiner Blumenstrauch, ist so viel mir wissend noch nicht botanisch beschrieben; er ist erst seit wenigen Jahren durch die englischen Gärtner bekant gemacht, und mit dem Nahmen Poleyblättrige Kalmia belegt worden: so wie einige holländische Blumen-Gärtner diesen kleinen Strauch in ihren Verzeichnissen, Rosmarinblättrige Kalmia genennt haben.

Ich würde in meinen diese Oster-Messe herausgekommenen Beyträgen zur teutschen holzgerechten Forst-Wissenschaft, die Anpflanzung Nordamerikanischer Holz-Arten, mit Anwendung auf teutsche Forsten betreffend, unter der dritten Abtheilung, dieses schönen Blumenstrauchs gewiß erwähnet haben, wenn mir solcher, bis zum 43sten Grad der Breite nördlich, in Amerika vorgekommen wäre; so aber erhielte ich durch einen guten Freund aus Neu-Schottland, ein einziges mahl einige trokene Exemplare, die mir eine richtige Beschreibung davon zu liefern nicht hinlänglich schienen. Anjezt bin ich aber im Stande, eine ausführliche und richtige Beschreibung von diesem schönen Blumenstrauche zu geben, da durch den Fleiß und Bestreben des Herrn geheimen Forst-Rath von Burgsdorf, diese Kalmia nebst vielen andern seltenen Pflanzen die Tegelschen Plantagen zieret.

Das Vaterland dieses Strauchs, ist der kältere Himmelsstrich, vom 45 Grad der Breite weiter nördlich liegend, in Amerika, Neu-Schottland, und der kältere Theil von Canada, deren Klima mit Schweden und Norwegen übereinstimmend ist.

Diese Art der Kalmia ist ein Erd-Holz, dessen Höhe nicht viel über einen Schuh beträgt; mehrere Stengel schießen aus einer Wurzel aus, die aber niemahlen stärker als ein Gänse-Kiel werden.

Meine Bestimmung dieses Strauchs, ist:

Kalmia polifolia, corymbis terminalibus spicatis foliaceis, foliis oppositis lanceolatis integerrimis revolutis, subtus glaucis.

Daß Gärtner diese Kalmia richtig unter ihr eigenthümliches Geschlecht gebracht haben, (welches doch öfters

ters bey ihnen der Fall nicht ist,) rühret wohl daher, daß die Blüthe zu genau mit denjenigen ihrer Schwestern, der breitblättrigen und schmalblättrigen Kalmia, übereinstimmet, als daß sie den bloßen Augenschein nach, nicht sogleich darunter zu zählen wäre.

Der Kelch oder die Blumendecke (Calix) (a) ist in fünf Theile getheilt, er bleibet nach den Abblühen der Blumen sizzen, umfaßt alsdenn den Fruchtknoten, und ist von einer grünen in das röthliche spielenden Farbe.

Die Krone (Corolla) (b 1.) ist einblättrig, Präsentierteller trichterförmig, sie bestehet aus einer walzenförmigen kurzen Röhre, die nur ein wenig über den Kelch hervorstehet, sie ist aufgeblasen, oben in 5 ovale Einschnitte getheilt, äußerlich (b 2.) ragen 10 Hörngen hervor, innerlich (c) bilden sie so viele Safftgruben. Die Farbe der Blüthen ist carmoisinroth.

Jede Blume hat 10 Staubfäden, so an den Boden der Krone feste sizzen und darinne eingefügt sind, ihre Gestalt ist pfriemenförmig, kürzer als die Krone, sie liegen zurückgebogen in den Safftgruben, die Farbe ist gelblich: die dunkelcarmoisinrothen Staubbeutel sind einfach.

Der Fruchtknoten (Germen) ist rund, von grünlicher Farbe, der Griffel fadenförmig, länger als die Krone, carmoisinroth, die Narbe stumpf.

Die Frucht (d) bestehet in einer rundlichen Kapsel, so fünfvalveligt und fünfklappig ist; **der Griffel** (e) ist beständig, die Farbe der Kapsel ist braun, in jeder sizzen mehrere kleine Saamen.

Die Blätter bleiben im Winter an diesen kleinen Strauche sizzen, sie sind lanzettenförmig, ganz, auf der innern Seite (f) dunkelgrün glatt und glänzend, der Rand zurückgebogen; auf der äußern Seite (g) sind die Blätter weislich. Die Blätter stehen jederzeit gegen einander über.

Der röthlich gefärbte Kelch der Blüthen erscheint schon, als ein runder Knopf, an der Spizze der Zweige zwischen den Blatt-Winkeln, in der Mitte des März-Monathes, so daß man in einiger Entfernung und ohne Untersuchung glauben sollte, es wäre die Blüthe; so werden sie nach und nach bis gegen Anfang des Mai-Monathes immer größer, da die Blumenstiele sich zeigen, die gegen die Mitte des Mai-Monathes ausgewachsen sind, worauf die Blüthe erfolgt, die gegen 14 Tage aber nur dauert.

Die Blumen stehen einzeln, zwischen kleinen Blättern, gegen einander über, und kommen zwischen den Blattwinkeln an der Spize der Zweige hervor, wo sie eine straußartige Aehre bilden, die Blumenstiele sind etwas über einen Zoll lang, dunkel carmeisinroth, die Farbe der Blumen aber bloß carmoisinroth, die Sonne zieht diese Farbe aber bey weitem nicht so sehr aus, als dieses bey der breit und schmahlblättrigen Kalmia zu geschehen pfleget.

Der Saame wird im October-Monathe reif; der an der Frucht-Kapsel sizzen bleibende Griffel behält seine rothe Farbe bey.

In der Blüthe ist dieser kleine Strauch eine wahre Zierde der Gärten, und hat den Vortheil, daß er äusserst hart, und unserm Klima angemessen ist. In der Plantage zu Tegel stehet er auf einem trokenen fast aus lauter Sand bestehenden Boden, er gehet recht lebhaft fort, und trägt jedes Jahr reichliche Blüthen.

Die Anzucht aus dem Saamen bleibt so mißlich als diejenige des Rhododendrons, der Andromeden und Heidelbeerarten; dahero geschiehet die Vermehrung durch Ableger und bewurzelte Schößlinge viel leichter, so wie dadurch sogleich blühende Pflanzen erhalten werden, die den Endzweck erfüllen, den man sich bey den Anbau dieses schönen Blumenstrauchs vorgesezt hat.

Die gelbblühende Roßkastanie.

6te Tafel.

Niemand kan mit Gewißheit das Vaterland der gelbblühenden Roßkastanie angeben: Amerika ist es nicht, denn kein Botaniker oder Reisender, der Pflanzen in diesem Welttheile untersucht hat, gedenkt ihrer. Auch ich habe sie bey meinem achtjährigen Auffenthalte in Nord-Amerika weder daselbst gesehen, noch ihrer erwähnen hören, ohngeachtet man die rothblühende Roßkastanie,

stanie, bis zum 40sten Grad nördlicher Breite sehr häufig als einen schönen Blumen-Baum anbauet.

Die Erscheinung dieser Pflanze ist noch sehr neu, da sie Miller noch nicht kannte; und doch sind die ersten Pflanzen dieser Art, so weit man nachspüren kan, aus England gekommen. Die englische und teutsche Benennung ist richtig, die lateinische Benennung aber, Aesculus Pavia lutea, die ihre Entstehung wohl den Gärtnern zu verdanken hat, ist falsch, weil dieser Baum keine Pavia ist, und ein jeder unter der lateinisch-botanischen Benennung Pavia, sich eine Art der Roßkastanie vorstellen muß, deren Blüthen 8 Staubfäden, als den von dem Ritter von Linné angegebenen charakteristischen Zeichen, haben müssen; so hat die gelbblühende Roßkastanie nur 7 Staubfäden, wie die gemeine wilde, sie kan daher niemahlen als eine Art der Pavia gerechnet werden, obgleich der übrige Bau der Blüthe der rothblühenden Roßkastanie oder Pavia gleichet. Diese Unrichtigkeit kan wohl daher rühren, daß der erste Nahmen-Beyleger nach dem äußern Ansehen geschlossen hat, ohne eine gründliche und richtige botanische Untersuchung anzustellen. So viel bleibt dahero gewiß, daß sie eine eigne Art und keine Varietät der rothen Pavia ist. In meinen Beyträgen rc. Seite 57. erwähne ich, daß diese Art in Amerika ganz unbekannt, ich auch dieselbe niemahlen daselbst gefunden habe; ich vermuthete damahls auch schon, daß die gelbblühende Roßkastanie durch eine Mischung in Europa entstanden sey.

Bey

Bey näherer Untersuchung der Blüthen in der Plantage des Herrn geheimen Forst-Raths von Burgsdorf, und weil alle Stämme so mir noch vorgekommen, nicht aus eignen Saamen erwachsen, sondern auf Stämme der gemeinen Roßkastanie entweder gepfropft oder oculirt waren, hat sich meine Muthmaßung, daß die gelbblühende Roßkastanie wohl aus der Mischung unserer gemeinen wilden und der rothblühenden Pavia entstanden, noch mehr bestätiget; dieses bekräftiget auch ferner noch ihre geringe Zärtlichkeit in unserm Klima, da sie unsere härtesten Winter im offenen Stande aushält. Zu einer überzeugenden Probe fehlet dieses nur noch, den bey uns reifwerdenden Saamen auszusäen, und daraus zu erkennen, ob nicht der mehreste in die Urart zurücke falle.

Die gelbblühende Roßkastanie bestimme ich folgendermaßen:

Aesculus lutea, floribus heptandris, luteis, viscosis, clausis: foliis digitatis, foliolis ovato lanceolatis serratis.

In Tegel erscheint die Blüthe zu Anfang des Juny; gewöhnlich sizzen 3—5 Blumen mit kurzen Stielen an einem Hauptblumen-Stiele feste, mehrere derselben bilden einen pyramidenförmigen Strauß; die Blumenblätter stehen nicht wie bei der gemeinen wilden Roßkastanie von einander, sondern öffnen sich nur ein wenig an der Spizze, und sind übrigens fest geschlossen.

Der Kelch oder die Blumendecke (Calix) (a) ist einblättrig, aufgeblasen, ohngefehr ein Drittel so lang als die Blumenblätter, oben ist er in 5 Einschnitte getheilt, die Farbe ist gelb-grün.

Die Krone (Corolla) (b) ist aus 4 Blumenblättern zusammengesezt, wovon 2 Blätter etwas länger und schmähler als die andern sind. Die 2 längsten Blätter (c) sind ganz schmahl zungenförmig, oben etwas breiter ausgehend, und abgerundet; die 2 kürzern Blätter (d) sind ⅔ ihrer Länge zungenförmig, oben gehen sie breiter aus, und sind abgerundet, und am Rande wellenförmig gefaltet, die schmahlen Nägel sind in den Boden der Blumendecke eingefügt; auf der innern Seite des schmahlen Nagels ist der Rand an beyden Seiten etwas ausgebogen, hierdurch wird eine rinnenartige Vertieffung gebildet, die bis zum Boden des Fruchtknotens führet. Die Farbe der Blumenblätter ist gelb, mit ganz schwachen röthlichen Streiffen gemischt.

In jeder Blume finden sich 7 Staubfäden, so etwas kürzer als die Krone sind, ihre Gestalt ist pfriemenförmig, oben etwas eingebogen, die Farbe weißgelblich, die Staubbeutel (f) sind aufsteigend orangefarben.

Der Fruchtknoten (g) ist rundlich, der Griffel (h) pfriemenförmig, die Narbe (i) zugespizt: der ganze Pistill ist von weißgelblicher Farbe, halb so lang als die Blumenblätter.

Blumendecke, Blumenblätter, Staubfäden, Pistill, sind mit ganz feinen Haaren besezt, die bey dem Aufählen klebrig sind. Am Boden des Kelchs samlet

sich

sich sehr viel des feinsten Honigs, in Tropfen, so durch die in den Nägeln der Blumenblätter befindliche Vertiefungen dahin geleitet wird, und sich darinn, aus denen an den Spizzen der Haare sizzenden, denen bloßen Augen aber unmerklichen, Honigdrüßen samlet. Die Blüthe wird von den Bienen, da sie ganz fertigen Honig darinne antreffen, sehr begierig gesucht.

Die Blätter stehen gegeneinander über, sie hängen nach der Erde zu, jedes ist aus fünf oval lanzettförmigen feingezahnten Blättern zusammen gesezt, woran der Hauptblattstiel 3—5 Zoll lang ist, die Farbe der Blätter ist hellgrün und glänzend.

Unser Klima ist der gelbblühenden Roßkastanie angemessener als der rothblühenden, ihre Blüthen nehmen sich aber in den Pflanzungen nicht so gut, als die Blüthe unserer gemeinen wilden, und der rothblühenden Roßkastanie ihre aus.

Die Vermehrung wird durch das Propfen und Oculiren auf Stämme der gemeinen wilden Roßkastanie bewerkstelliget, die Reiser gehen sehr leichte darauf an, und liefern baldige und häufige Blüthe.

XV.

Beschreibungen einiger Nord-Amerikanischer Fische, vorzüglich aus den Neu-Yorkischen Gewässern,

von

D. Joh. Dav. Schoepf.

Muraena Helena, L.

Wird zuweilen, aber doch selten, an den Küsten der mittleren Provinzen angetroffen, häufiger aber an den Küsten von Florida und der Bahamischen Eylande, wo sie sich gerne zwischen den Felsritzen des Strandes verbirgt.

Muraena Anguilla, L. — Eel.

Man hat zwey oder drey Verschiedenheiten von Arten in Amerika, die ich aber gegen einander zu vergleichen keine Gelegenheit hatte. Die, so an der Küste von Neu-York und Rhode-Eyland vorkommen, sind klein und mager; ihr Gewicht pflegt selten ¼ oder ½ Pfund zu über-

übersteigen. Ihre Farbe ist ein schmuziges Grün. Sie halten sich in großer Menge in den salzigten Wassern auf, besonders gerne in sumpfichten und halbverschloßnen Buchten. Viele tausende werden in Rhode-Eyland und Neu-York, aber tod zu Markt gebracht, und sehr wohlfeil verkauft. Im Herbst und Winter sind sie am zahlreichsten. Im Winter werden sie unter dem Eise hervorgeholet; es werden nemlich Löcher in das Eis gehauen, und zwar vorzüglich an solchen Orten, wo das Wasser zur Fluthzeit einen stärkern Zug hat, und denn auf gerathewol mit einem vielzakigten Eisen in den darunter befindlichen Schlamm gestossen und gewühlet. Selten fehlt es, daß man nicht einen oder ein paar mit jedem Stoße heraufholet.

Ungleich größer, fetter und schmackhafter, sind die Aaale aus den süßen Wassern der inländischen Flüsse. Diese wiegen 3—4—5 und mehrere Pfunde. Ihr äusserliches scheint den vorigen, und dem Europäischen Fluß-Aaale ziemlich gleich zu seyn.

Eine besonders bittere Art Aale, findet sich in einigen Gegenden von Neu-England; besonders auf der Insel Nantucket.

Gadus Morrhua, L. Codfish.

Die größte Menge dieser Fische, enthält sich bekantlich auf den großen Neufundländischen Bänken, wo auch die auf ihren Fang ausgehende Schiffe sich einfinden. Einzelne Fische aber werden zuweilen an den

südlichen

südlichen Küsten von Nordamerika angetroffen und frisch zu Markt gebracht.

Gadus. *)

Tom Cod in Neu-York genant. Ein kleiner Fisch, welcher gewönlich nur in den Frühlings-Monaten an der Küste sich einfindet, wenigstens dann nur in einiger Menge, und nachher sich selten mehr sehen lässet. Die Meinungen der Fischer sind in Ansehung desselben getheilet, indem einige ihn nur für die junge Brut eines grössern Fisches halten wollen. Da er aber doch in vielen Stükken dem Gadus minutus. L. nahe kommt, welcher auch nicht grösser angegeben wird, so halte ich ihn für eine eigene, diesem nahe verwandte Art. Seine gröste Länge beträgt selten über 5 — 6 Zoll. Er nähret sich von andern kleinen Fischen, und wird frisch gegessen.

Der Kopf ist glatt und flach; der obere Kiefer ist etwas länger denn der untere, (und beweglich); beide Kiefer mit schwachen borstigen Zähnen besezt, und der untere mit einem Bärtchen versehen. Auf jeder Seite ein einzelnes Nasenloch, nahe am Auge. Die Augen gelb. Die Kiemenhaut hat Sieben runde, doch etwas gedrukte Stralen. Der Körper ist ablang, mit glatten, leicht sich lösenden Schuppen besezt. Der Rücken braun, ins grüne spielend; der Bauch weis; an

*) Ist eine neue Gattung, die der flach gedrückte Kopf und die borsten artigen Zähne charakterisiren.

Bloch.

an den Seiten glänzend. Die Oefnung des Afters ist in der Mitte des Körpers. Die Schwanzfloße abgerundet und ungetheilet. Die Seitenlinie krümmt sich vom Kopfe aus, in einem Bogen gegen die erste Rückenfloße und läuft denn gerade aus. Sämtliche Floßen sind mit der gemeinschaftlichen Haut bedekt. Die drey Rückenfloßen sind unter sich abgesondert und stumpf. Die erste hat 14, die zweyte 16, die dritte 21 Stralen. Die lanzenförmige stumpfe Brustfloße, 16—17 Stralen. Die dicht vor den Brustfloßen stehende Bauchfloßen 5—6, wovon die äußerste am längsten. Von den zwey Afterfloßen hat die erste 18—20, die zweyte, welche der 3ten Rückenfloße gegen über stehet und länglicht abgerundet ist, 20 Stralen. Die Anzal der Stralen ist jedoch zuweilen etwas abweichend.

Gadus Merlucius, L. Hake.

Wird nebst dem G. Morrhua in den nordlichen Gewässern von Amerika angetroffen, komt aber auch in die Gegenden von Neu-York.

Gadus Tau, L. Toadfish in Carolina und Virginien. Von Dr. Garden beschrieben.

Gadus Lota, L. Burbot. — Hält sich in Hudsonsbay, (und vielleicht auch in den benachbarten Gewässern) auf, die dasigen Indianer nennen ihn Marthy.

S. For-

S. Forsters Beytr. zur Länder- und Völker-Kunde. 3ter Th. S. 264.

Blennius. *)

Kingfish in Neu-York.

Der abhängige Kopf und die Stirne sind mit Schuppen belegt. Die Augen silberfarben. Doppelte Nasenlöcher vor den Augen. Kleine borstige Zähne in den Kinnladen und Vorder-Gaumen. (Oberkiefer beweglich.) Die Kiemendekkel schuppicht und biegsam. Die Kiemenhaut hat Sieben Stralen. Der Körper ist von beyden Seiten etwas zusammen gedrukt, spiesförmig, schleimichtschlüpfrig. Der Rükken schwärzlichbraun; der Bauch weis. Die Seitenlinie läuft gerade aus, und hat 12 grössere weiße glänzende Punkte. Die Bauchfloßen stehen nahe unter und vor den Brustfloßen, dichte vor der Klemenöfnung; sie sind weis, und haben nur zwey weiche unbewafnete Stralen, davon die eine länger ist. Die stumpfe Brustfloßen haben 14 Stralen. Der Rückenfloßen sind zwey; die erste länglicht, klein und kurz mit 6 Stralen; die zweyte von einer dikkeren, schlüpfrigeren Haut bedekt, hat ungefähr 50 Stralen. Schwanzfloße ist keilförmig. (Von dieser und der Afterfloße habe ich die Stralen nicht angemerkt.)

Dieser

*) Die 7 Stralen in der Kiemenhaut, und die weispunctirte Seitenlinie sind Merkmahle, daß dieser Fisch eine neue Gattung sey.

Bloch.

Dieser King-Fisch hält sich in den wärmeren Monaten an der Küste auf, und beißt an der Angel. Das Fleisch ist nicht besonders gut.

Die sieben Stralen der Kiemenhaut sollten ihn zwar vom Geschlecht des linneischen Blennius ausschliessen; aber doch weisen ihm die übrige Kennzeichen seine Stelle hier an: Es könnte vielleicht auch der eine mir zu handen gekommene Fisch, in diesen Theilen eine Abweichung haben, wie an den nächstfolgenden bemerkt wird.

Blennius. *)

Chuss in Neu-York.

Der Kopf ist platt, abhängig und schuppicht. Der Ober-Kiefer etwas länger denn der untere (und beweglich.) An der Mitte des untern Kiefers sizt ein kleiner kurzer Bart. Beyde Kiefer, der vordere Theil des Gaumens und der Rachen sind mit kurzen borstigen Zähnen dikke besezt. Die Zunge ist glatt und herzformig. Doppelte Nasenlöcher stehen dicht vor dem innern Augenwinkel. Die große hervorragende Augen sind mit der allgemeinen Haut bedekt, und mit einer Membrana nictitans versehen; die Augen sind silberfarb. Der Kiemendekkel ist einfach und schuppicht. Die Kiemenhaut hat Sieben Stralen. (An einem Exemplar fand ich auf der rechten Seite sieben

*) Die Bartfaser am Unterkiefer dienet zum Kennzeichen dieses Fisches.

Bloch.

sieben, auf der linken aber nur sechs Stralen.) Die Seitenlinie gehet vom obern Winkel des Kiemendekkels aus und ziemlich gerade. Der Körper ist von beyden Seiten gedrükt, spiesförmig und schuppicht. Kopf und Rükken sind rothbraun; der Unterleib weis, doch nach der Brust hin und hinter dem After etwas ins gelbe fallend. Die Bauchfloßen haben 2 Stralen, davon die eine $2\frac{1}{2}$, die andere 5 Zoll lang; von unten her sind sie vereiniget, gegen ihr Ende hin aber abgesondert, frey, fadenähnlich und weich. Sie sizzen auf dem knorplichten Bogen der Kiemen-Oefnung, unter und etwas vor den Brustfloßen. Die Brustfloßen haben 14 Stralen. Der Rükkenfloßen sind zwey; in der vordern sind 9 Stralen, deren ersterer 4 Zoll lang und in einem Faden ausläuft, der lezte aber nur $\frac{1}{4}$ Zoll lang; die hintere Rückenfloße, welche sich bis an den Schwanz erstrekket, hat ungefähr 60 Stralen, die sich an Länge ziemlich gleich sind. In der Afterfloße sind 53; in der ungetheilten Schwanzfloße ungefähr 30 Stralen. Sämtliche Floßen sind mit der allgemeinen Haut bedekt. Die Schuppen fallen leicht ab.

Die Länge des Fisches ist gegen 18 Zoll, und seine verhältnißmäßige Breite ungefähr $3\frac{1}{2}$ Zoll. Es ist kein sehr gemeiner Fisch, aber schmackhaft. — Im Magen fanden sich kleine Krebse.

Echeneis

Echeneis Remora, L. Suckingfish.

Echeneis Naucrates, 24 L.

Beide Arten habe ich mehrmalen von den zu Neu-York anlangenden Schiffen abnehmen sehen.

Coryphæna Hippuris, L.

Der Dolphin der Engländer; Dorado der Portugiesischen und Spanischen Seeleute. Wird im Ocean, und selbst an den Amerikanischen Küsten oft genug angetroffen. Die Englischen Seeleute finden das Fleisch desselben schmackhaft.

Coryphæna Psittacus, L.

Unter dem Namen Parrotfish von Dr. Garden in Carolina beschrieben. Im Sommer pflegt er auch zuweilen sich an den Küsten von Neu-York einzufinden.

Cottus Scorpius. L.

Die Länge des Fisches ist von 4—6 Zoll. Sie beissen an der Angel und finden sich im Frühlinge ein.

In Neu-York wird diese Art *Sea-toad* genannt; in Neufundland, wo sie häufiger und grösser seyn sollen, nennt man sie Scolping; dort bedient man sich ihrer auch zu Suppen.

Mit dem Father-lasher, Penn. Brit. Zool., scheint er wohl, bis auf einige Umstände, der nämliche zu seyn.

Cottus glaber.

Der Kopf ist breiter als der übrige Körper; die Stirne glatt und unbewafnet; nur zwey oder drey kleine Stacheln stehen auf jedem Kiemendekkel. Die Kiemenhaut hat 5 Stralen. Die Augen stehen nahe aneinander. Der untere Kiefer ist etwas vorragend. Die Zähne sind klein und borstig. Die Nasenlöcher rund und nahe an der Oberlippe. Der Unterkiefer ist mit einigen sehr kurzen Bärtchen besezt; (die man nicht leicht anders, als im Wasser schwimmend gewahr wird.) — Kopf und Rücken sind röthlich braun und schwärzlicht geflekket. Brust und Bauch sind weis. Die Rückenflosse hat 25 — 26 Stralen. Die Brustflosse ist dikke und abgestumpft mit 18 Stralen. Die dikken Bauchflossen haben 3; die Afterflossen 21 — 22; und die abgerundeten Schwanzflosse 12 Stralen.

Ich erhielt diesen Fisch, im Augustmonat aus dem East-river zu Neu-York. Seine Länge war 4 Zoll; davon hatte der Kopf 1¼ Zoll Länge und einen Zoll Breite. — Er scheint dem nächstfolgenden von Linné erwähnten nahe verwandt zu seyn. *)

Cottus Grunniens, L.

Kopf und Körper sind von den Seiten platt gedrükt, und beinahe durchaus von einer glänzenden Silberfarbe.

*) Ich halte ihn, wegen der viel stärkeren Anzahl der Strahlen in der Afterfloße von den folgenden für eine besondere Gattung. Bloch.

farbe. Am After sind keine Stacheln. Von der Seitenlinie beschreibt der vordere Theil einen halben Zirkel, der übrige Theil läuft gerade aus. Der Stachel am Rücken ist gerade. Die erste Rückenflosse hat 6, die zweyte $\frac{1}{21}$ Stralen; von diesen ist die zweyte Strale vor den übrigen verlängert, und der Länge des ganzen Körpers (vom Maul zum Schwanz) gleich. Die Brustflossen haben 17 — 18; die Bauchflossen 5; — die Afterflosse $\frac{1}{20}$; (die zweyte ist die längste); die Schwanzflosse 24 Stralen.

Die Anzal der sämtlichen Flossenstralen trift mit der vom Linne beym Zeus Vomer angegebenen genauer überein; aber die Abwesenheit der Stacheln am After und die langen Stralen der 2ten Rücken und Afterflossen entfernen ihn von jenem. *) Vom Z. Gallus weicht er nach der Linneischen Beschreibung aber auch darinn ab, daß nicht der 10te Stral der Rückenflossen, sondern der 8te (von der erstern angerechnet) der längste ist. — Der Fisch hat gegen seine Länge von $\frac{1}{2}$ — 1 Fuß kaum die Dikke eines Zolls, und lässet sich leicht troknen. Er hält sich nur im Sommer in den Neu-Yorkischen Gewässern auf; wird von niemanden gegessen, und man hat ihm auch noch keinen besondern Namen gegeben.

*) Ich halte ihn für den Vomer des Linné; ich habe in meiner Naturgeschichte ausländischer Fische, 4to. 3 Th. S. 5-45. angemerkt, daß ich die vom Linné angegebenen Stacheln nicht habe finden können.

Bloch.

Pleuronectes Hippoglossus, L.

Hollybut der Engländer. Wird nicht nur in Europäischen Gewässern, sondern auch auf den Bänken von Neufundland und an der Küste von Neu-England angetroffen. In Rhode-Eyland wurden sie öfters zu Markte gebracht und für 1 — 1½ Pens Sterling das Pfund verkauft. Sie sind gros. In Neu-York sahe ich keine.

Pleuronectes Plagiusa, L.

In Carolina; von Dr. Garden beschrieben.

Pleuronectes.

Flounder, auf Rhode-Eyland genant. — Die Kiemenhaut hat Sieben Stralen. Die Augen stehen auf der rechten Seite nahe am Mund; das obere Auge am Anfang der Rückenflosse. Die Nasenlöcher sind auf der linken Seite. Die Kiefer sind nur zur Hälfte (auf der linken Seite nemlich) mit Zähnen besezt. Der Körper ist breit, ablang, platt gedrükt und glatt. Auf der rechten Seite braun, auf der linken weis. Die Seitenlinie ist gerade. Rückenflosse hat 66; Brustfl. 9 — 11; Bauchfl. 6; Afterfl. 50 — 52; Schwanzfl. 19 — 20 Stralen; doch ist ihre Zahl sehr abänderlich. — Die größte Länge des Fisches ist gegen einen Fuß. Sie finden sich im Frühlinge ein.

Pleu-

Pleuronectes lineatus, L.

Sole in Neuyork genant. — Die Augen stehen rechts. Der Körper ist oval, oben braun und rauch anzufühlen. Sieben schwarze Streifen gehen queer über den Körper vom Rücken nach dem Bauch; und noch einige kürzere Streifen zeigen sich über den Kiemen. Die Seitenlinie ist gerade. Unten ist der Körper milchfarben oder weislicht mit braunen Flekken. Der Schwanz ist abgerundet. Die Rückenflosse haben 53 — 54; die Bauchfl. 4 — 5; die Afterfl. 43—44; die Schwanzflosse 16 Stralen. — Die Brustflossen fehlen.

Gefranzte Schuppen (Squamas ciliares) habe ich nicht gefunden. Er findet sich auch erst im Frühlinge ein. Sole wird er genannt, weil er sich rauch anfühlt wie die Europäische Sole, (Pleuron. Solea. L.) und eben so schmakhaft ist.

Pleuronectes dentatus, L.

Plaise in Carolina; von Dr. Garden.

Pleuronectes lunatus, L.

Solea lunata & punctata. Catesb. carol. 2. p. 27. f. 27.

Chaetodon alepidotus, L.

In Carolina. Dr. Garden.

Chaetodon triostegus, L.

Angelfish. In Carolina. Dr. Garden. Kömmt in Sommer auch herauf in die Neuyorkischen Gewässer.

Sparus.

Goldfish in Neu-York.

Der Kopf ist abhängig, mit Schuppen belegt, und mit verschiedenen Farben-spielenden Streifen geziert. Die Augen sind vorragend und gelb. Eine Reihe von kleinen spitzigen Zähnen in jedem Kiefer; (der Oberkiefer beweglich.) Die Kiemendekkel sind mit Schuppen belegt, und in einigen sind die obern Kiemendekkel am Rande sehr zarte gezähnelt. Die Kiemenhaut hat fünf Stralen. Ein runder, schwarz-violetter, (zuweilen aber auch gelber) Fleck stehet am obern Winkel der Kiemen-Oefnung. Der Körper ist von den Seiten gedrükt, und oblang; der Rücken scharf. Die Seitenlinie läuft mit dem Rücken parallel, zulezt aber gerade aus. Der Schwanz ist ganz. Die Rückenflosse hat 22 Stralen, davon sind die 10 ersten stachlicht, und einige der ersten mit einem kurzem weichen Anhang versehen; in einigen sind es auch nur $\frac{8}{21}$ Stralen. Bauchfl. hat $\frac{1}{8}$; Brustfl. 12-13; Afterfl. $\frac{3}{12}$; Schwanzflosse 18 Stralen.

Es ist dieses ein kleiner Fisch, welchen ich nicht über 3—4 Zoll lang gesehen habe. Sein Aufenthalt ist in frischen stehenden Wassern, besonders im

Fresh-Water Pond bey Neuyork. Die Gestalt und Umriß des Körpers gleicht einigen Arten des Chaetodon.

Sparus aurata. L. Gilthead. Penn. Br. Zool. Im Ocean zwischen Europa und Amerika.

Sparus Erythrinus. L. Im Amerikanischen Meer.

Sparus Synagris, L.

Salpa parpurascens variegata. Catesb. carol. 2. p. 17. f. 17.

Sparus rhomboides, L.

Perca rhomboides. Cat. car. 2. p. 4. f. 4.

Saltwater Bream. In Amerika. Dr. Garden.

Sparus chrysops, L.

Aurata bahamensis. Cat. car. 2. p. 16. f. 16.

Porgee, in Carolina. Dr. Garden; dessen Beschreibung zutrift. Unter dem Namen Maggot Fish sahe ich ihn in Providence. Die Stirne ist sehr glatt.

Sparus argyrops, L. In Carolina. Dr. Garden.

Sparus radiatus, L.

Puddingfish in Carolina; und den Bahamischen Inseln, allwo ich ihn sahe, und Dr. Gardens Beschreibung zutreffend fand.

Sparus virginicus, L.

Sparus.

Sheeps-head, in Neuyork.

Der Kopf ist sehr abhängig und etwas gewölkt; die Stirne ohne Schuppen und glatt. Die Nasenlöcher stehen nahe an den Augen; das obere ist länglicht geschlizzet und stehet im innern Augenwinkel; das untere ist rund. Die Oberlippe läßt sich nur wenig hervorziehen. Die Zunge ist eyförmig und glatt. Das Maul ist mit starken Zähnen bewafnet; im Oberkiefer stehen vorne 6, im untern 8 Schneide-Zähne; hinter diesen, oben eine dreyfache, unten eine zweyfache Reihe von stumpfen, abgerundeten Bakkenzähnen; von denen die hintern immer grösser sind als die vordern. Die Augen sind goldfarben.

Die Kiemendekkel sind mit Schuppen bedekt und am Rande ganz. Die Kiemenhaut hat fünf Stralen; (bey einigen habe ich auch nur vier bemerkt.) Der Körper ist von den Seiten stark gedrükt und silberfarben. Sechs schwarze Querstreifen oder Binden bezeichnen von Leib; viere davon gehen vom Rükken herab nach dem Bauch, und zwey über den

Schwanz.

Schwanz. Die Seitenlinie iſt gekrümmt. Die Schwanzfloſſe iſt (mehr oder weniger) gabelförmig.

Die Anzahl der Stralen iſt in den Rückenfloſſen $\frac{11}{24}$ — $\frac{12}{26}$; in den Bruſtfl. 15 — 16, Bauchfl. $\frac{1}{6}$; Afterfl. $\frac{3}{14}$; Schwanzfl. 18. Die erſtern und ſtärkern ſtachlichten Stralen der Rücken und Afterfloſſe, liegen, wenn die Floſſe gefaltet iſt, in einer eigenen Vertiefung.

Der Sheeps-head (oder Schaafskopf, wegen einiger Aehnlichkeit, welche der Umriß des Kopfes von dieſem Fiſch, mit der gebogenen Naſe und Stirne eines Schaafes haben ſoll), findet ſich in den Sommermonaten ſehr häufig an der Küſte ein, und iſt ein ſehr beliebter Fiſch. Man glaubt, daß er ſich von dem Fleiſch kleiner Muſcheln und Schnekken nähre, und ſein ſtarkes Gebiß macht es wahrſcheinlich.

So gemein und bekannt der Fiſch in den meiſten Gegenden von Amerika iſt, ſo ſcheint er doch von niemanden beſchrieben zu ſeyn. Er hat in ſeinen Queerſtreifen deutliche und beſtimmte Kennzeichen, und unterſcheidet ſich in der Zahl und Stellung derſelben vom Sparus virginicus.

Sparus.

Poki oder *Porgee*, zu Neu-York.

Ein anderer zu dieſem Geſchlecht gehöriger Fiſch; welcher dem vorhergehenden Sheepshead an Gröſſe und äuſſerer Geſtalt und auch in der Zahl der Floſſen-Stralen ganz ähnlich iſt. Aber er weicht von ihm ab, indem seine Zähne weniger stark sind, bey übrigens gleicher Grösse: die Augen sind silberfarben; der ganze Körper ist silberfarben oder blaß und ohne Querstreifen, am Rücken hingegen etwas ins blaue fallend.

Die Seitenlinie ist ebenfalls gekrümt, und die Kiemenhaut hat fünf Stralen.

Könnte vielleicht Sparus argyrops L. seyn; ich habe aber die im Natur-System angegebene Verlängerung der drey ersten Rükkenflossen nicht bemerket.)

Sparus.

Zu diesem Geschlecht gehöret endlich auch noch ein anderer Fisch, welcher mir auf Rhode-Eyland vorgekommen.

Er gleicht an Gestalt und Grösse dem Sheepshead; die Farbe des Körpers aber ist ein schmuzziges braun, und mit vier, zuweilen auch fünf oder sechs, schwärzlichen Streifen, vom Rücken nach dem Bauch gehend, bezeichnet. Die Seitenlinie gehet gerade aus über den Leib; unterhalb dem Ende der Rückenflosse senkt sie sich etwas herab nach der Mitte des Schwanzes, und gehet denn wieder gerade aus. Der Schwanz ist ungetheilt.

Die Kiemendekkel sind mit Schuppen belegt und am Rande ganz. Die Kiemenhaut hat fünf Stralen.

In grössern Fischen dieser Art findet sich eine gedoppelte Reihe Zähne. Die Zähne stehen dichte an einander.

einander. Die vordersten zwey Schneidezähne sind breiter als die übrigen. Die Rückenflosse hat 27 Stralen, davon die ersten 17 stachlicht sind; die Brustfl. 15; Bauchfl. $\frac{1}{6}$; Afterfl. $\frac{3}{12}$; Schwanzflossen 15.

Sparus capistratus, L.

Labrus.

Burgall; zu Neu-York.

Der Kopf ist abhängig; die Stirne glatt, ins blaue spielend und mit gelben Strichen gezieret. Die Oberlippe ist beweglich. In den Kiefern stehen spizige etwas gebogene Hundzähne; sie sind von einander abstehend, und die vordern länger denn die übrigen. Zuweilen findet sich eine zweyte Reihe kleinerer Zähne, hinter der erstern.

Die Augen (Iris) sind braun, der innere Ring aber doch goldfarben. Das untere Augenlied ist gelb. Die Kiemendekkel sind mit Schuppen bedekt; die obern am Rande gezähnelt; am untern Rande mit zwey Zähnen oder Spizen versehen. Die Kiemenhaut hat fünf Stralen. Der Körper ist länglicht, von den Seiten gedrükt. Der Rücken ist braungelb; an den Seiten aber aus dem blauen ins grüne spielend und glänzend; alle Schuppen haben an der Spitze einen hochgelben Punkt, daher mehrere in die Länge gehende punktirte Linien entstehen. Brust und Bauch sind weis.

Die

Die Seitenlinie gehet über den Leib gerade aus, beugt sich hinten etwas herab nach der Mitte des Schwanzes, und gehet dann wieder gerade fort. Die Schwanzflosse, ist ungetheilt. An der Rückenflosse sind die 19 ersten Stralen stachlicht und mit einem weichen Anhang versehen, eben so wie die 3 ersten der Afterflosse. Die Flossenhaut an beyden ist zwischen den Stralen gelb punktirt. Die Brustflossen sind abgerundet. Die Anzal der Stralen ist übrigens, in der Rückensfl. $\frac{18}{28}$ — $\frac{19}{30}$; Brustfl. 14 — 15; Bauchfl. $\frac{1}{6}$. Afterfl. $\frac{3}{12}$. Schwanzfl. 15. Die Länge des Fisches beträgt 1 — $1\frac{1}{2}$ Fuß.

Die Zahl der Kiemenstralen und abgerundete Brustfloßen bringen ihn unter die Sparos; die weichen Anhängsel der Rückenfloßstralen hingegen und die gerade Seitenlinie unter die Labros.

Labrus!

Black-Fish; zu Neuyork.

Die gewölbte Stirne ist mit einer glatten, aber dikken Haut bedekket. Die Lippen sind einfach und dicke. Das Maul ist mit einer doppelten Reihe Zähne bewafnet; die erste enthält zwölf Spitz-Zähne, von den die zwey vordersten länger und stärker als die übrigen sind.

Die zweite oder innere Reihe, bestehet aus kleineren und stumpferen Zähnen. Gaumen und Schlund sind ohne Zähne; die Zunge stumpf und glatt, und weit zurück bevestiget, daß sie kaum bemerkt wird.

Im

Im Unterkiefer, eine halbmondförmige Membrane, welche queer im Vordertheil desselben stehet. Doppelte rundlichte Naslöcher vor den Augen. Die Augen (in todten Fischen) rostfarben.

Von den Kiemendekkeln sind die obern, mit einigen sehr glatten Schuppen beleget; die untern oder hintern (operc. postica) sehr glatt und ohne alle Schuppen. Die Kiemenhaut ist etwas dikke und hat fünf Stralen.

Der Körper ist von den Seiten gedrükt; ablang; nimt nach hinten zu wenig ab, und ist glatt. Der Rücken ist braun schwärzlich, an den Seiten etwas blaßer; die Schuppen klein, am Rande ganz, und einige ins grüne spielend. Der Bauch ist weis. Die Seitenlinie gerade. Die ersten Stralen der Rückenfloße haben einen weichen fadenähnlichen Anhang. Die Brustflossen sind umgekehrt, eyförmig und abgestumpft. Der Schwanz ist kurz, ungetheilt und stumpf. Die Rückenflosse hat 27 Stralen; die ersten 17 davon sind stachlicht; Brustfl. 15; Bauchfl. $\frac{1}{6}$; Afterflossen $\frac{3}{12}$; Schwanzfl. 15.

Die Länge des Fisches beträgt gemeiniglich einen Fuß und drüber. Er komt nur im Sommer, aber denn ziemlich häufig in die Gegenden von Neuyork, und liefert ein sehr schmackhaftes Gericht.

Labrus Hiatula, *L.*

Von Dr. Garden in Carolina beschrieben; auf Rhode-Island sahe ich ihn ein einzigmal.

Labrus

Labrus Cromis, L.

Drum-Fish, (Trommel Fisch) genant, wegen des besondern holen und dumpfen Lauts, welchen er unter dem Wasser von sich giebt. Es pflegen sich diese Fische gerne um die Boden der Schiffe herum zu versamlen, und hier hört man in stillen Nächten ihre Musik deutlich und ununterbrochen. Am häufigsten halten sie sich an den flachen Küsten von Carolina und Florida auf, und zwar durch den grösten Theil des Jahrs; um Neuyork sind sie seltener, doch habe ich einigemal welche auf den Markt bringen sehen. Sie werden gegessen; ihr Fleisch ist aber nicht das zarteste. Sie sind zuweilen 3 — 4 Fuß lang, und wiegen 10 — 12 Pfund.

Labrus Anthias, L. Cat. car. 2. p. 25. t. 25.

L. griseus, L. Turdus pinnis bronchialibus carens. Cat. car. 2. p. 9. t. 9.

L. auritus, L. Perca fluviatilis gibbosa, ventre luteo. Cat. car. 2. p. 8. t. 8. f. 3.

L. rufus, L. Turdus flavus. Cat. car. 2. p. 11. t. 11.

Labrus fulvus, L. Turdus cauda convexa. Cat. carol. 2. p. 10. t. 10. f. 2.

Der Fisch, welcher in Virginien und den übrigen südlichen Gegenden *Old Wife* (Altes Weib) genant wird, mir aber nicht vorgekommen ist, mag vielleicht zu diesem Geschlecht gehören; wenigstens läßt sich vermuthen,

then, daß ihm einige Aehnlichkeit mit dem Labrus Tinca L., welcher in England Old Wife genannt wird, diesen Namen erworben haben.

Perca.

Perch, River-Perch; zu Neuyork.

Der Kopf abhängig; die Stirne schuppicht. Zwey Naslöcher, davon das eine grösser, am innern Augenwinkel. Die Augen goldfarben. Der Oberkiefer beweglich; der untere etwas vorragend. In beyden Kiefern und dem vordern Theil des Gaumens stehen kleine borstige Zähne. Die Zunge ist ein ablanges Dreyeck, an der Spize stumpf, an beyden Rändern rauh.

Die Kiemendekkel schuppicht; der obere am Rande gezähnelt. Die Kiemenhaut hat Sieben Stralen.

Der Körper von den Seiten gedrükt, ablang; zwischen den ersten Stralen der vordern Rückenflosse und der Bauchflosse am breitesten. Die Farbe des Rükkens braun, ins blaue und grüne spielend. Der Bauch weis und glänzend. Die Unterlippe, die Kehle, die Kiemenhaut, die Bauchflosse, (öfters auch die Brust- und Afterflosse) sind von dem, durch die zarten Häute scheinenden Blut, roth. Die Schwanzflosse ist gabelförmig. Die Bauchflossen sizzen am Ende des Brustbeins. Die Seitenlinie ist gerade. Sämtliche Schuppen sind am Rande gefranzet. (ciliatae.) Der Rückenflossen sind zwey; die erste hat

hat 9 stachlichte Stralen, die zweyte 1 stachlichte und 12 weiche. Die Brustflosse 15; Bauchflosse $\frac{1}{6}$; Afterflosse $\frac{3}{12}$; Schwanzflosse 18.

Dieser Pertsch, welcher an Grösse unsern Flußpertschen gleich komt, hält sich an der Küste von Neuyork und Long Eyland, an den Mündungen frischer Wasserbäche und in denselben auf. Es fehlen ihm die 6 schwarzen Linien, und der schwarze Fleck am Ende der Rückenflosse, welche der Europäische Flußpertsch hat; und die erste Rückenflosse hat immer nur 13 Stralen. S. Naturforscher. 20 Stück. S. 19.

Perca.

Rock-Fish. Striked Bass. zu Neuyork.

Der Kopf ist etwas platt abhängig. Die Augen silberfarben. Die Kiefer mit doppelten, auch dreyfachen Reihen, kleiner borstiger zahlreicher Zähne besezt. Der Ober-Kiefer ist beweglich; (und articulirt mit dem Nasenbein mittelst eines langen und breiten Ansazes.) Der Unterkiefer ist etwas vorragend. Die Kiemendekkel sind schuppicht; der Rand der oberen ist sehr zart gezähnelt; an dem Rand der untern befinden sich zwey zahnförmige Verlängerungen. Die Kiemenhaut hat Sieben Stralen; die siebente ist sehr klein.

Der Körper ist von den Seiten gedrükt und silberfarben; der Rücken etwas grünlicht; der Bauch weis. Sieben braune Linien laufen in einer geraden und parallelen Richtung vom Kopf nach dem Schwanz.

Die mittlere davon, welche zugleich die Seitenlinie bildet, ist etwas breiter und durch besondere Punkte ausgezeichnet, und gehet vom obern Winkel der Kiemendekkel aus, und in gerader Richtung nach der Mitte des Schwanzes.

Die unterste der sieben Linien fängt hinter der Brustflosse an, und läuft gerade gegen den lezten Stral der Afterflosse. Sämtliche Schuppen sind gefranzet.

Die zwey Rückenflossen sind abgesondert; in der ersten sind 8 stachlichte Stralen; von der zweyten ist die erste Strale stachlicht, und die übrige zwölf weich. $(\frac{1}{13})$. Brustfl. 15. Bauchfl. $\frac{1}{6}$. Afterfl. $\frac{2}{14}$. Die Schwanzflosse ist mehr oder weniger gabelförmig, und hat 18 Stralen. Die Länge des Fisches ist 8-12 Zoll.

Es ist ein sehr gemeiner Fisch, welcher sich das ganze Jahr an der Küste von Neuyork aufhält. Im Winter wird er in grossen Haufen, aber tod, zu Markt gebracht.

Es finden sich in den dasigen Gewässern auch andere Fische, welche an Grösse, Gestalt und Farbe diesem Striked Baß fast durchgehends ähnlich sind, nur daß sie gänzlich ohne die bemerkte Streifen sind. Man hält sie aber mit jenem für einerley, und giebt an, daß diese Fische erst, wenn sie 2—3jährig sind, jene Streifen erhalten, welche ihn von allen übrigen seines Geschlechts hinreichend unterscheiden.

Der Linneische Charakter des Percae Asperae schiene ziemlich auf obigen zu passen; es ist aber wahrscheinlich eine neue Art.

Perca punctata, L.

Yellowtail, in Carolina. Dr. Garden. — Scheint dem vorigen, der Beschreibung nach, sehr verwandt zu seyn. Mir kam er nicht zu Gesicht; er soll sich aber doch auch zuweilen um Neuyork antreffen lassen.

Perca Alburnus, L.

Alburnus americanus. Cat. carol. 2. p. 12. t. 12. f. 2.

Whiting. — Der äussern Gestalt nach scheint er nicht zum Geschlecht der Pertschen zu gehören. — Die Stralen der Kiemenhaut sind von unbestimter Zahl, von 3—5. Die Oberlippe ist etwas vorgeschoben. Unter dem Kinn ist ein kurzes Bästchen. Die schwarzlichte Queerstreifen des Körpers sind oft kaum bemerkbar.

Der Whiting ist ungleich häufiger an den südlichen Küsten von Carolina und Florida, als nördlich. Er hält sich gerne auf dem Grund des Wassers auf und beißt an der Angel, aber nur, wenn die stärkste Fluth- oder Ebbezeit vorüber und das Strömen des Wassers etwas ruhiger ist. Wenn er aus dem Wasser kömmt, ist er röthlicher Farbe; indem er abstirbt, nimmt er verschiedene andere Farben an. Er ist von gutem Geschmak, aber nicht groß.

Perca

Perca undulata, L.

Perca marina pinna dorſi diviſa. Cat. car. 2. p. 3. t. 3. f. 1.

Croker. — Er hält ſich an den Küſten von Carolina und in der Cheaſapeakbay auf, kömmt auch zuweilen herauf in Delawarn-Bay. Es iſt ein ſchmakhafter und beliebter Fiſch.

Perca.

Fresh Water Perch; in Charleſton.

Groundperch. Cat. carol. 2. p. 8. t. 8.

Der Kopf iſt abhängig; die Stirne glatt. Die Oberlippe beweglich. Die Kiefer mit kleinen borſtigen Zähnen beſezt. Die Augen gelb. Die obern Kiemendekkel ſind ſchuppicht, aber nicht gar merklich gezähnelt. Die Kiemenhaut hat Sieben Stralen. Am Winkel des obern Kiemendekkels iſt ein ſchwarzer Fleck.

Der Körper iſt von den Seiten gedrückt, und hat die Geſtalt der Europäiſchen Flußpertſche. Die Schuppen ſind gefranzet. Die Seitenlinie gehet mit der Krümmung des Rückens parallel. Die Farbe des Rückens iſt dunkelbraun, an den Seiten und dem Bauche aber weislicht. Einige ſchwärzlichte Streiſen gehen von den Kiemendekkeln nach dem Schwanz zu. Die Haut der Rückenfloſſe iſt zwiſchen den vordern ſtachlichten Stralen dunkelbraun, zwiſchen den hintern aber braun und gelb gestreift. Er hat nur eine Rückenflosse von 24 Stralen; die ersten 11 sind stachlicht. Die Brustfl. haben 11; die Bauchfl. $\frac{1}{6}$; die Afterfl. $\frac{8}{12}$; die ungetheilte Schwanzflosse 18 Stralen.

Diese Pertsche wurden im Winter in Charleston zu Markt gebracht. Ich habe sie nicht über 4 Zoll lang und 2 Zoll breit gesehen. Sie halten sich in süßen stehenden Wassern auf, besonders in den Teichen der Reisaekker.

Perca.

Blackfish, in Neuyork.

Kopf und Stirne sind abhängig, glatt, und von einer blaulichten Farbe; einige gelblichte Streifen gehen vom Mund nach den Augen, welche aber meistentheils nur bey kleineren Fischen dieser Art bemerkt werden. An dem obern Augendekkel sind einer oder etliche braune Flekken. Beyde Kiefer und der vordere Theil des Gaumens sind mit vielfachen und dichten Reihen kleiner Zähne besezt.

Die obern Kiemendekkel sind schuppicht und am Rande gezähnelt; die untern oder hintern sind am Rande ganz. Die Kiemenhaut hat Sieben Stralen.

Der Körper ist von der Seite gedrükt, ablang, und schwärzlichter Farbe. Die Schuppen des Rükkens sind blaulicht oder schwärzlichblau mit schwarzen Rand;

Rand; die Schuppen am Bauch weis mit braunem Rand. Alle Schuppen aber ſind gefranzet.

Die Seitenlinie iſt ziemlich gerade. Die Rückenfloſſen ſind vereiniget; die 10 erſten Stralen ſind ſtachlicht und mit einem weichen Anhang verſehen; die übrigen Stralen ſind weich und die vorlezteren die längſten. Die Floſſenhaut iſt mit weiſſen und ſchwarzen länglichten Streifen bezeichnet. Die Zahl der Stralen iſt in der Rückenfloſſe $\frac{10}{22}$; die 1ſte und 2te die kürzeſten; Bruſtfl. 18; Bauchfl. $\frac{1}{6}$; Afterſl. $\frac{3}{10}$; in der ungetheilten Schwanzfloſſe 18; davon die 2te oder 3te gewöhnlich am längſten ſind.

Es wird dieſer Fiſch von einigen Black-baſs, von andern auch Sea-baſs genant; dieſe Namen werden aber auch wieder andern Fiſchen beygelegt, eben ſo wie der Name Blackfish mehreren ſich äuſſerlich gleichenden Fiſchen gegeben wird. So wird ein anderer Fiſch aus dieſem Geſchlecht, welcher dunkler und röthlichbrauner Farbe iſt, ebenfalls unter dem Namen Blackfish, aber ſeltener auf den Neuyorker Markt gebracht. Einen andern Blackfish, welcher mit gegenwärtigen nicht zu verwechſeln, habe ich bereits unter den Labris angezeigt. Der Caroliniſche Blackfish des Dr. Gardens, oder Perca atraria L. ſcheinet dem obigen der Beſchaffenheit nach ziemlich nahe zu kommen; es weicht aber die Angabe im Zahl und Beſchaffenheit der Floſſenſtralen wiederum ſehr ab.

Unter dem Namen Bass und Seabass wird auf Rhode-Eyland ein ansehnlicher und vortreflicher Fisch zu Markt gebracht, welchen ich aber nie genau zu besehen Gelegenheit hatte. Sie sind gemeiniglich so groß, daß sie ausgepfündet werden, und von einer weissen oder Silberfarbe.

Der Bluefish auf Rhode-Eyland gehört gleichfalls zu dem Geschlecht der Pertschen; wenn es nicht etwa der vorhin beschriebene Blackfish ist.

Des Oswego-Bass, oder Pertschen der innländischen Seen, erwähnt Carver. S. dessen Reisen. Deutsche Ueb. p. 144.

Die übrigen Gattungen, welche aus diesem in Amerika zahlreichen Geschlechte, von dem Ritter Linné angeführt werden, sind:

Perca ocellata. L. Bass; in Carolina. Dr. Garden.
Perca nobilis. L.
Perca philadelphica. L. Chub; Dr. Garden.
Perca palpebrosa. L.
Perca atraria. L. Blackfish; Dr. Garden.
Perca chrysoptera. L. Perca marina gibbosa. Cat. car. 2. p. 2. t. 2. f. 1.
Perca mediterranea. L.

Perca

Perca vittata. L.

Perca punctata. L. Cat. car. 2. p. 7. t. 7. f. 1.

Perca guttata. L. Cat. car. 2. p. 14. t. 14.

P. venenosa. L. Cat. car. 2. p. 5. t. 5.

P. melanura. L. Cat. car. 2. p. 7. t. 7. f. 2.

P. sectatrix. L. Perca marina saltatrix. Cat. car. 2. p. 8. t. 8. f. 2.

P. striata. L.

P. formosa. L. Perca marina capite striato. Cat. car. 2. t. 6. p. 6. f. 1. — Squirralfish. Dr. Garden.

P. trifurca. L. — Dr. Garden.

Von diesen habe ich einige, als P. guttata, sectatrix und Formosa, auf den Bahamischen Inseln gesehen.

Gasterosteus aculeatus, L.

Es halten sich diese Fische sowol im Hudson-river, als auch in den mit dem Flusse Gemeinschaft habenden Buchten und Kriken auf. — Wahrscheinlich ist es der Threespined Stikleback Penn. Brit. Zoolog. IV. p. 261. f. 129.

Gasterosteus Ductor, L.

Pilotefish. — Er hält sich sowohl im hohen Meere, als an den Küsten von Amerika auf.

Gasterosteus Sallatrix, L. Catesb. carol. 2. p. 14. t. 14.

Skipjack. — Dr. Garden. — Ich habe nur ein in Weingeist bewahrtes Exemplar dieses Fisches gesehen, welches aber mit Dr. Gardens Beschreibung übereinkommend schien.

Gasterost. carolinus. L. — Crevalle in Carolina. Dr Garden.

Gasterost. canadus. L. — Ebendaselbst. Dr. Garden.

Scomber Scomber, L.

Mackrel. — Um das Ende Mays und Anfangs Junii kömmt dieser Fisch in grossen Schaaren an die Küsten von Neuyork und den benachbarten Gegenden; sie werden dann in Menge gefangen und eingesalzen. Sie haben die von den Schriftstellern angegebene pinnulas V., und weichen auch in der Zahl der Flossenstralen von den Europäischen nicht beträchtlich ab; unterdessen behauptet man doch, daß die Amerikanische Mackerel ein gröberes Fleisch und etwas verschiedenes Aussehen haben soll; sie wird daher auch von einigen zum Unterschied die Horse-Mackerel genannt. Es bedarf daher wohl einer genaueren Vergleichung, um zu bestimmen, ob es ganz dieselbe Art mit der Europäischen ist.

Scomber Chrysurus, L.

Yellow-tail, in Carolina; Dr. Garden. — Von diesem kan ich blos sagen, daß ich ihn den Namen nach, als einen in Neuyorkischen Gewässern auch vorkommenden Fisch habe erwähnen hören.

Scomber Hippos. L. — In Carolina. Dr. Garden.

Trigla evolans, L.

Komt in verschiedenen Gegenden der Amerikanischen Gewässer vor.

Zu einem der vorhergehenden Geschlechter, ex Ord. Thoracic. gehöret wahrscheinlich folgender Fisch.

Scuteeg, oder auch Scuppaug zu Rhode Eyland.

Weackfish, zu Neuyork.

Der Kopf ist etwas platt gedrükt und glatt, aber doch mit Schuppen belegt, und spielt mit verschiedenen Farben. Die Augen sind silberfarben. Doppelte Naslöcher nahe an den Augen; die obern länglicht, die untern eyförmig.

Der Oberkiefer ist beweglich, und mit kleinen borstigen Zähnen besezt; einer oder zwey der vordersten sind beträchtlich länger als die übrigen. Der Unterkiefer ist nur am vordersten Theil mit vielen kleinen bor-

borstigen Zähnen besezt, und ist etwas vor dem obern vorragend.

Die Kiemenhaut hat Sieben Stralen. Die Kiemendekkel sind schuppicht.

Der Körper ist lanzenförmig, von den Seiten gedrükt, und mit leicht sich lösenden Schuppen bekleidet. Die Farbe des Rükkens spielt ins Blaue, mit einigen schwärzlichten Queerflekken. Die Seiten und der Bauch sind silberfarben. Die Seitenlinie neiget sich etwas abwärts nach dem Bauch, und gehet dann gerade aus. Von den zwey Rückenflossen hat die erste etwas steifere, aber nicht stachlichte Stralen; die zweyte Flosse ist etwas dikker. Der Schwanz ist ungetheilt. Die Zahl der Flossenstralen ist in den Rükkenflossen 8—9, und 27—30. Brustfl. 16—17. Bauchfl. 5. Afterfl. 12. Schwanzfl. 18. Die Länge des Fisches ist ungefähr 12—15 Zoll.

Sie finden sich im May und Junius in grosser Menge ein; sie haben ein weiches Fleisch, ohne sonderlichen Geschmack, und sind daher auch nicht sehr beliebt.

Cobitis heteroclita, L.

Mudfish in Carolina, von Dr. Garden beschrieben.

Diesem

Diesem verwandt, oder vielleicht dieselbe Gattung, sind folgende:

Jellow bellied Cobler.

Kopf und Stirne sind eben und platt (plana) mit grössern Schuppen belegt. Der Mund breit, mit spizzigen kleinen Zähnen bewafnet; der Oberkiefer beweglich. Die Kiemendeckel schuppicht und am Rande ganz. Die Kiemenhaut hat fünf Stralen. Der Rücken ist wie der Kopf etwas platt (planiuscul) bis zur Rückenflosse, hinter derselben kielförmig. Die Farbe des Rükkens ist sehr oft schwärzlich oder schwärzlich grau und ins Grüne spielend; der Bauch ist weis. Die Schuppen am Rücken sind groß; am Bauch klein.

Die Rückenflosse stehet der Afterflosse gegen über. Die Bauchflossen stehen nahe am After. Die Schwanzflosse ist ungetheilt und abgerundet.

Die Rücken-, After- und Schwanzflosse sind von Farbe schwärzlich und mit weissen Punkten bezeichnet. An einigen sind die Kehle, und die Enden der Bauch- und Afterflossen gelblich oder gelb. — Vom Rükken nach dem Bauch gehen 10—12—14 weisse, mehr oder weniger glänzende schmale Streifen.

Die Zahl der Stralen ist in der Rückenflosse 10—11; Brustfl. 16; Bauchfl. 6; Afterfl. 10; Schwanzflosse 24.

Die

Die Länge des Körpers ist 2 — 3 Zoll; selten mehr; die Gestalt länglicht rund.

Killfish.

Dieser ist dem vorigen in allen angegebenen Stükken sehr ähnlich, bis auf folgende:

Die Farbe des Rükkens ist blos grau-grünlicht. Die Schuppen am Rücken haben beynahe die Gestalt eines verschobenen Vierecks, welches bey dem Yellow bellied Cobler nicht, oder nicht so deutlich, der Fall ist. Der Bauch ist weisser.

Sämtliche Flossen haben mit dem Körper gleiche Farbe und sind nicht punktirt oder geflekt. Die bey ersterem angezeigte Queerstreifen fehlen diesem entweder gänzlich oder sind sehr undeutlich, und oft stehen nur einige Punkte an der Stelle der Linien. Die Zahl der Flossenstralen ist die nemliche, als bey ersteren, aber die Afterflosse ist gewöhnlich etwas dikker. Die Länge des Körpers 2 — 4 Zoll, und oft noch drüber.

Diese beyde Fische, der Yellow bellied Cobler und Killfish, halten sich um Neuyork, in Kriken und Teichen sowol von gesalzenem als frischen Wasser auf. Ihr äusseres Ansehen und Gestalt läßt allerdings einen Unterschied bemerken, sie werden dahero auch von den Einwohnern mit obigen verschiedenen Namen belegt; es hält aber doch schwer, bestimtere und genauere Unterscheidungs-Kennzeichen aufzufinden. Vielleicht

bestehet

bestehet die bemerkbare Verschiedenheit blos im Geschlecht oder dem Alter.

Zu diesen vorhergehenden hat die nächste Verwandschaft der

Mayfish.

Der Kopf ist abhängig und platt (planiuscul.) mit grösseren Schuppen belegt. Die Seiten des Kopfs sind ganz platt (plana). Der Mund hat kleine Zähne. Die Oberlippe ist beweglich. Die Kiemenhaut hat fünf Stralen. Der Körper ist länglicht rund. Der Rücken etwas breit und platt und dunkelgrün; der Leib weis.

Eine schwarze Linie gehet vom obern Winkel der Kiemenöfnung aus, und in gerader Richtung über die Länge des Leibes hin, gegen den Schwanz.

Eine andere solche schwarze Linie fängt sich hinter den Brustflossen an, und gehet abwechselnd gerade und gekrümt ebenfalls gegen den Schwanz hin, nähert sich aber zugleich der erstern, und beyde endigen sich beynahe an der nemlichen Stelle. Zwischen dem Ende dieser Linien und der Schwanzflosse sind noch zwey kleine schwarze Linien, welche queer über den fleischichten Theil des Schwanzes kommen; (am todten Fische aber verschwinden sie.)

Die Rückenflosse stehet der Afterflosse gegen über. Der Schwanz ist ungetheilt. Die Länge des Fisches ist

ist 6—8 Zoll. Die Rückensl. hat 14; Brustsl. 15; Bauchsl. 6; Aftersl. 9—11; Schwanzsl. 20—24 Stralen.

Nur einmal hatte ich Gelegenheit, diese Fische zu sehen. Sie wurden im Ost-River bey Neuyork an der Angel gefangen.

Amia calva L. Mudfish; in Carolina. Dr. Garden.

Verschiedenen, aber unvollständigen Nachrichten zufolge, habe ich Ursache zu glauben, daß dieser Fisch auch in Pensylvanien angetroffen werde.

Silurus Catus, pinna dorsali postica aelipoſa, ani radiis 20, cirrhis 8. L. Catesb. carol. 2. p. 23. t. 23.

Catfish. — Von den verschiedenen Arten dieses Geschlechts, welche in Amerika einheimisch sind, habe ich nur diesen kennen lernen, welcher sich an der Küste sowol als in den Flüssen aufhält. Sie sind selten über 6—8 Zoll lang, wenigstens die, so ich gesehen habe; und voller Gräten, daher man sich ihrer gewöhnlich nur zu Suppen bedient.

Der Cathead oder Pout im Lake Ontario, und der Catfish des Mississippi, deren Carver erwähnet, die gegen 18 Zoll Länge und 10 — 12 Pfund Gewicht haben, sind wahrscheinlich eine andere Art; eben so wie die Catfishe des Ohio, von welchen gesagt wird, daß sie zuweilen gegen 40—60 und 80 Pfund schwer angetroffen würden.

Silurus

Silurus Aspredo. L.

Silurus Felis L. in Carolina; Dr. Garden.

Silurus cataphractus L. Cataphract. americanus. Cat. carol. 3. p. 19. t. 19.

Teuthis Hepathus. L. Tardus rhomboides. Cat. carol. 2. p. 10. t. 10. f. 1.

Ich sahe diesen Fisch in den Bahamischen Inseln; die scharfe und starke mit einem Gelenke bewegliche Stachel, an jeder Seite des Schwanzes, machen ihn sehr kenntlich.

Salmo Salar, L.

Salmon. — Im Connekticut-Flusse in Neu-England, werden Salmons gefangen; ich habe die ganzen Fische zwar nicht gesehen, man sagt aber, daß sie dem Europäischen Lachs ganz ähnlich wären; das Fleisch davon, welches eingemacht nach Neuyork gebracht wurde, ist eben so zart, roth und schmackhaft als das Fleisch der Europäischen, den sie auch an Grösse nichts nachgeben. Ob sie in andern Flüssen nördlich vom Connekticut-Flusse angetroffen werden, weiß ich nicht; in den südlicheren Flüssen aber sind sie unbekant.

Salmo.

Unter den Namen Red Trout, (rothe Forelle) werden in den frischen Wassern auf Long-Island und ander-

anderwärts, eine Art Forellen gefangen, welche den Europäischen Forellen (Salmo Fario) ziemlich ähnlich seyn sollen. Ich habe sie nicht gesehen. In den mehr innländischen Gewässern sollen solche 6 — 7 Pf. schwer und 2 — 2½ Fuß lang angetroffen werden.

Trouts, von 12 — 40 Pfund Gewicht, aus den Canadischen Seen, erwähnt Carver.

Salmo Lavarettus, L.

Tickomeg, in Hudsonsbay; wo sie nach Hr. Forsters Bericht angetroffen werden. S. Beytr. zur Land- und Völkerkunde. 3ter Th. p. 266.

Salmo foetens, L.

Saurus ex cinereo nigricans. Cat. car. 2. p. 2. f. 2.

Whiting, in Carolina. Dr. Garden. — Ich sahe diesen Fisch in Charleston, hatte aber nicht Gelegenheit ihn genauer zu untersuchen.

Fistularia tabacaria. L. Catesb. carol. 2. t. 17. f. 2.

Esox Lucius, L.

Pike. — Der gemeine Hecht in Amerika, welchen ich im Naturforscher 20st. Stück p. 26. beschrieben, schien dem Europäischen ganz ähnlich zu seyn. — In den

den Gewässern um Neuyork sind sie klein und unansehnlich; ich habe sie aber nachher in den Flüssen weiter im Lande, sehr groß und fett angetroffen.

Esox.

Sea pike, *Sea Snipe*, zu Neuyork.

Es scheinet dieser Fisch dem Esox Belone L. zunächst verwandt zu seyn; es weichen aber die Flossenstralen in ihrer Zahl von des Ritters Angabe beträchtlich ab.

Der Kopf ist sowohl oben über die Stirne her, als auch an den Seiten sehr platt. Der Körper ist lang gestreckt und rund. Der Rücken grün, der Bauch weis. Beyde Kiefer verlängern sich in einen gezänelten oder mit Zähnen besezten Schnabel. Die Kiemenhaut hat eilf oder zwölf Stralen.

Die Rückenflosse 9; die Brustfl. 12; Bauchfl. 8—9; Afterfl. 14; Schwanzfl. 17—18 Stralen. — Sie sind mir nur etwas über einen Fuß lang vorgekommen.

Esox osseus. L. Wird in Pensylvanien und Virginien gefunden. Linné zweifelt, ob er einerley mit folgenden:

Acus maxima squamosa viridis. Cat. car. 2. t. 30.

Esox Vulpes. L. Vulpes bahamensis. Cat. car. 2. tab. 1. f. 2.

Elops Saurus. L. in Carolina. Dr. Garden.

Argentina carolina. L. in Carolina. Dr. Garden. Harengus minor bahamensis. Cat. carol. 2. p. 24. t. 24.

Atherina Menidia, L.

Silverfish. — in Carolina, Dr. Garden. — Wird auch um Neuyork gar häufig angetroffen, sowohl im gesalzenen Wasser des Hudsonflusses, als auch in einigen stehenden süssen Wassern. Der Körper ist durchsichtig, nur ein paar Zolle lang, und mit einer schönen silberfarbenen Binde der Länge nach bezeichnet.

Mugil Albula, L.

Albula bahamensis. Cat. car. 2. p. 6. t. 6.

Mullet, in Amerika. — Hält sich in Menge an den flachen und sandigen Küsten von Virginien und Carolina auf; streicht zu gewissen Zeiten schaarenweis in die Flüsse, wird dann in grossen Haufen gefangen und gesalzen.

Exocoetus volitans, L.

Flying-fish. — Im Ocean; und zuweilen nach Stürmen, auch nahe an den Küsten.

Poly-

Polynemus virginicus. L.

Clupea Harengus, L.

Herring. — Der Amerikanische Hering scheinet dem Europäischen, dem äussern Ansehen nach, ganz gleich zu seyn. Der Körper ist mit leicht abfallenden Schuppen bekleidet; der Rükken blau glänzend; der Bauch weis; kielförmig und zugleich mit sägeförmigen Einschnitten versehen.

Die Augen sind silberfarben. Der Mund zahnlos. Der Unter Kiefer vorragend. An der Kiemenhaut habe ich nur sechs Stralen gezälet. Es weichen auch die Stralen der übrigen Flossen ab, von der vom Ritter Linne angegebenen Anzahl. Die Rückenflosse hat nur 16; Brustfl. 14; Bauchfl. 9; Afterfl. 13—14; Schwanzfl. 18. — Die Bauchflossen stehen in der Mitte des Körpers. Der Schwanz ist gabelförmig.

Die sägeförmig gezähnelten Bartfasern des obern Kiefers, und die borstenartige Fasern der Kiemen, welche Ritter Linné mit unter den Geschlechts-Kennzeichen anführt, habe ich vergeblich an diesen Fischen gesucht.

Er erscheint im May und Juni, später und nicht so zahlreich als der folgende, an der Küste von Neu-York.

Clupea Alosa, L.

Shad. —

Der Kopf ist abhängig, glatt und ohne Schuppen. Die Augen goldfarben. Ein Nasenloch an jeder Seite, nahe am Auge. Der Oberkiefer hat an der Spitze einen Einschnitt oder Vertiefung; der untere ist dem obern an Länge beynahe gleich, und hat an der Spitze einen zahnförmigen, gespaltenen Ansatz. Der Rand der beyden Kiefer ist dünne, aber scharf, und ohne Zähne.

Die Zunge ist kurz und sehr glatt.

Die Kiemenhaut hat Sieben Stralen.

Der Körper ist von den Seiten gedrückt. Der etwas breit gewölbte Rücken hat eine blau-schwärzlichte glänzende Farbe. Der Bauch ist weis, kielförmig und mit scharfen sägeförmigen Einschnitten versehen. Die dünnen, durchsichtigen Schuppen sind am Rande eingekerbt (crenulatae) und fallen leicht ab. Die Seitenlinie ist undeutlich. Längst den Seiten aber bemerkt man eine Reihe von ungefähr acht dunkelfarbigen Flekken, welche etwas von einander entfernt stehen. Sie sind nicht immer ganz deutlich, zuweilen gar nicht da. Die vordern sind die größten. Die Rückenflosse stehet schier in der Mitte des Körpers; ihre mittlere Stralen sind die längsten. Der Schwanz ist gabelförmig, und seine Stralen nicht deutlich zu unterscheiden. Die Anzahl der Stralen ist in der Rückenflosse 17; Brustfl. 16; Bauchfl. 9; Afterfl. 20; Schwanzfl. 20.

Der

Der Shad komt in der Mitte des Aprils und Anfang Mays in gedrängten Schaaren an die Küste. Er wird darum auch zuweilen May-fish genant. Er streicht in den Flüssen einige hundert Meilen aufwärts, und vertheilt sich in alle kleinere Ströme und Bäche, und wird überall in grosser Menge gefangen und frisch gegessen oder gedörrt, geräuchert, und eingesalzen. Die wenige, welche den allenthalben auf sie lauernden Fischern zu entgehen das Glück haben, kommen eben so mager und matt zurück, als sie bey ihrer Ankunft fett und kräftig waren.

Clupea Thrissa. L. In Carolina. Dr. Garden.

Cyprinus Rutilus, L.

Roach, in Amerika.

Der Kopf ist abhängig; die Stirne breit und glatt. Der Mund ohne Zähne und ohne Bart. Der Oberkiefer beweglich. Die Kiemenhaut hat Drey Stralen; die Kiemendekkel sind ohne Schuppen und glänzend.

Der Körper ist etwas länglicht und von den Seiten gedrückt. Die Farbe des Rückens ist blau schwärzlich; am Bauche weis; übrigens haben die Schuppen eine glänzende Silberfarbe. Die Seitenlinie krümt sich erst abwärts nach dem Bauch, und läuft dann gerade aus. Die Rückenflosse stehet fast in der Mitte des Körpers; die ersten Stralen sind die längsten. Dem Ende der Rückenflosse gegen über, stehet die Afterflosse. Die Bauchflossen sind abgestumpft. Bauch und Afterflossen sind röthlicht, zuweilen auch gelblicht. Der Schwanz ist gabelförmig. Die Rükkenflosse hat 8; die Brustfl. 12; Bauchfl. 9; Afterfl. 12—14; Schwanzfl. 18 Stralen.

Diese Fische halten sich in süssen Wassern um Neuyork auf; ich habe sie nur 6—8 Zoll lang gesehen.

Die Farbe der Augen habe ich anzumerken vergessen. Die Anzal der Flossenstralen trift zwar mit der bey dem Europäischen Roach nicht genau zu; es sind aber vom Ritter Linné im Natursystem bey jenem selber sehr abweichende Zahlen angegeben. Da die übrige Merkmale ziemlich übereintreffen, so möchte dieser Fisch doch wohl dem C. Rutilus beyzuzählen seyn.

Cyprinus catostomus, pinna ani radiis VII., labio imo caruncula biloba papillosa, cauda semilunata. Forster. S. Beyträge zur Länder- und Völker-Kunde. 3ter Thl. p. 270.

Sucker, in Pensylvanien und Jersey.

Der Kopf ist etwas dikker als der Leib. Die Stirne ziemlich flach. Gegen das vorragende Nasenbein ver-

schmä-

schmälert sich der Kopf. Das Maul stehet unterwärts, hat keine Zähne und eine fast dreyeckigte Oeffnung, mit weichen beweglichen warzichten Sauglippen versehen. Die Kiemenhaut hat drey Stralen. Der Leib ist rundlicht, von oben her etwas gedrukt; langgestreckt, schuppicht und silberfarben. Die Seitenlinie neigt sich erst etwas abwärts, dann gehet sie gerade aus. Der Schwanz ist etwas gabelförmig. Die Rückenflosse hat 13; Brustfl. 17; Bauchfl. 9; Afterfl. 7; die Schwanzflosse 18—20 Stralen.

Die einigen Fische dieser Art, welche ich gesehen, wurden zu Philadelphia aus dem Delaware geangelt; um Neuyork kamen sie nicht vor, sie sind aber doch in den mit dem Hudson-Flusse verbundenen kleinen Strömen. Das von Hr. Forster sehr genau beschriebene Exemplar kam aus der Hudsonbay, ist aber höchstwahrscheinlich ganz dieselbe Art, obgleich die Zahl der Flossenstralen um etwas abweichend ist.

Cyprinus americanus. L. in Carolina. Dr. Garden.

Cyprinus Carpio, und Cyprinus Cephalus, oder Carps und Chubs sind in Mississippi nach Carvers Bericht (S. Deuts. Uebers. p. 396) von der nemlichen Grösse wie in England, und diesen überhaupt sehr ähnlich. Möchten aber wahrscheinlich doch verschieden seyn.

Petromyzon marinus, L.

Sea-Lamprey, zu Neuyork.

Der Körper ist rund, einen halben bis einen Fuß lang, schlüpfrig und schleimig. Die Augen sind goldfarben. Zwischen den Augen auf den Vordertheil des Kopfs ist eine röhrichte Oefnung. Nasenlöcher und Kiemenöfnung fehlen; aber Sieben Luftlöcher stehen an den Seiten des Halses. Der Kopf verlängert und verschmälert sich in eine stumpfe Spizze; der Mund stehet unterwärts; die äussere zirkelförmige Oefnung hat durchaus ganze und glatte Lippen; tiefer nach innen aber stehen viele gelbe rauhe, (mit sehr kleinen Häkchen besezte) Warzen; sie sind in 18 schrägen Linien vertheilt; die untern sind die grössesten. Aeusserlich an der Kehle zeiget sich ein gelber zweygezähnter bogenförmiger Streif, und hinter und zunächst diesem ein anderer mit 8 Zähnen. Der Rükken ist graugrünlich; der Bauch weis. Die Afteröfnung stehet der hintern Rükkenflosse gegen über; und gleich hinter der Afteröfnung fängt die Schwanzflosse an. Die beyde Rückenflossen stehen auf des Körpers hintern Hälfte, sind bogenförmig, durchsichtig und ihr Rand ganz. Die erste ist kürzer und von der zweyten abgesondert; die zweyte verschmälert sich zwar gegen den Schwanz hin, hängt aber doch mit der Schwanzflosse zusammen.

Raja.

Zwey verschiedene Arten von *Skates* habe ich auf Rhode-Eyland gesehen. Keine davon paßte genau auf

eine

eine der vom Ritter Linne erwähnten Species; ich habe aber versäumt, sie näher zu beschreiben. Es sollen sich aber noch mehrere Arten dieses Geschlechts in den Amerikanischen Gewässern finden.

Squalus Galeus, L.

Doggfish. — Nur diese einzige Art hatte ich auf Rhode-Eyland Gelegenheit in der Nähe zu betrachten. Es giebt aber viele und verschiedene Arten dieses Geschlechts an der Küste von Amerika, welche gemeinschaftlich Sharks genannt werden. Squalus Zygaena und Tiburo sind bereits im Linneischen System als Bewohner der Amerikanischen Gewässer bemerkt.

Squalus Pristis, L.

Sawfish. — Ein Sägefisch wurde im Julii 1782 bey Neuyork gefangen. Er war 15 Fuß lang, mit Inbegrif der Säge. Diese hatte an jeder Seite 24 Zähne, welche sehr scharf und schneidend, und wie es schien, gegen andere harte Körper abgewezt waren. Die nahe an den Augen befindlichen Luftlöcher hatten Klappen. Die Haut, besonders der Flossen, war der feinste Chagreen.

Lophius Vespertilio, L.

Sea-Bat genant, in den Bahamischen Gewässern, allwo ich ihn gesehen.

Lophius histrio. L. — Ein kleines Fischgen, welches zuweilen zufällig unter dem im Ocean schwimmenden Gulfeed mit aufgefangen wird.

Accipenser Ruthenus major. Forst.

Sturgeon. — Störe werden im Hudsonflusse bey Neuyork sowol, als in den übrigen mehr nordwärts gelegenen Flüssen angetroffen. Ich habe sie zwar einigemal gesehen, aber nicht Gelegenheit gehabt genau zu untersuchen; ich zweifle aber kaum, daß es nicht der nemliche Fisch, mit dem von Hr. Forster beschriebenen seyn sollte, welcher aus der Hudsonsbay kam. S. Beyträge zur Länder- und Völkerkunde. 3ter Thl. pag. 259.

Die Störe im Mississippi sind aber vielleicht von jenem verschieden. Carver wenigstens sagt, daß sie am Körper runder und nicht mit so vielen hornartigen Schuppen bedeckt seyn, als die, so gewöhnlich nahe am Meere gefangen werden. S. dessen Reisen. Deutsche Uebers. pag. 394.

Balistes.

Der Kopf ist von den Seiten stark gedrükt; die Stirne sehr abhäng, doch gekrümt, und kielförmig. Die Augen silberfarben.

Der Mund ist ein stumpfer vorgeschobener Rüssel, mit einer engen Oefnung.

Zähne

Zähne bemerkte ich viere oben, und eben so viele unten. Die untern sind länger, breiter, zweispitzig (bicuspidati) und etwas gekrümt; die obern sind kürzer und schmäler. Ausser diesen bemerkte ich aber noch im Winkel des Mundes zu beyden Seiten einen einzelnen breitern und platteren Zahn.

Die Kiemenöfnung ist länglicht und schmal (linearis) und etwas gekrümt, zwischen den Augen und den Brustflossen. Sie hat keinen Kiemendeckel; anstatt der Kiemenhaut findet sich nur eine dünne, schmale, kaum ⅓ Zoll breite Membran, ohne Stralen. Die Kiemen selbst bestehen aus vier Bogen.

Der Körper ist von den Seiten gedrückt und ablang, mit ganz kleinen rauhen warzichten Erhöhungen überstreuet. Der Unterleib ist kielförmig und stark gekrümt.

Auf dem Kopf zwischen den Augen stehet eine einzelne Stachel; sie ist schräge rückwärts gebogen. (subdecumbens) Diese Stachel, die Augen, der obere Theil der Kiemenöfnung, und die Brustflossen stehen in einer perpendikularen Linie über einander. Die Anzahl der Stralen sind in der Rückenflosse 1, 35. Brustfl. 12. Bauchfl. 0. Afterfl. 41. Schwanzfl. 12.

An der Basis der Flossenhäute zwischen ihren Stralen waren keine Spuren von Löchern. Die Bauchflosse fehlte gänzlich, und war auch keine Stachel an ihrer Stelle da, eben so wenig ein schwarzer Fleck am Schwanz; es kan also wohl nicht Balist. hispidus

hispidus L. seyn. — Der Anfang der Rücken- und der Afterflosse stehen sich einander gegen über. — Der Fisch hatte sowol Kiemen, als auch Lungen.

Die Anzahl und Lage der Zähne konnte ich ohne Beschädigung des Fisches (welches mir nicht gestattet war) nicht genauer bestimmen; von aussen aber liessen sich mehr nicht, als die oben angegebene entdecken. Auch war keine Spur von einer innern oder zweyten Reihe Zähne zu entdekken, wie Ritter Linné in den Geschlechtskennzeichen angiebt. — Vom Bal. Monoceros L. scheint er wegen der 10 Stralen, welche er in der Rücken- und Afterflosse weniger als jener hat, verschieden zu seyn; auch trafen die übrigen beym Monoceros angegebene Umstände nicht zu. Seine Farbe war schmuzzig braun. Er wurde zu Neuyork im Sommer gefangen. Man hatte keinen besondern Namen für ihn. Er war etwa einen Fuß lang.

Balistes Monoceros, L. Unicornu bahamensis. Cat. car. 2. t. 19.

Balistes hispidus. L. In Carolina. Dr. Garden.

Balistes tomentosus. L. In Amerika.

Ostracion triqueter, L.

Sewet-Fish, in den Bahamischen Inseln.

Ostracion quadricornis, L. In den Bahamischen Inseln. Ersterer war 8—9 Zoll lang, und 3—4 Zoll hoch; lezterer aber nur 4 Zoll lang.

Tetrodon laevigatus, L.

Rabbit Fish. — Der Körper war 1½ Fuß lang. Der Rükken blau-schwärzlich und glatt. Der Unterleib weis. Vom Maul bis zu den Brustflossen ist die Haut von kleinen Stacheln rauh. An jeder Seite bemerkte ich nur eine Linie; auf dem Kopf aber verschiedene Nahten. Die Charact. Gener. alle deutlich. Die Augen sind mit der allgemeinen Haut überzogen. Rabbit- oder Kaninchen-Fisch soll er in Carolina wegen seines sehr weissen Fleisches genannt werden, welches von einigen gespeißt wird. Er wurde im Hafen zu Rhode-Eyland gefangen.

Tetrodon hispidus, L.

Toadfish, in Neu-York und Rhode-Eyland.

Beyde Kiefer sind knöchern, geschoben, an der Spitze getheilt. Die Kiemenöfnung ist eine länglichte Ritze und liegt an den Brustflossen. Der Augapfel ist grün; der Regenbogen gelb.

Der Körper ist, wenn der Fisch sich aufbläset, fast kugelrund; ausserdem aber ablang; doch ist der Rücken und der obere Theil des Kopfes immer platt. Der ganze Leib ist mit kleinen borstigen Stacheln besezt,

sezt, welche mit einer vierstachlichten Basis in der Haut feste sizzen; nur der hinterste Theil des Körpers, von der Rücken und Afterflosse an ist glatt. Der Rücken ist von Farbe dunkel und bräunlicht; an den Seiten und in den Weichen gelblicht. Der Unterleib ist weis. Ein runder schwarzer Fleck stehet etwas unterhalb den Brustflossen, und hinter diesem gehen 4—5 schwarze Streifen vom Rükken nach dem Bauch herab.

An einem grössern Fische war der ganze Rücken schmuzzig gelb mit schwarzen Tupfen; auch waren hier die Stacheln mehr als borstig, fast knorplicht und stark, aber doch auch mit einer vierstraligen Wurzel bevestiget.

Die Rückenflosse hat 8. Brustfl. 15—16. Afterfl. 8. Schwanzfl. 9 (wovon die beyden äussersten jedesmal vereinigt sind) Stralen. Die Bauchflossen fehlen.

Die Haut hängt ziemlich lose über den Körper, vermittelst einer sehr lokkern Zellhaut. Diese leztere sezt ihn in den Stand, sich zu einer Kugelform aufzublasen; indem er jenes lockere Zellgewebe bald mit Luft alleine, bald mit Luft und Wasser anfüllt. In diesem aufgeblasenen Zustande kann der Fisch lange bleiben. Sein Unterleib ist alsdann, zumal bey Kleinern, fast durchsichtig. Er ist mit Lungen versehen, welche am obern und vordern Theil der Brust liegen. Eine zweylappichte Luftblase befindet sich zwischen den

Lungen

Lungen und dem Magen. Im Magen fanden sich bey einem eine Art Kellereseln. (Aselli.) Mit den knöchernen Kiefern kan er einen knarrenden Ton hervorbringen. Er wird, vielleicht ohne Ursache, für giftig gehalten. Der größte, welchen ich sahe, war einen Fuß lang, und aufgeblasen, einen halben Fuß im Durchschnitt.

Vom vorhergehenden Rabbitfisch ist mirs unbekant, ob er sich aufblasen kan; es ist auch bey ihm das Zellgewebe dichter und kürzer.

Tetrodon Mola, corpore compresso, oblongo, aspero; pinna brevissima dorsali & anali cum cauda truncata continuatis.

Sunfish, Devilfish. Ein Fisch dieser Art wurde im Sommer 1779 im Hafen von Rhode-Eyland gefangen. Es ist eine seltene Erscheinung in den nördlichen Gegenden, denn sein vorzüglicher Aufenthalt sind die südlichen Gewässer. Er schwimt wegen seiner ganz platten Form sehr schwerfällig, immer von einer nach der andern Seite rollend, und hält sich gewöhnlich von den Küsten entfernt. Im Wasser hat er eine blaue schimmernde Farbe; tod aber wurde er blaß und unansehnlich. Die Haut fühlte sich rauh an. Im Körper zeigte sich kein Blut, aber überall kamen schleimigte Feuchtigkeiten zum Vorschein. Die Haut sogar, welche man zu troknen willens war, zerfloß nach wenigen Tagen in Schleim. Das Gewicht des Fisches war über 200 Pfund.

Diodon

Diodon Atringa, sphaericus, aculeis triquetris. L?

Toadfish, zu Neuyork.

Der Kopf ist um weniges schmäler denn der Körper. Die Stirne und Seiten des Kopfs sind flatt. Die vorragende Augen stehen am obersten Rand der Stirne, und sind mit der gemeinen Haut bedeckt; ihre Farbe ist gelb. Keine Nasenlöcher.

Die vorgeschobene knöcherne Kiefer sind ungetheilt. Der obere ist etwas länger und breiter, und umschließt den Rand des untern zum Theil.

Die Kiemenöfnung ist ein länglichter Ritz vor den Brustflossen; sie wird durch die Kiemenhaut, welche ohne Stralen ist, bedeckt, denn die Kiemendeckel fehlen.

Der Körper ist nicht sphaerisch, sondern ablang; über den Rücken etwas flatt; am Unterleib etwas gewölbt.

Der ganze Körper ist mit spitzigen beweglichen Stacheln bewafnet, den vordern Theil des Halses und hintersten Theil des Bauchs ausgenommen.

Die Wurzel dieser Stacheln ist dreystralig, mittelst welcher sie in einander eingreifen und einen knöchernen Panzer bilden, welcher das ganze Thier bedecket. Die vorragende oder aufstehende Stacheln selber sind kurz, messerförmig (cultrati) und etwas rückwärts gebogen; und stehen fast in ordine quincunciali. Nicht nur die dreystralige Wurzeln, sondern

dern auch der vorragende Theil der Stacheln ist von der gemeinen Haut bedekket; doch sind sie zugleich mit der Haut in etwas beweglich, und zwar mehr am Unterleib, wo die Stacheln kürzer und nicht so fest und enge in einander geschränket sind, als am Rükken und den Seiten.

Die Farbe des Rükkens ist ein dunkles Braun, mit weissen in die Länge gehenden Streifen; Kehle und Brust sind gelb; der Bauch weis. Ein oder etliche schwarze Flecken stehen an jeder Seite hinter der Brustflosse, und ein grösserer solcher Fleck an jeder Seite der Rückenflosse.

Zwey weiche Bästchen (cirrhi) schmal und aufrecht, stehen am Oberkiefer vor den Augen; sie sind ¼ Zoll lang; zwey kleinere sitzen am Unterkiefer; zwey längere und dickere befinden sich an den Seiten der After-Oefnung.

Die Rückenflosse hat 11—12; Brustfl. 21; Afterfl. 9; Schwanzflosse auch 9 Stralen; Bauchflossen fehlen. Dieser Fisch ist äusserlich mit Kiemen und innerlich mit Lungen versehen, und mit einer Luftblase. Die Gedärme waren äusserst dünne und zart, und doch mit einer vollen Ladung von zermalmeten Muscheln und Krebsschaalen angepfropft, so daß es allerdings befremdend ist, wie solche harte und eckichte Körper durch so feine Gedärme ohne sie zu beschädigen, bewegt werden können. Die Höle des Unterleibes ist weit und geräumig, und wird von den Eingeweiden nicht ausgefüllet; vielleicht kan der Fisch sich bey Gelegenheit mit Wasser anfüllen. Aeusserlich bemerket man nur einige wenige Muskeln, die zur Bewegung der starken Kiefer des Schwanzes und der Flossen dienen; übrigens nichts denn Haut und Knochen. Die Länge beträgt 8 — 10 Zoll.

Es kömmt dieser Fisch nur in den Sommer-Monaten in die Yorkischen Gewässer. Sein Knochengerippe wird aber öfters am Strande ausgeworfen.

Syngnathus Acus. L. — *Seaneedle*, zu Neuyork.

Der langgestreckte Körper ist bis zum After eigentlich sechseckig; das siebente Eck wird nur durch eine erhöhete Linie, welche über den flachen Bauch hinläuft, angedeutet. Der Schwanz ist viereckig. Die Rükkenflosse hatte 34, die Schwanzflosse 8 — 9 Stralen; in der Brustflosse konnte ich sie nicht zählen. Bauch- und Afterflosse fehlen.

Syngnathus Hippocampus, pinna caudæ quadrangulæ nulla, corpore septem angulato tuberculato. L. Sea horse zu Neu-York.

XVI.

Aus einem Schreiben des Herrn Grafen von Mellin, an den Geheimen Forstrath von Burgsdorf, vom 15ten Sept. 1787.

Sie sind nicht allein Forstmann sondern auch Jäger, daher muß ich Ihnen eine Wahrnehmung mittheilen die merkwürdig ist. Bey Monplaisir, einem Markgräfl. Schwedter Vorwerke, ist eine Fasanerie, und gleich daran stösset ein wohlbesetzter Rehgarten. Der dortige Fasanenmeister hat in dem Fasanengarten eine zahme Ricke gehn, diese hat seit 7 Jahren es nie unterlassen, in der Mitte Augusts, am Thor der Fasanerie das zum Rehgarten führet, zu pfeiffen, und sich zum Auslassen zu melden; dann hat sie der Fasanenmeister im Rehgarten zu den andern gelassen, und nach 24 auch wohl 36 Stunden ist sie wieder am Thor gewesen, um im Fasanen-Garten wieder eingelassen zu werden, hat auch denn nie wieder heraus begehret, und alle Jahr hat diese Ricke ihre 2 Kälber richtig im May gesezt. Nach dieser Wahrnehmung ginge also das Rehwildpret wie das Roth- und Dam Wildpret 9 Monate tragbar, und das Brunsten der Böcke im August wäre kein blosses Treiben mit Schmalricke, wie man es dafür hält, sondern eine würkliche Brunst. Die Kleinheit der Rehe beweiset

 nicht

nichts gegen das lange Tragen, denn das indianische Wildpret ist wenig grösser, und gehet auch 9 Monat hochbeschlagen und brunstet im August. Was meinen Sie dazu? Eine Ricke würde nichts beweisen in Absicht der Brunstzeit, aber sie beweiset alles in Absicht der Zeit des Tragens, trägt diese Ricke 9 Monat, so müssen sie es alle thun.

Anmerk. Die Jäger sind bishero noch immer darüber streitig gewesen, ob die Brunst (Vermischungszeit) der Rehe im August oder October statt finde. Eben so wenig findet sich darüber eine Bestimmung durch Naturforscher, und die Beobachtung zu Menplaisir muß daher wohl jedermann willkommen seyn.

von Burgsdorf.

XVII.

Kurze Beschreibung und Abbildung zweyer merkwürdigen Berge, und der darinn befindlichen Stein- und Bergarten,

vom

Königl. Bergkommissions-Rath Hrn. Danz.

7te und 8te Tafel.

Die 7te Kupfertafel stellet einen Theil des Durchschnitts am Fusse des Pangler Berges bey Nimtsch im Fürstenthum Brieg vor. Auf selbigem liegt das dem Herrn von Prittwitz gehörige Guth Pangel, und ist von Kosemüz, dem Geburtsorte des schönen Chrysoprases, eine Meile gegen Norden entlegen. Dieser Berg bestehet ganz aus Granit, wodurch ein Trumm mit kugel- und säulenförmigen Basalt und Traß 20 Zoll stark gangweise sezt, dessen Streichen in der Stunde 4, und sein Fallendes 70 Grad ist. Auf dem rechten Stoß oder was man das Liegende nennt, ist ein Strich von etwa 12 Zoll starken gelblichen Granit, worinn hin und wieder auch einzelne Basaltkugeln von gleicher Beschaffenheit liegen: sie schalen sich ab und lösen sich an der

der Luft und im Wetter auf; in der Feuchtigkeit aber bleiben sie hart; schlägt man sie von einander und trift eine Hölung oder Druse darinnen an, so ist solche gemeiniglich voller Wasser. Der übrige graue Granit dieses Berges ist mit grünen Schörl und Zeolith durchtrümmert, wovon in den Klüften und Drusenlöchern der Schörl zum Theil so hell und klar wie Chrisolith, und der Zeolith so fein als ein Haar kristallisirt ist.

Hinter dem Granit, gegen Morgen, wechselt blauer (Thon) Schiefer und Lagen von Schiefer mit Eisenbraune ab; der grüne Schörl findet sich überall dabey.

Ich habe eine Stuffe von blauem Schiefer mit grünem Schörl, Kalkspat und Blende daselbst gefunden.

Nach diesem kömmt gneisiger Schiefer und dann Hornschiefer, der auf etliche Meilen sein Streichen behält. In dem Dorfe Stein sind darauf Steinbrüche angelegt, in deren Queerklüften findet man Kupfergrün mit schwärzlichen Quarzkristallen. Vier Meilen davon in Kobelau, dem Herrn von Kraker gehörig, haben in einem Steinbruch auf diesem Hornschiefer Platten von 3 bis 4 Ellen lang und breit gebrochen.

Zwischen Nimtsch und Kosemüz in dem Dorfe Diersdorf, so dem Herrn Grafen von Zeil gehört, ist ein Schwefelbrunnen, welchen man den starken Brunnen nennt, hier wäre es werth ein schönes Bad anzulegen, weil die Lage gar vortreflich ist. Das Gestein ist hier grober Gneis.

Er-

Erklärung der Abbildung:

1) Der Basalt und Traßgang.
2) Der gelbliche Granit mit den Basaltkugeln.
3) Der graue Granit.
4) Der grüne Schörl.
5) Der Zeolith.
6) Die Dammerde.

Anmerk. Der hier sogenannte grüne Schörl scheint nach dem kleinen mitgeschickten Probestücke zu urtheilen, eher zum sogenannten vulkanischen Chrisolith zu gehören, wie Herr Voigt in seinen mineralogischen Reisen 2ter Theil, S. 109. anführt. Er ist von zeisiggrüner Farbe, schlägt mit dem Stahle Funken, und besteht zum Theil aus durchsichtigen ½ Linie langen, 4 auch mehrseitigen und dann der Länge nach gereiften säulenförmigen Kristallen. Der Traß bestehet nicht, wie der von Andernach, aus einer erhärteten vulkanischen Asche, sondern aus einer grauen mit rothen und gelben Flecken in unförmlichen und halbkuglichten Stücken zusammengebackenen Thonerde, und kömmt besonders mit der Beschreibung des Herrn Leske in seiner Reise durch Sachsen S. 322. f. f. und 464. überein.

Auf der 8ten Kupfertafel ist der Durchschnitt eines Theils von der Stopfelskuppe so zwo kleine Stunden von Eisenach, auf dem Walde, am Wege nach Berga an der Werra zu liegt. Hier findet sich eine ähnliche Merkwürdigkeit, wie am Pangler Berge bey Nimtsch in Schlesien, nur mit dem Unterschiede, daß hier in der Mitte zwischen dem Basalt ein feiner klarer Sandstein 14 Schuh stark durchsezt. Unter der Dammerde 2 Fuß tief in dem Sandstein liegt eine zween Zoll starke Lage rother Mergel; auf der rechten Seite des Sandes ist ein kleines Trümchen Eisenoker; hierauf folgt eine blaugraulichte Thon oder sandige Walkererde von den aufgelösten Basaltkugeln, welche auf derselben Seite mehrentheils kugelförmig und voller Hornblende und Schörl sind. Auf der linken Seite des Sandsteines ist der Thon oder sandige Walkererde nur einen Schuh stark, und die Basalte liegen in ungleichen Stücken, und flach. Ich habe diesen Berg von der Dammerde nieder ein Lachter tief im Durchschnitte lassen aufgraben; solte man ihn noch tiefer durchgraben, so würde man gewiß auf beyden Seiten des Basalts wieder Sandstein antreffen, weil die ganze Gegend mit Sand bedeckt ist.

Erklärung der Abbildung:

1) Sandstein, hat sein Streichen gegen Mittag, Stunde 2.

2) Mergel, der durch den Sandstein sezt.

3) Ein Trumm Eisenocher und Bräune, so zwischen dem Sandstein und blaulicher Thonerde niedersezt.

4) Die bläuliche sandige Walkererde mit Traß und Basaltkugeln.

5) Die ungleichen Stücke Basalt, wie sie in ihrer Lage liegen.

6) Die Dammerde.

Eine Stunde von der Stopfelskuppe in dem Marksuhler Pfaffenholze, die Pflasterkaute genannt, finden

finden sich eben dergleichen grosse Basaltkugeln mit kristallisirten Zeolith und eingeschlossenem Wasser, zum Theil auch mit Kalkspath.

Anmerk. Von der Stopfelskuppe und von den Basalten in der Markfuhler Pflasterkaute hat Herr Bergsekretair Voigt im 2ten Theile seiner mineralogischen Reisen S. 79 bis 83 auch lehrreiche Nachrichten gegeben.

XVIII.

Kurze Nachricht vom Buschhau und Gewinnung der Knoppern in Schlesien,

von

Herrn Danz.

In denjenigen Büschen, worinn Eichen mit andern Laubhölzern gemischt wachsen, werden alle 8 Jahr die Birken, Aspen, Saalweiden und dergleichen ausgehauen, und von dem eichenen Stock rund herum die Krüppel, so keinen Wachsthum haben, abgehakt. Die wachsbaren Eichen läßt man 20 bis 24 Jahre stehen, nachdem sie guten Boden haben, und in dieser Zeit geben sie die besten Knoppern, die alten Eichen aber gar keine; daher man glaubt, daß die Knoppern von dem Ueberflusse des Saftes entstehen. Wenn nun diese 20 jährige Eichen auch abgehauen werden sollen, welches mit Ende May oder Anfangs Junii geschehen muß; so werden erstlich die Aeste davon abgehakt, und von diesen die Lohe oder Borke abgeklopt, die grössern brauchbaren Eichen aber werden am Stocke oder noch auf dem Stamme vom Gipfel herunter abgeschälet, und dann läßt man sie auf

auf dem Stocke bis im Spatjahre stehen, damit der Saft nach und nach vertrokne. Dadurch bekömmt das Holz seine Zähe, und wird ein gutes Stellmacher-Holz. Die Lohe bindet man in kleine Bündel, welche man mit 2 Händen umspannen kann, und von zwo Fuß lang, damit sie gut austrokne, und verwahrt sie vor Regen. Diese ist den Lohgerbern sehr angenehm. In dem Nimtscher Stadtholz und auf des Landschafts-Aeltesten, des Herrn von Netz seinem Guthe Kosemüz, habe ich viele Knoppern gefunden, sie waren aber wegen der sehr nassen Witterung in diesem Jahre (1786) schwarz.

Anmerk. Wir wünschen über diese Nachricht wegen ihres grossen Nutzens mehrere Belehrung von Sachverständigen aus Schlesien zu erhalten, und bitten dabey die von den Knoppern im 4ten Bande unsrer Schriften befindliche Abhandlung zu Rathe zu ziehen.

XIX.

Beschreibung und Untersuchung einer unter dem Namen eines neuentdeckten seltenen Katzensilbers vom Andreasberg, näher bestimten Abart eines weissen Bleyspaths,

von

C. L. von Bose.

Da keine Entdeckung in der Mineralogie, sie scheine auch noch so geringfügig, den Freunden dieser Wissenschaft gleichgültig ist, so mag vielleicht auch die folgende Nachricht ihnen nicht ganz unwillkommen seyn.

Ein neuer Anbruch auf der Grube Bergmannstrost, des an mannichfaltigen Erzeugnissen so reichen Berggebäudes zu Andreasberg auf dem Oberharz, liefert seit kurzem eine Art Kalk-Spat-Drusen, welche wegen eines daran zum Theil befindlichen Ueberzugs von vermeintlichem Glimmer als eine Neuigkeit von den Stufenhändlern sehr gesucht und hochgehalten werden. Ich erhielt davon ohnlängst ein kleines aber reiches und deutliches

deutliches Stück, mit der Angabe, daß solches ein neuentdecktes seltenes Katzensilber sey.

Hier folgt eine nähere Beschreibung desselben:

Auf einem gemeinen Bleyglanze befinden sich unter einem denselben auf einer Seite ganz überziehenden Gemenge von körnigem, zum Theil durch Kupfer, wie es sich vermuthen läßt, grünlich gefärbten Kalkspate, einzelne Kalkspatkristallen von der bekannten sechsseitigen tafelförmigen Gestalt. Auf diesen aber sowol als auf dem körnigen Spathe und dem hin und wider blosliegendem Bleyglanze, zeiget sich theils in zusammenhangender Oberfläche, theils in einzelnen schimmernden Blättgen, ein äusserst subtiles, wie mattgearbeitetes Silber glänzendes Häutgen, welches durch ein Augenglas betrachtet, sich da wo es am meisten zusammenhängend erscheint, in Falten und Bläsgen angelegt hat. Auf der andern Seite des Bleyglanzes finden sich unter ähnlicher Mischung von körnigem und kristallisirten Kalkspat, einzeln ausgetheilte Kreuzkristallen, welche jedoch in Absicht der Durchsichtigkeit und einer dem hellbläulichen Appatit fast gleichkommenden Farbe, sich von denen vom Harze sonst bekannten zu unterscheiden scheinen.

Gleich beym ersten Anblicke verließ mich der Glaube an das Daseyn eines Glimmers oder Katzensilbers, und ich konnte das erwähnte glänzende Häutgen, der anscheinend unverkennlichen Aehnlichkeit mit dem sogenannten **Buttermilch-Silber** von der Grube

Georgs

George Wilhelm zu Andreasberg, halben, für nichts anders als dieses halten.

In dieser schon festen Ueberzeugung sonderte ich einige, so viel es mir schien, ganz reine Theilgen dieses Häutgens mit einer saubern Federzange von der Stufe ab, und übergoß selbige in einem geräumigen Uhrglase mit präcipitirter Salpetersäure um demnächst den Silberhalt durch Koch-Salz-Lauge davon zu trennen. Die Salpeter-Säure verschlang fast in einem Augenblicke alles mit Aufbrausen, (jedoch mit Ausnahme eines geringern Rückstandes, welcher unaufgelößt blieb, und sich bey den gewöhnlichen Versuchen als Kieselerde bewieß) wollte aber bey der nach reichlicher Verdünnung mit destillirtem Wasser geschehenen Zumuthung der Koch-Salz-Auflösung nichts fallen lassen, noch sich im geringsten trüben.

Meine nächste Vermuthung fiel nunmehr auf Zeolith, welcher auf einer Art der sogenannten Perlemutterdrusen von Andreasberg mir ebenfalls in sehr dünnen und silberfarbenen, glänzenden Blättern vorgekommen war, obschon solche immer durch eine Spur von tafelartiger Kristall-Form sich auszeichnen.

Ich sonderte von der Stufe daher von neuem einige Theile des dünnen Häutgens ab, um solche vor dem Löthrohre auf der Kohle zu versuchen. In der äusseren Lichtflamme verlor sich sogleich die weisse Farbe in eine dunkelgelbe, welche in der inneren eben sobald ins schwärzliche sich veränderte. Bey etwas fortgesetztem

Blasen

Blasen gerieth die rothglüende Masse ins Aufwallen und gab am Ende einen bleyfarbenen König an einer bräunlich gelben Schlacke. Die Kohle zeigte nach diesem Versuche einen buntfarbigen Schweif, wie solcher vom Bley zu erscheinen pflegt. Das von der Schlacke gereinigte metallische Korn, welches die Grösse eines mässigen Stecknadelsknopfs hatte, ließ sich unter dem Hammer sehr leicht dehnen, hatte die vollkommene Farbe des Bleyes, und wurde aus seiner ohne Rückstand bewirkten Auflösung in verdünnter Salpetersäure, durch die Vitriolsäure als Bleyvitriol niedergeschlagen.

Ich überzeugte mich nunmehr ein wirkliches Bley reducirt zu haben, zweifelhaft blieb es mir aber, ob solches nicht vielleicht von eingemischten Bley-Glanztheilgen herrühre, welche ich bey genauer Untersuchung dem körnigen Spat sehr zart eingesprengt fand.

Ich trennte daher mit der Spitze eines sehr dünnen Federmessers andre Theile des Häutgens von der Stufe, und nachdem ich mit Hülfe eines Augenglases von der Abwesenheit aller heterogenen Theile mich aufs allersorgfältigste überzeugt hatte, wurden diese Blättgen vor dem Löthrohre, wie beym ersten Versuche behandelt, und gaben genau die nemlichen Erscheinungen. Das erhaltene metallische Korn wurde aber nunmehr auf der Kohle verblasen.

Ich bescheide mich sehr gern, daß die angeführte Untersuchung nicht hinreicht, um die Natur des geprüften Minerals vollständig zu erörtern; indeß glaube ich

die

die Wahrscheinlichkeit auf meiner Seite zu haben, wenn ich solches für eine, meines Wissens wenigstens nach, nicht allgemein bekannte Abänderung des weissen Bleyspaths oder Bleyocher halte. Ich konnte und wollte einen grössern Theil meiner Stufe der weiteren Zerlegung nicht aufopfern, da es Samlern, welche nicht selbst auf Bergwerken wohnen, oder sonst keine günstige Gelegenheit zur Bereicherung ihrer Samlungen in der Gewalt haben, immer hart fällt, sich von einem durch Zufall erhaltenen merkwürdigen Stück zu trennen. Zweckmässiger kann eine nähere Zergliederung denjenigen Naturforschern überlassen bleiben, welche die Quelle des Erzeugungsorts zu benutzen im Stande sind.

Mir genüget es, durch einen Fingerzeig dazu veranlaßt zu haben, und der Mineralogie einen geringern Theil meiner Schuld für das Vergnügen, was sie mir als Liebhaber gewährt, zu bezahlen.

Als ich vorstehendes geschrieben hatte, führte mich das Ohngefehr auf eine nochmalige nähere Vergleichung des untersuchten Minerals, mit dem sogenannten Buttermilchsilber vom Georg Wilhelm, welches eben so wie jenes einen Kalkspat, jedoch von eigenem schmuzzigweissen, mehr gelben Ansehen, löcherigen und zerfressenen Gewebe bedeckt, so in der gemeinen Bergsprache des Harzes Knochenspat genannt wird. Ich fand das Aeussere an beyden aufs höchste übereinstimmend, und konnte der Versuchung nicht widerstehn, einen Theil

der

der mir vorhin so werthen Buttermilcherz-Stufe an den Versuch zu wagen. Wie sehr erstaunte ich, da der Erfolg das auf die äussere Aehnlichkeit gegründete Urtheil des Auges völlig bestätigte, und mich überzeugte, daß beides eines und dasselbe sey. Ich hatte die gedachte Stufe Buttermilchsilber vor ohngefähr einem Jahre aus der Samlung eines Kenners durch Tausch erhalten, und bin nunmehr gewiß, daß selbige so wenig als alle die ihr gleichen, und deren ich bey mehrerern Liebhabern verschiedene gesehn habe, das sind, wofür sie ausgegeben werden.

Schon andere Mineralogen haben es ohne nähere Untersuchung bezweifelt, daß diese Art das wahre Buttermilcherz sey, und hielten es vielmehr für ein gediegenes Silber von der Art des sogenannten Silber Thauerzes, aber auch diese Meynung widerlegt sich aus meinem Versuche, so fern nicht andere das Gegentheil erweisen.

Ich für mein Theil halte daher nur eine Art des Buttermilchsilbers als eines den Beschreibungen zufolge natürlichen Silberkalchs, für die ächte, und zwar die blaue oder bräunliche welche vom Herrn Vice-Berghauptmann von Veltheim in der Crellschen Ausgabe der Kirwanschen Mineralogie S. 281. f. in der Anmerkung beschrieben wird.

Ich besitze von dieser ein mir unschätzbares grosses und belehrendes Exemplar, welches sich aus dem Jahre 1617 von einem damaligen Andreasbergschen Berg-

Officianten herschreibt. Es ist solches eine hole Kalkspat-Niere, welche sowol auf der äusseren Fläche von allen Seiten, als in denen mit kristallisirtem Kalkspat ausgefüllten Hölungen, ganz mit gedachtem, völlig unscheinbaren, einem ausgetrockneten, bräunlich blauen thonigem Schlamme ähnlichen Silberkalche überzogen ist, und auf dem alten St. Georg zu Andreasberg gebrochen worden. Von einigen davon abgelöseten Bröckeln habe ich vor dem Löthrohre ein schönes, und fast zwey Drittheile des zum Versuche genommenen Gewichts gebendes Silkorn erhalten, welches ich mit der Stufe selbst in meiner Samlung verwahre. Von der eigentlichen Mischung und Bestandtheilen dieses Minerals weiß ich indeß nichts weiter zu sagen, als daß solches aus der Farbe einer dabey sich gezeigten Flamme, und dem Geruche zu urtheilen, einen Antheil von Schwefel enthält.

Berlin, den 9ten December 1787.

C. L. von Bose.

XX.

Chemische Zergliederung des Prehnits,

von

Klaproth.

Seit einigen Jahren ist unter den Mineralogen eine besondre Steinart bekannt geworden, welche der nunmehro verstorbene Oberste, Herr Prehn, zuerst vom Vorgebürge der guten Hofnung nach Europa gebracht hat; deren äussere Beschaffenheit auch bereits vom Hrn. Prof. Hacquet *) und Hrn. Leibarzt Brückmann **) in unsern Schriften beschrieben worden. Da sie aber aus Mangel der Kenntniß ihrer Bestandtheile bisher noch keinen bestimmten Platz in den Mineralsystemen erhalten hat, so hat Herr Insp. Werner zu Freiberg, welcher dieser Steinart zum Andenken ihres ersten Finders den Namen Prehnit giebt, und welche Benennung ich im gegenwärtigen Aufsatz der Kürze halber auch beybehalten will, — die Gefälligkeit gehabt, eine hinlängliche Menge davon mir zu übersenden, um selbige

*) Schriften der Berl. Gesellſ. Naturforſ. Freunde. 4 Band. S. 25.

**) Dito 6. Band. S. 407.

einer chemischen Prüfung zu unterwerfen, deren Resultat ich hier mittheile.

A. Der Prehnit für sich auf der Kohle mit dem Löthrohr versucht, blähet sich, indem er glüht, mit blasenwerfenden Aufschaumen auf; will aber nicht gern zum egalgeflossenen Kügelchen schmelzen, sondern er giebt nur eine, auswendig zwar glatte, inwendig aber blasige oder hole Schlacke, von hellbräunlicher Farbe.

Schmelzbares Harnsalz greift den Prehnit sogleich mit einigen Aufbrausen an, welches aber bald nachläßt; und nun löset sich der Stein bey anhaltenden Blasen nach und nach unmerklich auf. Die entstandene klare gelbliche Glasperle verliert nach dem Erkalten die gelbe Farbe, und opalisirt milchigt.

Der Borax greift ihn unter ähnlichen Aufbrausen an, löset ihn aber geschwinde zum klaren gelbgrünlichen Kügelchen auf, welches auch nach dem Erkalten hell und durchsichtig bleibt, wobey die gelbe Farbe wieder verschwindet.

Mineralalkali äussert auf den Prehnit nur einen schwachen Angrif, und macht damit eine weißliche undurchsichtige poröse Schlacke.

B. Reine Stücken Prehnit, die sowol von einiger anhängender Mergelerde, als denen hie und da eingesprengten schwärzlichen, und mit fremdartigen Theilen verunreinigten Parthien wohl befreyet werden, wurden Anfangs zwischen vielfachen Papier auf einem polirten Ambos

Ambos mit dem Hammer zerklopft, und darauf im gläsernen Mörsel zum feinsten Pulver zerrieben. Hiervon wurden 150 Gran mit einer Unze reinen trockenen Mineralalkali gemischt, und in einem bedeckten Porcellantiegel 4 Stunden lang gelinde durchgeglühet. Die Masse, welche eine grünlichtweisse Farbe erhalten hatte, war fest und dicht zusammengebacken, und hatte sich freywillig von der Seite und dem Boden des Tiegels abgelöset. Zerrieben hatte sie die Farbe eines blassen Berggrüns.

C. Diese zerriebene Masse wurde in einer Phiole mit etwas warmen destillirten Wasser übergossen, und nach und nach so viel reine Salzsäure hinzugesetzt, daß nicht nur das Alkali gesättigt, sondern auch eine genugsame Menge freye Säure im Ueberschuß bliebe. Nach hinlänglicher Digestion erhielt die Auflösung eine schwache goldgelbe Farbe; und eine sich ausscheidende weisse lockre und gallertartige Kieselerde zeigte an, daß die Mischung des Steins aufgeschlossen war. Diese durchs Filtrum abgeschiedene, mit kochenden destillirten Wasser ausgesüßte Kieselerde wog, nach gelinden Durchglühen, $31\frac{1}{4}$ Gran.

D. Die filtrirte, und mit dem zum Aussüssen der Kieselerde angewandten Wasser vermischte Auflösung wurde nun mit kristallisirten Weinsteinalkali gesättigt. Der davon entstandene hellochergelbe Niederschlag wurde ausgesüßt, durchs Filtrum gesammelt, scharfgetrocknet, wieder fein gerieben, mit reiner Salpetersäure übergossen, und diese wieder bis zur Trockne abgezogen; der Rückstand abermals zerrieben, mit frischer Salpetersäure übergossen, digerirt, und diese wiederum abgezogen; worauf der Rückstand in einem porcellänen Tiegelchen noch eine halbe Stunde lang glühend calcinirt wurde. Aus dieser calcinirten Masse wurde nun durch geschwächte Salpetersäure alles auflösliche ausgezogen, und blieb nun ein gelbrother Rückstand, der ausgesüßt, getrocknet, durchgeglühet und mit etwas Wachs abgebrannt, $42\frac{1}{2}$ Gran wog.

E. In diesen $42\frac{1}{2}$ Granen war nun der Eisengehalt des Steins enthalten, allein noch mit einer ungleich grösseren Menge Kieselerde vergesellschaftet; denn als selbige mit Goldscheidewasser digerirt, und die Auflösung nach gehöriger Verdünnung mit Wasser filtrirt wurde, blieb ein schwärzlichgraues Pulver zurück, welches aber ausgesüßt, getrocknet und durchgeglühet, diese Farbe verlohr und schneeweiß wurde; folglich rührte diese schwärzliche Farbe nur von einem Ueberbleibsel des kohligen Stoffs aus dem darüber abgebrannten Wachse her. Sie wog nun $34\frac{1}{2}$ Gran, und erwieß sich als reine Kieselerde: ein abermaliger Beweiß der salinischen Natur der Kieselerde, deren Auflösbarkeit in Wasser unter dazu günstigen Umständen ich schon bey mehrern Gelegenheiten erfahren habe.

F. Der Eisengehalt, welcher jetzt vom Goldscheidewasser war aufgenommen worden, bestand demnach in 8 Gran, welches Quantum sich auch nach Niederschlagung der Solution durch ätzendes flüchtiges Alkali,

und

und nachherigen gelinden Durchglühen mit Wachs, als anziehbares Eisen darstellete.

Anmerk. Ich hatte zu selbiger Zeit die Entdeckung, daß Nickel der grünfärbende Bestandtheil des Chrisoprases und mehrerer Steine sey, noch nicht gemacht, und konnte ich folglich nicht daran denken, diesen Eisengehalt des Prehnits auf Nickel zu prüfen. Es ist also wenigstens nicht unmöglich, daß auch hier die schwache grünliche Farbe des rohen Steins nicht vom Eisen allein herrühre.

G. Die von Kiesel- und Eisenerde befreyte Auflösung (D) wurde nun mit kaustischen flüchtigen Alkali so lange versetzt, als sich dadurch ein Niederschlag bewirken lies. Die weisse Farbe dieser dadurch ausgeschiedenen schleimartigen und sehr aufgequollenen Erde neigte sich ein wenig ins gelbliche. Ausgesüßt, getrocknet, und durchgeglühet, wog sie 46 Gran. Sie wurde aufs neue in Salpetersäure aufgelöset, und damit noch eine Zeitlang digerirt, wobey sich noch $\frac{1}{2}$ Gran Eisenerde abschied. In der nun klaren Auflösung waren also, nach Abzug dieses halben Gran Eisens, noch $45\frac{1}{2}$ Gran Erde, in geglüheten Zustande betrachtet, enthalten, welche nunmehro, nach Sättigung mit kristallisirten Weinsteinalkali, weiß, zart und locker niederfiel, und durch Prüfung mit Vitriolsäure sich als Alaunerde erwies. Daß sie aber mit keiner Bittersalzerde, als der einzigen Erde, womit sie noch hätte verbunden seyn können, vermischt sey, ergab sich auch daraus, daß, nachdem solche Vitriolsäure Auflösung mit Wasser verdünnt, und kochend mit so viel milder Kalkerde, als genug war, den Alaun zu zersetzen, gesättigt worden, die abfiltrirte

Flüssigkeit nicht den mindesten bittersalzigen, sondern blos einen tauben selenitischen Geschmack äusserte.

H. Aus der, nach Abscheidung der Alaunerde durch ätzendes flüchtiges Alkali, noch übrigen Flüssigkeit, schlug sich nun durch mildes flüchtiges Alkali eine ansehnliche Menge einer weissen, zartkörnigen Erde nieder, welche ausgesüßt, getrocknet, und mäßig durchgehitzt, 49½ Gran wog. Es war lautere milde **Kalkerde**, denn sie lösete sich in Salzsäure, mit starken Aufbrausen, schnell und klar auf, und schlug sich wieder, nach Versetzung mit schwacher Vitriolsäure, zum kristallinischen Selenit nieder. Da aber diese Kalkerde in der Mischung des Prehnits nicht im milden Zustande, sondern als luftleer in Anschlag zu bringen seyn wird; 9 Theile milde oder rohe Kalkerde aber 5 Theilen luftleerer Erde gleich befunden werden, so sind jene 49½ Gran auf 27½ Gran zu reduciren.

I. Diese zergliederten 150 Gran hatten geliefert:

Geglühete Kieselerde (C.) 31¼ Gran.	}	— 65¾ Gran.
— — — — (E.) 34½ —	}	
— — Alaunerde (G.) — — — —		45½ —
— — oder luftleere Kalkerde (H.) —		27½ —
— — Eisenerde (F.) 8 —	}	— 8½ —
— — — — (G.) ½ —	}	
Verlust an Luft- und Wassertheilen. —		— 2¾ —
		150 Gran.

Hundert

Hundert Theile Prehnit bestehen also aus:

Kieselerde — — —	$43\frac{5}{6}$
Alaunerde — — —	$30\frac{1}{3}$
Kalkerde ohne Luftsäure —	$18\frac{1}{3}$
Eisenerde — — —	$5\frac{2}{3}$
Luft und Wassertheile —	$1\frac{5}{6}$
	100.

Nach Anleitung dieser chemischen Untersuchung kann nun bestimmt werden, welche Stelle dieser Steinart im oryktologischen System zukommen müsse. Herr Obriste **Prehn** gab ihr zwar den Namen eines Smaragds, und Herr L. A. **Brückmann** folgte ihm Anfangs darin. Letzterer änderte aber seine Meynung bald, indem dieser Stein weder die Härte, noch die lebhafte hellgrüne Farbe, noch die sechsseitige Säulenform des Smaragds besitzt. Die Holländischen Mineralienhändler nannten ihn Kapschen Chrisopras, wozu sie wahrscheinlich die am mehresten gefärbten Stücke ausgewählt haben mögen; allein der Chrisopras ist, wie ich ohnlängst gezeigt habe, nichts als ein blosser Quarz, der durch Nickelerde grün gefärbt ist.

Herr Prof. **Hacquet** nennt ihn a. a. O. unsrer Schriften, wo er das äussere Ansehn dieser Steinart beschrieben hat, kristallisirten Praser. Herr L. A. **Brückmann** verwirft aber, in seinem bereits angeführten Aufsatz im 6ten Bande unserer Schriften, diese Benennung aus richtigen, obgleich nur von äussern Kennzeichen hergenommenen Gründen, und will ihn, so lange bis er chemisch untersucht sey, lieber zum kristallisirten Feldspat hinstellen.

Herr Sage gedenkt *) einer, durch Herrn Abbe Rochon vom Cap der guten Hofnung mitgebrachten, und jetzt im Königl. Cabinet zu Paris befindlichen Steinmasse unter dem Namen Chrisolith, welche, der Beschreibung zufolge, die Herr Sage davon macht, eben dieselbe Steinart als Herrn Werners Prehnit ist.

Herr Romé de l'Isle verwirft **) diese Benennung des Herrn Sage aus dem Grunde, weil diese Steinart im Feuer leicht in Fluß kommt, und in ein schwarzgrünes Glas übergehet, der Chrisolith aber im Feuer weit weniger verändert wird; und zählet jene Steinart dagegen zu den Schörlen. Dieser Schriftsteller fällt aber hier in den gewöhnlichen Fehler mehrerer der Scheidekunst unkundigen Mineralogen, die den Werth der chemischen Kenntniß der Foßilien nicht zu schätzen wissen, und namentlich unter das Schörlgeschlecht sogern Steinarten, die ihren Bestandtheilen nach ohnmöglich unter eine Gattung stehen können, zusammenbringen, sobald ihnen nur einige entfernte äussere Aehnlichkeit mit wirklichen Schörlen dazu ein Recht zu geben deucht. Der Character des Schörlgeschlechts scheint mir überhaupt, sowol nach äussern Kennzeichen, als nach den Bestandtheilen, noch nicht genugsam berichtigt. Um desto nöthiger ist es, diejenigen Steinarten

*) Element de Mineralogie, par M. Sage, Vol. 1, P. 232.

**) Christallographie. Vol. 2. P. 275.

ten davon abzusondern, die dem Character, welchen claßische Mineralogen dem Schörlgeschlecht beylegen, nicht überall entsprechen. Wie unbestimmt übrigens noch die Bestandtheile des wahren Schörls sind, davon kann man sich überzeugen, sobald man die verschiedenen Bestandtheile, welche mehrere Schriftsteller bey ihren Zergliederungen der Schörle erhalten und angezeigt haben, mit einander vergleicht. Wenn wir z. B. die Bestandtheile des Schörls, nebst deren Verhältnissen, so wie sie Herr **Bergmann** von seiner Zergliederung des schwarzen Schörls von Albano *) bekant gemacht hat, mit dem Bestandtheile des Prehnits vergleichen, so finden wir, daß im Schörl die Kieselerde in einem stärkern; hingegen die Alaunerde und vorzüglich die Kalkerde in einem geringern Verhältniß vorhanden ist, als im Prehnit. Ueberdem giebt Hr. **Bergmann** in diesem Schörl noch $\frac{1}{100}$ an Bittersalzerde an.

Bey der ebenfalls vom Herrn **Bergmann** bekant gemachten Zerlegung der Schörle von **Gränge** und von **Zillerthal** **) ist der Unterschied gegen den Prehnit noch weit auffallender. In beyden Arten ist die Proportion der Kieselerde stärker; die der Alaunerde aber ohne Vergleich geringer, nemlich nur zwischen 2 und 3 Procent; die der Kalkerde um $\frac{1}{3}$ bis $\frac{1}{2}$ kleiner; und Bittersalzerde macht gar $\frac{1}{5}$ bis $\frac{1}{8}$ des Ganzen aus.

Nimmt man nun vollends die Zergliederungen, welche Herr **Wiegleb** von einigen Schörlarten geliefert hat,

*) Opusc. phys. & chem. Vol. III. p. 207.

**) Dito Vol. IV. p. 172.

hat, zum Muster, so ist der Widerspruch noch weit auffallender.

Wollen wir nun, bey dieser Ungewißheit der chemischen Bestandtheile der Schörle, lieber noch auf das äussere Verhalten Rücksicht nehmen, so kann man schon daraus, daß der Prehnit in der Hitze sich stärker, als der Schörl, aufblähet, einen hinlänglichen Grund hernehmen, ihn nicht mit Herrn de l'Isle zu den Schörlen zu zählen.

Mehrern Grund könnte die Vermuthung des Hrn. Werner haben, daß dieses Foßil mit den Zeolithen verwandt sey; zu welcher Meinung ihn das Gewebe, und besonders die Eigenschaft vor dem Löthrohr leicht und mit Aufschäumen zu fliessen, brachte; nur die Farbe und vornemlich die Härte, indem er mit den Stahl Feuer schlägt, und in Glas ritzet, machen ihn noch zweifelhaft.

Bekanntermaassen besitzen die Zeolitharten im Allgemeinen diesen Grad der Härte nicht. Als einer Seltenheit gedenkt daher Herr Bergmann *) eines Zeoliths von Mößeberg in Westgothland, welcher so hart ist, daß er am Stahl Funken giebt; und an einem andern Orte **) giebt er von dieser Art folgende nähere Beschreibung. — „Sie wird, als ein Rindestein, „aussen auf dem Trapp, oder in dessen Ritzen, gefun„den: oft ist sie auf der Fläche knotigt, oder in kleine, von

*) Opusc. phys. & chem. Vol. III. p. 224. Anm. b)

**) Chem. Ann. 1784. 2. B. S. 393.

„von Strahlen formirte, Kugeln gebildet; anderswo „sieht man nur kugelartige Abschnitte; und an vielen „Stellen sind einige wenige Streifen das einzige Merk„mal des Anschusses. Inwendig sieht man zuweilen „etwas Strahlichtes, zuweilen ist der Bruch dichter, „fast quarzähnlich. Die Farbe ist matt hellgrau, hie „und da rostig. Dieser Zeolith giebt Feuer am Stahl, „und blähet sich vor dem Schmelzrohr auf, wie ge„wöhnlich. Durch die Zerlegung findet man im Cent„ner 69 Kiesel, 20 Thon, 8 Kalk ohne Luftsäure, und „3 Wasser." — Zu gleicher Zeit führt Hr. B. auch noch den rothen Zeolith von Adelfors, als eine ebenfalls harte Abänderung, an. Jenen Zeolith von Mößeberg hat auch Herr Kirwan bereits als die 12te Art seiner Kieselgattung, unter dem Namen kieselartiger Zeolith aufgeführt.

Vor einigen Monaten erhielt ich aus dem berühmten Cabinet des Herrn Francis Greville zu London, unter mehrern zur Untersuchung bestimmten Foßilien, unter dem Namen: Zeolithe silicieuse, eine Steinart, welche bey einer ins gelblichgraue sich ziehenden weissen Farbe, das äussere Ansehn und die Gestalt des gewöhnlichen concentrischstraligen Zeoliths in Kugelabschnitten hatte; vor dem Löthrohr sich völlig als Zeolith geberdete; allein dabey von solcher Härte war, daß sie in Glas ritzte, und mit dem Stahl Funken gab: und bald nachher hatte ich das Vergnügen, durch Herrn Prof. Groschke aus Mietau belehrt zu werden, daß diese kieselharte Zeolithart in Schottland zu Hause sey. Es hat nemlich dieser unser hochgeschätzter College während seinem vorjährigen Aufenthalt in Schottland, aus rühmlichen Eifer für die Naturgeschichte, und besonders für die Mineralogie, Excursionen in die nördlichen Gegenden dieses Königreichs angestellt, und, unter mehrern merkwürdigen Naturproducten, auch diese kieselharte Zeolithart, unter mehrerley Abänderungen in der äussern Gestalt, auf den Basalten, wie auch in deren Klüften und Spaltungen, entdeckt und gesammelt.

Da wir aber Hofnung haben, von diesem unsern gelehrten und gefälligem Freunde selbst bald eine ausführliche Beschreibung dieser und mehrerer mineralogischen Merkwürdigkeiten zu erhalten, so erwähne ich blos, daß einige Abänderungen dieser Schottländischen Feuerschlagenden Zeolithe an Farbe und Gewebe dem Prehnit vom Cap so ähnlich sind, daß Beyde Steinarten ohne Bedenken für ein und dasselbe Naturproduct angesehen werden können.

Dennoch aber wäre ich der Meinung, daß es besser sey, diese Steinarten vom eigentlichen Zeolithgeschlecht abgesondert, zu claßificiren. Denn, erstlich, würde ein guter äusserlichunterscheidender Character des Zeoliths, nemlich, die, gegen andere, im System an ihn gränzende Steinarten, weit geringere Härte, aufgegeben werden müssen. Zweitens, stehen die Bestandtheile derselben in einem andern Verhältnisse, als bey den Zeolithen. Ich lege bey leztern die vom Hrn. Hofapoth. Meyer, unserm hochgeschätzten Collegen, angegebene Bestandtheile zu Grunde, nach welchen 100 Theile des

strg=

straligen Zeoliths von Ferröe $58\frac{1}{3}$ Kieselerde, $17\frac{1}{2}$ Alaunerde, $6\frac{2}{3}$ Kalkerde, und $17\frac{1}{2}$ Wasser enthalten; und mit dieser Angabe stimmt auch die des Herrn Pelletier in Rozier's Journal, ziemlich überein. Nun aber zeigt die vorgedachte Zergliederung des Prehnits, daß die Kieselerde darin im geringern, die Alaunerde, besonders aber die Kalkerde, im grössern Verhältniß stehe, als bey den Zeolithen. Drittens, ist auch noch auf den Gehalt der Eisenerde im Prehnit Rücksicht zu nehmen, wovon sich in den eigentlichen Zeolithen gewöhnlich gar nichts findet; daher auch die gebrannte und geschmolzene Zeolithmassen eine ganz weisse Porcellainfarbe zeigen. Blos im Zeolith von Hellestadt hat Bergmann $\frac{4}{1000}$ Eisenkalch gefunden; eine zu unbedeutende Menge gegen den Eisengehalt des Prehnits, als welcher sich gegen jenen, wie 18 gegen 1, verhält. Von diesem Eisengehalte erhalten die geschmolzenen Kügelchen des Prehnits, eine grünlichbräunliche Farbe, und, im Kohlentiegel geschmolzen, setzen sich, nach den Erfahrungen des Herrn Geh. Finanzr. Gerhard, kleine reducirte Eisenkörner ab. Der Schottländische harte Zeolith erlangt vor dem Löthrohr die nemliche grünlichbräunliche Farbe.

Es verdient also diese Steinart bey systematischer Claßificirung der Foßilien, nach dem richtigen Urtheil des Herrn Inspect. Werner, eine eigene Stelle für sich; und diese würde, meines Erachtens, zwischen dem Zeolith und dem Schörl am schicklichsten seyn.

Beobachtungen
und
Entdeckungen
aus der
Naturkunde

von

der Gesellschaft naturforschender Freunde
zu Berlin.

Zweiten Bandes Viertes Stück.

Mit vier illum. Kupfertafeln.

Berlin,
bey Friedrich Maurer.
1788.

XXI.

Nachrichten von dem See bey Arendsee in der Altmark.

von

Georg Christoph Silberschlag,

General-Superintendent der Altmark.

9te Tafel.

Um eine richtige Vorstellung von diesem sonderbaren See zu machen, will ich zuförderst seine Grösse und Lage, sodann dasjenige, was ich selbst an demselben wahrgenommen, und endlich dasjenige, was mir durch zuverlässige Nachrichten davon bekannt geworden, berichten.

Der See liegt an der nördlichen Seite des Städtchens Arendsee, und ist beynahe eyrund. Der grössefte Durchmesser enthält 800 Rheinl. Ruthen, der kleinste 600 Ruthen. Die Feldmesser geben ihre Fläche 2120 Morgen 60 Quadrat Ruthen an. Er ist in seinem ganzen Umfange von Anhöhen umgeben, davon einige sich bis zu 30 Fuß in den Spiegel der See erheben. Der See hat keinen sichtbaren Zufluß, auch keinen Abfluß; dennoch erhebet ihr Spiegel sich von Jahr zu Jahr. Vor 10 Jahren konnte man zwischen den Mauern des Klosters bey Arendsee und dem See mit Wagen und Pferden im Trocknen hin und her fahren. Jetzt stehet das Wasser schon 5 bis 6 Zoll an den Mauren hoch. Weil diese zunehmende Grösse des Sees den Einwohnern zu Arendsee einige Furcht verursacht; so hat die Churmärk. Krieges- und Domainen-Kammer sich verschiedene Vorschläge vorlegen lassen, um den See durch einen in die Jeeze zu führenden Canal bis zu einer gewissen Höhe abzulassen. Durch die auf solche Veranlassung vorgenommenen Nivellationen ist es entschieden, daß der See 6 Fuß Gefälle bis zur Jeeze, und 11 bis 12 Fuß Gefälle bis zu der 2 Meilen davon fliessenden Elbe, habe. Weil er also 12 Fuß über der Elbe liegt, kann er mit derselben keine unterirrdische Verbindung haben. In beykommender Zeichnung ist der Spiegel des Sees in seiner gegenwärtigen wahren Gestalt vorgestellt. Die Linie M. M. M. M. drükt einen merkwürdigen Umstand aus. So lange man sich mit einem Kahne zwischen dieser Linie und dem Ufer aufhält, so lange ist der Boden des Sees sichtbar: so bald man sich aber über diese Linie hinauf auf die Höhe des Sees begiebt; wird das Wasser auf einmal schwarz und gewinnt plötzlich eine grosse Tiefe. Der Abstand dieser Linie vom Ufer ist in dem Umfange des Sees verschieden, an einigen Orten 30 Fuß, an andern über 10 Rheinl. Ruthen, an andern noch grösser.

Weil

Weil die Nachrichten von der Tiefe von je her sehr verschieden gelautet, und einige dieselbe unglaublich groß angegeben haben, indem man dem Vorgeben nach mit einem Hacken von 70 bis 80 Klafter nicht zu Grunde kommen können, so machte ich im Sommer 1786 durch Unterstützung des Königl. Kammer-Directors, Baron von Gayl, Anstalt, diese Tiefe auf eine zuverläßige Art zu erforschen. Ich ließ zu dem Ende ein Senkbley von 50 Pfund schwer in cylindrischer Gestalt verfertigen, und auf die oberste Fläche dieses Cylinders einen Trichter von Messing anlöthen, der beynahe ein Quart Wasser enthält, auf dem Boden dieses Trichters an einem in das Bley eingelassenen Haken befestiget. Wenn dieses Senkbley in das Wasser hinab gelassen wurde, und sich auf den Boden des Sees setzte; so mußte dasjenige Wasser auf dem Boden des Sees, das zu der Zeit den Trichter anfüllte, nothwendig in demselben bleiben, und auf diese Art in dem Trichter herauf gezogen werden. Dieser Umstand gab Anlaß zu einer besondern Entdeckung, die ich in der Folge beschreiben werde. Es war der 20ste August 1786, da ich mich in Gesellschaft einiger Freunde früh um 7 Uhr auf den See begab, und mit der Abmessung seiner Tiefe beynahe 5 Stunden zubrachte. Wir überliessen das Steuerruder einem alten 76-jährigen Fischer, dem alle Gegenden des Sees bekannt waren, und dieser führte uns den Weg, den ich in beykommender Zeichnung mit einer punktirten Linie beschrieben habe.

Die erste Abmessung der Tiefe geschahe da, wo der Boden des Sees auf diesem Wege aufhörte, sichtbar zu seyn, und hier betrug sie 17 rheinl. Decimal-Fuß (in welchem Maaße ich alle folgende Tiefen ausgedruckt habe). Unmittelbar darauf wurde der See schwarz, und die Tiefe betrug auf einmal 45 Fuß. Wir steuerten ohngefähr 100 Ruthen nach Westen, und fanden die Tiefe 70 Fuß. Nachdem wir noch einmal so weit westlich gerudert, wurde der Boden wieder sichtbar. Wir richteten darauf unsern Lauf nach Nordost, und in einer Weite von 80 Ruthen fanden wir die Tiefe 90 Fuß. Wir fuhren in dieser Richtung fort, und kamen nach zurückgelegtem Wege von 100 Ruthen auf die Mittel-Linie des Sees, die seinen längsten Durchmesser bestimmt, und die sowol als andere auf der See gezogene Linien auf Ordre des Königl. Kammer-Directors, Baron von Gayl, von dem Hrn. Conducteur am Ufer durch Stäbe mit Strohwischen versehen, bezeichnet waren. Hier fanden wir die Tiefe 125, oder nach Duodecimalmaaß 150 Fuß. Nach einen kleinen nordwärts genommenen Umwege von ohngefähr 100 Ruthen, kamen wir wieder auf die Mittel-Linie, und fanden die Tiefe abermals 125, oder nach Duodecimalmaaß 150 Fuß. Hierauf namen wir unsern Weg nach Südost, weil der alte Steuermann daselbst eine grosse Tiefe zu finden vermeinte: wir fanden aber nur 40 Fuß. Wir steuerten also wieder nördlich bis auf die Mittel-Linie, und fanden die Tiefe 120 Fuß (nach Decimalmaaße). In dieser Richtung fuhren wir fort, bis zu der mit der Mittel-Linie nordwärts gezogenen Parallellinie, und fanden die Tiefe 70 Fuß. Indem wir uns hier mit Heraufziehen des Senkbleyes beschäftigten, wurde das Wasser der See

auf

auf einmal grün; der alte Steuermann warnte hierauf für einen längern Aufenthalte auf dem See, weil, wie er sagte, ein Sturm bevorstehe. Bis dahin hatte eine kühle Luft gewehet, die uns wenig Ungelegenheit machte, und nur geringe Wellen erregete. Wir berathschlageten also mit einander: ob wir unsere Abmessungen fortsetzen, oder der Warnung des Steuermanns Gehör geben wollten; allein der Entschluß wurde bald entschieden: denn indem wir nur einige Ruthen fortgerudert, entstand ein Sturm, der die Wellen Ellen hoch erhub, und uns nöthigte, das Ufer zu suchen. Zum Glück waren wir demselben ziemlich nahe, und kaum hatten wir es erreicht, so befand sich der See in einer solchen heftigen Bewegung, daß wir es auf dem Fahrzeuge, dessen wir uns damals bedienten, ohne die grössete Gefahr nicht länger hätten aushalten können.

Man mag diesen See befahren, zu welcher Jahreszeit man will; und gesetzt, man erwählte die schönste Zeit dazu, so giebt es doch allemal einen dreyfachen Umstand, der den auf der See vorzunehmenden Untersuchungen Schwierigkeiten entgegen setzt, die man ohne erzwungene Herzhaftigkeit nicht überwinden wird. Der erste ist die schleunige Veränderung des Anblicks des Sees, so bald man über die Linie M. M. ꝛc. hinauf kommt, und der durch die Vorstellung, daß man sich auf einmal über einer grossen Tiefe befinde, einen geheimen Schauder verursacht. Der andere Umstand ist die plötzliche Veränderung der Farbe des See-Wassers, die allemal eine bevorstehende heftige Bewegung und brausende Wellen ankündiget, wenn gleich der Wind, der sie verursacht, auf dem Lande wenig zu bedeuten hat. Der dritte Umstand ist die elende Beschaffenheit der auf dieser See vorhandenen Fahrzeuge. Zu unsern Unternehmungen war nun zwar ein Fahrzeug von der Elbe auf den See gebracht worden, auf welchen 8 Personen Plaz hatten: aber auch dieses Fahrzeug ist zu klein, und gleichwol wäre es wol der Mühe werth, die Untersuchungen des Sees fortzusetzen; nur würde dazu ein grösseres Fahrzeug herbey geschaft werden müssen.

Um 12 Uhr Mittags mußten wir also unsere Abmessungen endigen. Um 5 Uhr Nachmittags ließ ich das aus den verschiedenen Tiefen heraufgezogene Wasser herbey bringen, um dasselbe hydrostatisch abzuwägen. Ich fand, daß das Wasser aus der Tiefe von 40 Fuß, 13 bis 15 Gran, aus der Tiefe von 70 Fuß, 30 Gran, aus der Tiefe von 90 bis 30 Fuß, 40 Gran, und aus der Tiefe von 125 Fuß, 52 Gran, der Cubik-Zoll schwerer war, als ein Cubik-Zoll des Wassers von der Oberfläche. Das Wasser aus der Tiefe von 40 Fuß war schleimigt und trübe, aus allen andern Tiefen aber war das Wasser so klar und helle, wie das von der Oberfläche. Die Ursachen dieser Verschiedenheit der Schwere sind mir bis jetzt unbekannt; und da man doch den Satz, daß das Wasser keine Zusammendruckung leide, gelten lassen muß, auch die Luft, wenn man auch annehmen wollte, daß sie an den Zwischenräumen des Wassers verschiedener Tiefen bis zu verschiedenen Graden zusammengedruckt sey, doch eine so grosse Verschiedenheit der Schwere nicht verursachen kann; so bleibt zur Entdekkung der Ursachen dieser sonderbaren Erscheinung meines

Erachtens

Erachtens kein ander Mittel übrig, als die chymische Untersuchung, die ich also andern Naturforschern überlassen muß. Vielleicht ist das Wasser in der Tiefe mit einer Stein-Materie vermischt, welche man aber weder durch das Gesicht noch durch den Geschmack wahrnehmen kann. Die häufigen Holz-Versteinerungen lassen mich solches wenigstens vermuthen.

Von den übrigen Merkwürdigkeiten dieses Sees habe noch folgendes zu berichten.

Es giebt in demselben viele Arten von Fischen, nemlich Hechte, Karpfen, Aaale, Schleye, Brassen, Baarse, Kaulbaarse, Quappen, Pläzzen, Karauschen, Grindlinge, Stetterlinge, Krebse. Die gewöhnlichen Hechte sind 4 bis 10 Pfund schwer, die von mittlerer Grösse, 16 bis 20 Pfund, die grössesten 32 bis 38 Pfund. Die Karpfen haben insgemein die Grösse eines einjährigen Schweins. Die Aale sind zu 2 Ellen lang, und 6 Zoll dick. Die Schleye $\frac{3}{4}$ Ellen lang, $\frac{1}{4}$ Elle breit. Von derselben Grösse sind die Baarse, und Quappen giebt es zu 6 Pfund Schwere.

Der See wirft bey stürmischen Wetter versteinert Holz, und bisweilen kleine Stücken von Bernstein, aus, auch kömmt bisweilen ein versteinerter Fisch zum Vorschein. Von dem versteinerten Holze erfolgt anbey ein Stück. Ausserdem besitze ich ein anderes, das zu einem sehr guten Schleifstein für Federmesser eingerichtet ist.

Da im Jahre 1685, den 25sten November, sich ein grosser Erdfall neben dem See begeben hat, durch den, ausser einer Windmühle, 30 Gärten, und eine Menge Eichen versunken sind, so ist zu vermuthen, daß

diese

diese Eichen eine Versteinerung erlitten haben. Es wäre also der Mühe werth, zu versuchen, ob man eine solche Eiche ganz oder zum Theil aus dem Wasser heben könne. Auch kann es hin und wieder noch andere vielleicht grössere Tiefen geben, als die hier beschriebenen. Welches alles fortzusezende Untersuchungen erfordert. *)

Am westlichen Ufer des Sees liegen Steine, davon jeder, dem Ansehen nach, zu 12 bis 15 Centner schwer ist, und deren Anzahl sich von Zeit zu Zeit vergrössert. Sie haben insgesammt eine vollkommene waagerechte Lage neben einander, und werden durch das Grundeis aus der Tiefe der See herauf gehoben.

Im Winter frieret der See vor dem Monat Febr. nicht leicht zu, oder die Kälte müßte ungewöhnlich groß seyn. Im Februar aber wird er auch bey mäßiger Kälte mit Eis bedeckt, nachdem er einige Tage vorher gleich siedendem Wasser geraucht hat.

Allem Ansehen nach wird die allgemeine sich bis jezt erhaltende Sage, daß dieser See durch einen Erdfall entstanden, dadurch bestätiget, daß er auf dem Grunde die ganze Gestalt eines tiefen Craters besitzt, dessen Trichter sich so steil und so tief herabsenkt, daß in der ganzen Gegend eine so gar tiefe Gruft nicht anzutreffen ist, und wie wäre es möglich gewesen, daß gegen das Ende des vorigen Jahrhunderts auf einmal eine solche Menge Gärten nebst einem Eichenwalde und Windmühle zu Grunde stürzen können, wofern nicht in dasiger Gegend unterirdische

*) Herr Bau-Inspector Busse giebt die grösseste Tiefe 180 Fuß an.

irdische Schlünde vorhanden wären, die das versunkene Land aufzunehmen geräumig genug sind.

Dieser Erdfall mag nun sich begeben haben, in welchem Jahrhunderte er immer wolle; so scheint er doch älter zu seyn, als die Erbauung der Stadt Arendsee, und die Errichtung des Stifts, welches der Brandenburgische Churfürst und Marggraf, Otto I. im Jahre 1180 gestiftet haben soll.

Hat aber der See mit unterirdischen Erdhölen Gemeinschaft, so ist es begreiflich, wie es zugehe, daß die eingeschloßne Luft, wenn die äussere leichter geworden, das verschloßne Wasser ausstosse, einen Wellenschlag veranlasse, bey ruhiger Atmosphäre und mit dem Bodensatze das Wasser färbe. Dem Straußsee bey Straußberg im Ober-Barnimschen Krayse der Mittelmark, gehet es nicht besser, in welchem bey dem letzten ungeheuren Erdbeben zu Lissabon der Aussage noch lebender Personen nach, sich das Wasser in der Mitte wie ein aufsteigender Hügel erhoben hat.

Man hat mehrmals beschlossen, diesen See so tief abzulassen, als das oben angezeigte Gefälle des Elbstroms solches zulassen dürfte. Aber der Gewinn in Ansehung des abgetrockneten Umfangs, dürfte bey einer so bald zunehmenden Tiefe wol nicht die anzuwendenden Unkosten ersetzen, ja wol gar unmöglich fallen, wegen des Zuflusses der unterirdischen Gewässer, mit denen der Arendsee in Gemeinschaft steht.

Albrecht Ritter, gewesener Prorector zu Closter-Ilfeld, liefert uns in seinem historischen Sendschreiben von dem Arendsee, so ungefähr 1744 zu Sondershausen herausgekommen, ein Verzeichniß von Versteinerungen, die einen andern Ursprung, als gemeiner vom Regen und Bächen zusammengeflossnen Land-Seen verrathen. Ich werde die vornehmsten anführen, für deren Besitz er seinen Gönnern und Freunden Dank abstattet, die solche aus den Fischer-Netzen gesammlet haben.

Versteinerte See-Corallen.

Feuersteine mit Crystall-Nestern.

Grosse und kleine Stücke versteinerten Holzes.

Muttern von Judensteinen mit ihren Stielen.

Ein Stück zusammengewachsener Topfscherben und versteinerter Beinknochen und Beinröhren.

Adlersteine in Menge.

Ein grosser Muschelstein.

Versteinte Wurzeln.

Topfsteine.

Ein graues Gestein mit gestreiften Müschelchens.

Steinhorn oder Alcyonium.

Versteinte Meer-Igel mit Meer-Igel-Stacheln und Mammillis.

Ein dunkelrother Stein mit einem Nautilo, dessen Kammern- und Sternen-Röhre noch zu sehen.

Versteinertes Büchenholz und Fichtenholz ꝛc.

Scherben von allerhand Töpfen und Hausgeräthe.

Abgehauene Holz- und Hobelspäne, die versteinert Feuer schlagen.

Zusammengeschmolzne Stücke von kupfernen Gefässen.

Eine alte goldne Münze, in Grösse eines Ducatens, deren Gepräge weggewaschen.

Wahr-

Wahrscheinlich ist hier ehedem wohnbares Land gewesen, wie kämen sonst dergleichen Geräthschaften in die Fischer-Netze? Ob aber das Erdbeben, bey welchem dieser Erdfall erfolget ist, sich im Jahre 815 unter der Regierung Kaysers Ludwigs des Frommen zugetragen, überlasse anderweitiger Untersuchung.

Damals soll unter entsetzlichen Krachen ein grosses Stück Erde in die Höhe gesprengt worden seyn, welches nachgehends in die Tiefe herabgestürzet ist.

Von dem letzteren Erdfalle giebt uns M. Samuel Dietrichs, gewesener Prediger zu Aulosen in der Mark, so bald nachher im Jahre 1686 die Presse verlassen, folgende Nachricht: Es sey im Jahre 1685 den 25sten November, zwischen 2 und 3 Uhr Nachmittags, ein Stück Landes, im Umfange bey 2000 Schritt, samt dem Mühlenberge und der Windmühle, auf welcher einige Wispel Mahlkorn befindlich gewesen, mit grossem Krachen in die Tiefe versunken. Von der Mühle hatten sich noch der Müller und seine Mahlgäste, wie sie den ersten Stoß bemerket, mit der eiligsten Flucht gerettet. Zugleich habe man nebst andern schwächern, zwo wilde Quellen Mannshoch in die Höhe sprudeln gesehen, die sich aber nachmals wieder verloren.

XXII.

Beytrag zur Geschichte der Eingeweidewürmer

von

M. Braun, D. A. K.

10te Tafel.

Von meiner frühen Jugend war ich ein Verehrer der Naturgeschichte, — nicht Selbstarbeiter in diesem Fache, bis mir die Versuche des Hrn. Pastor Goeze in die Hände fielen. Ich sah, daß dieses an sich beschwerliche Studium vernachläßigt war, und entschloß mich auch meiner Seits zur Erweiterung desselben mitzuwirken. Es ist zwar noch nicht lange, daß ich den Anfang machte, allein Gelegenheit und Fleiß ließ mich manches sehen, — manches anders sehen, als es von andern gesehen wurde. Gegenwärtiger Aufsatz, dem noch mehrere folgen sollen, ist eine Frucht meiner mit aller Genauigkeit angestellten Untersuchungen in der Naturgeschichte der Eingeweidewürmer.

Bey öffentlicher Bekantmachung dieser kleinen Aufsätze, wird mir nichts angenehmer, als Zurechtweisung und gegründete Belehrung seyn. —

Ich

Ich will mit einem Wurme, aus der Classe der Planarien des Hrn. Pastor Goeze den Anfang machen, ich rechne hieher nur solche, die einen eyförmig gedrückten (bald mehr bald weniger) Körper und hervorstehende Saugmündungen haben.

Eben diesen Wurm fand der Hr. Etatsrath Müller in dem Barsche, (wo er zu Hause gehört, doch habe ich ihn auch nachhero im Zander gefunden,) und beschrieb ihn im ersten Bande der Schriften der Naturfors. Freunde auf der 206ten Seite, als kleine weisse lebende Pünctchen, die unter dem Vergrösserungsglase eine Flaschenähnliche Gestalt hatten: da seine Beschreibung nichts weniger als ausführlich ist, so will ich sie in etwas berichtigen.

Im März 1786, fand ich nach Untersuchung der Eingeweide einiger Spreebarsche, auf dem Boden eines Serpentin-Mörsers, kleine schwärzliche, sich munter bewegende Körperchen: ich brachte eins von ihnen auf eine Glasscheibe unter mein Vergrösserungsglas, und es machte mir eins der angenehmsten Schauspiele, die ich je sah. Das kleine sehr unruhige Thier zeigte sich, da ich es ganz zu übersehn vermochte, bald wie Fig. 1. bald wie Fig. 2. je nachdem es im Fortschreiten oder in Ruhe war. Im ganzen scheint sie etwas von den Planarien abzuweichen, da sie nicht einen platten, sondern mehr rundlichen Körper hat, doch legitimiren sie ihre Saugblasen. Sonderbar ist ihre Bewegung; sie vermag sich nicht nur vor und rückwärts zu bringen, sondern mit der größten Leichtigkeit dreht sie sich um ihre eigene Axe; mit dem vordern Theile a) (der Kopf, erste Saugblase, oder wie man es sonst nennen will) hängt sie sich fest an, zieht alsdenn den Körper von hinten nach vorn, oder dreht sich nach irgend einer Seite hin, befestigt die zwote Saugblase b) um mit der ersten einen andern festen Punkt zu suchen; zwischen 2 nicht zu scharfpassenden Glasplatten zeigt es sich am angenehmsten, da sie sich bald oben anhänget, bald auf der untern fortschreitet. c) Ein ziemlicher langer, den Planarien ungewöhnlicher Hals zwischen beyden Saugblasen, in dessen Mitte ein Kanal, d) dessen Anfang und Ende von ovalen Körpern begrenzt wurde: nach vorn setzte sich die Haut des Halses fort, wo sie um die erste Saugblase einen lefzenähnlichen Mund bildete. c) Ein meist undurchsichtiger Körper, dessen Functionen ich aber nicht bestimmen kann, doch habe ich dergleichen bey mehrern Planarien bemerkt.

Fig. 2. Derselbe Wurm in Ruhe meist undurchsichtig, da die sonst mehr ausgedehnten Theile näher verbunden waren, daher auch nichts als 4 Flecken, die sich von der übrigen Masse unterschieden, sichtbar waren.

Fig. 3. Durchs Pressen ausgedehnt; — hier nahm dieser Wurm oft sonderbare Gestalten an, die wahrscheinlich meist auf der Lage beruhten, die er kurz vor dem Drucke hatte; denn so war der kleine Fortsatz bey m) bald nur sehr wenig, bald gar nicht zu sehen, ja selbst bey einem Subjecte, das in allem Uebrigen diesem ziemlich gleich war, zeigten sich 3 empor stehende Saugmündungen n) die Lefzen des Vordertheils deutlicher, als bey Fig. 1. o) o) beyden Saugblasen; der größte Theil des übrigen Körpers mit Eyer gefüllt.

Zum Andenken des Herrn Etats-Raths mag sie *Planaria lagena* heissen.

XXIII.

XXIII.

Einige Betrachtungen über die Anlegung der Bergwerkschulen, nebst einem Entwurfe zu einer Maschine zur Zubereitung der Erze.

von

Herrn Stoutz.

11te Tafel.

Die Kunst, die Bergwerke mit allen möglichen Vortheilen zu nutzen, muß sich auf einen ganz andern Geist gründen, als alle die andern Künste, welche man in den Hauptstädten blühender Länder treibt. Ohne eine besondre Aufmerksamkeit auf diese Wahrheit, ist zu befürchten, daß man jenen Geist verfehle, welcher erfordert wird, einen so kostbaren Zweig von Indüstrie in Aufnahme oder hervor zu bringen.

Obschon die erleuchteten Regierungen alles das, was die Nützung der Bergwerke begünstigen kann, jezt mehr, als jemals, anfmuntern, obschon viel Gelehrte bloß mit dem löblichen Eifer beschäftigt zu seyn scheinen,

 ihre

ihre auf diesen Gegenstand sich beziehende Einsichten allgemein bekannt zu machen, und obschon das Publikum von einem allgemeinen Geschmack für gewisse, darauf abzielende Wissenschaften belebt zu seyn scheinet: so ist es dennoch eben so wahr, daß nur wenig Länder sind, wo man dafür gesorget hat, in diese Nutzung jenen Geist der Verwaltung einzuführen, welcher dazu so unentbehrlich ist. Weit entfernet, auf diesen Zweck zu sehen, hat man in einigen Ländern Anstalten errichtet, welche in denselben den Geschmack an blendenden Dingen, an prächtigen und kostbaren Denkmälern unterhalten werden. Dieser Geschmack, welcher einer reichen Nation nicht übel siehet, passet sich schlechterdings nicht zur nüzlichsten Bearbeitung der Bergwerke; er strebt vielmehr dahin, solche zu zerstöhren.

Um von dieser Wahrheit uns zu überzeugen, wollen wir einen Blick auf jenen Geist wenden, der in den Künsten überhaupt wirklich herrschet, und untersuchen, worin derselbe von demjenigen unterschieden sey, welcher in der Kunst herrschen soll, die den Gegenstand dieser Abhandlung ausmacht.

In den grossen Hauptstädten ist man gewohnt, die Talente vom Glücke gekrönt zu sehen, welches sogar ihr gröstes Beförderungs-Mittel geworden ist, und die Künstler werden daselbst fast niemahls ihrer Rechnung verfehlen. Die verschwendrische Hand des Luxus reicht hier überflüssig Unterstützung und Schätze dem Mahler, dem Kupferstecher, dem Bildhauer, dem Mechanikus, dem Baumeister, und andern: der Künstler kann da seinem Genie freyen Lauf lassen.

Die

Die Bergwerkskunst giebt im Gegentheil denen, welche derselben sich widmen, die Vorschrift, sich selbst zu vergessen, und schaft ihnen nur selten Gelegenheit, ihre Talente glänzen zu lassen, weil ihnen nicht verstattet ist, dieselben auf andre, als solche, Arbeiten zu verwenden, die kein Aufsehen machen, und wenig kosten, auch zugleich zu einer niederschlagenden, unberühmten Lebensart zwingen, indem sie von ihnen die schmeichelnden Blicke des Publikums entfernen.

Kann man wohl dies Opfer von Leuten fordern, denen ein langer Aufenthalt in der Hauptstadt, wo sie oftmahls geboren sind, ihre Gewohnheiten eigen gemacht hat, und die sich von dem daselbst herrschenden Geist leiten lassen, von Leuten, die täglich von einer Menge wohlhabender und reicher Künstler umgeben sind, von Leuten, die gleiches Recht haben, ihre Bemühungen und Kenntnisse mit den Bemühungen und Kenntnissen anderer zu vergleichen, und die Mittel nicht aus den Augen zu lassen, welche jene anwenden, um ihre Talente geltend zu machen, von Leuten endlich, welche die Annehmlichkeiten des Lebens geschmeckt, und den Beyfall des Publikums erhalten haben?

Nein! Diese Leute werden, ohne daß man ihnen deswegen Vorwürfe machen kann, eben die Mittel suchen, welcher sich ihre Mitbürger bedient haben, um sich bekannt zu machen. Von ihren Talenten begeistert, werden sie bald vergessen, daß diejenigen, welche ihre Kunst unterstützen, die Eigenthümer der Bergwerke, nur so weit ihren Kosten-Aufwand treiben, als sie Vortheile voraus sehen. Verführt durch das Beyspiel der andern Künstler, die beynahe alle nur zum Vergnügen und zur Pracht ihre Talente anwenden, werden sie ohne Ueberlegung aus der Kasse schöpfen, die von vielen Mitgliedern vermittelst eines Theils ihres Vermögens zusammengebracht wurde, um dasselbe nuzbar zu machen, und werden, nach dem Beyspiel jener, hin und wieder Bergwerke, Maschinen, und prächtige Gebäude anlegen. Sie werden sich die Bewunderung des Publikums verschaffen. Aber die Eigenthümer, deren Vermögen sie auf Nebendinge verwandt, und damit erschöpft haben, werden sich genöthigt sehen, Unternehmungen aufzugeben, welche den Nachkommen nur zur Erinnerung jener glänzenden Talente dienen werden, wovon man eine verkehrte Anwendung machte. Indessen hat man, ohne an diese Nachtheile zu denken, in vielen der reichsten Hauptstädte Europens und im Schoosse des Ueberflusses Bergwerksschulen angelegt.

Was wird daraus entstehen? Nichts anders, als daß man auf der einen Seite eine große Anzahl Leute von Talenten gebildet hat, ohne den Nutzen davon zu ziehen, welchen man davon erwartete, und daß andrer Seits, eben diese Leute, wenn sie sich zu einer finstern und unberühmten Lebensart verurtheilt sehen, ihren Stand verlassen, und die Früchte einer Arbeit aufgeben werden, welche sie bey andern Künstlern mit Ehre und Glück belohnt sehen.

Es sey mir also erlaubt, das einzige in dieser Sache anwendbare Mittel anzuzeigen, welches die Umstände genau mit Anlegung dieser Schulen verknüpfen.

Ich

Ich läugne keinesweges den Nutzen der Lehrstühle der Docimastischen Mineralogie, und andrer Wissenschaften, die Beziehung auf die Bergwerkskunst haben; ich bin im Gegentheil von ihrer Wichtigkeit überzeugt. Die reichen Leute aller Stände, welche die vornehmsten Triebfedern des Bergbaues sind, wegen der Gelder, die man von ihnen zu den ersten Untersuchungen erwartet, erlangen dadurch Kenntnisse, welche sie reizen, einen Theil ihres baaren Geldes auf ein mäßiges Glücksspiel zu verwenden, (wenn ich mich so ausdrücken darf,) das den Spielern unendlich günstigere Vortheile anbietet, als die andern Spiele, *) und ihnen zu gleicher Zeit auf die Achtung und Erkenntlichkeit des Publikums Ansprüche giebt. Diese Lehrstühle in den Hauptstädten sind auch noch dadurch sehr nüzlich, daß sie daselbst unter allen Arten der Einwohner Kenntnisse vom Bergbau ausbreiten, welche sie vor Betrügereyen schützen, und welche sie nicht nur geneigt machen, sich mit Unternehmungen dieser Art einzulassen, sondern zugleich mit Behutsamkeit ausrüsten, und sie von einem Aufwande zurück halten

*) Ich sage, daß diese Vortheile viel günstiger sind, als die Vortheile andrer Spiele, weil, wenn man mit den nöthigen Kenntnissen ausgerüstet ist, das Geld nicht anders, als mit der größten Wahrscheinlichkeit des Gewinns gewaget wird, und weil oft ein glänzendes Glück nichts weiter, als die Folge dessen seyn kann, was man unmäßiger Weise gewagt hat. Ich könnte davon viele Beyspiele in fremden Ländern anführen: und Frankreich, das gleiche Vortheile in den Gebirgeländern hat, würde auch dergleichen Beyspiele liefern, wenn man es dahin bringen könnte, in das Bergwerkswesen jenen Geist der Wirthschaft einzuführen, ohne welchen man von demselben keine grosse Vortheile erwarten darf.

ten, der mit den Vortheilen, die sie erwarten mögten, nicht im Verhältniß steht. Der eine sowol, als der andre, dieser Mißbräuche, die Betrügerey und der unverhältnißmäßige Aufwand, sind die grösten Hindernisse des Aufnehmens, darin man diesen Zweig der Indüstrie zu bringen sucht. Endlich sind diese Lehrstühle in den Hauptstädten von dem allergrösten Nutzen zur Beförderung der Vollkommenheit aller Arten von Fabriken, welche mit der Metallurgischen Chymie zusammenhangen, und welche darin so zahlreich sind, ohngeachtet sie lange Zeit in vielen Ländern Europens vernachläßiget wurden.

Wenn ich den Nutzen der Bergwerksschulen in den Hauptstädten nach der Wahrheit, wie man siehet, denke: so darf ich auch in Ansehung einer Bergwerksakademie nicht heucheln. Diese letztere sollte, nach meinem Ermessen, von der Hauptstadt, und sogar von den grossen Städten des zwoten Ranges, entfernet seyn: Sie sollte an einem Orte angelegt werden, wo das Beyspiel grosser Glücksumstände beynahe unbekannt wäre, und keinen nachtheiligen Eindruck auf den Geist der Zöglinge machen könnte, die zu Verrichtungen bestimmt sind, in welchen man nur nüzlich werden kann, wenn man mit einer einfachen Lebensart und einem mäßigen Gehalt zufrieden ist, und wobey man sparsam in jeder Art des Aufwandes seyn muß.

Aus diesen Grundsätzen folget, daß man künftig in den Bergwerksschulen nur Kinder der Landleute aufnehmen müsse, die in mäßigen Glücksumständen erzogen wären. Und dies Gesetz müsse in Ansehung der Kinder der Hauptstadt keine andre Ausnahme leiden, als in so fern sie aus einem armen Hause herstammeten, oder auf dem Lande erzogen wären, oder, wenn sie ganz offenbar Talente für alle Zweige dieser Kunst blicken liessen; auch müßten diese leztern überdem niemals in den Provinzen oder an der Spitze der Gewerken angestellet werden, sondern die Regierung müßte sie sich in den Hauptstädten vorbehalten.

Unter der Anzahl dieser jungen Landleute würden ohne Zweifel einige seyn, die sich durch ihre Talente hervorthun würden. Auch diese würden nur für die Hauptstadt seyn. Die Regierung würde sie reisen lassen, um ihnen hernach Aufseherstellen zu geben, die ihnen ein bequemes Leben verschaften: da, im Gegentheil die andern, jeder nach seiner Fähigkeit, über die Arbeiten der Gewerken gesezt würden. Diejenigen, welche sich in der Meßkunst und im Zeichnen hervorgethan hätten, müßten zum Aufnehmen, und zu andern geometrischen Verrichtungen angestellt werden. Diejenigen, welche in den mechanischen Wissenschaften was gethan hätten, müßten Maschinen bauen, einige müßte man zum eigentlichen Bergbau brauchen, andre zur vorläufigen Zurichtung der Erze zum Schmelzen; einige müßten dem Probiren vorstehen, andre müßten über die Schmelzwerke Aufsicht haben, und noch andern müßte die Wirthschaft aufgetragen werden: die allerfähigsten aber würden gewählt werden, das Ganze zu regieren. Wenn man auf diese Art einen Plaz zu vergeben hat, welcher von jemanden die Anwendung aller seiner Zeit auf einen einzigen Zweig dieser Kunst fodert, einen Plaz, dessen Einkommen nur mäßig seyn muß: so wird man denselben nie-

niemand ertheilen, der mit seinen Fähigkeiten den ganzen Umfang der mineralogischen Kenntnisse gefasset hat.

Die Ausführlichkeit, in welche ich mich eingelassen habe, in Absicht der Einrichtung der Wirthschaft, bey Benutzung der Bergwerke und Erze, wird mir zur Einleitung dienen, eine Maschine, die zu diesem Zweck bestimmt ist, in einem vortheilhaftern Lichte darzustellen.

Diese Maschine ist keine von denen, welche in den Augen des Publikums durch ihre zusammengesetzte Bewegung glänzen. Aber ich getraue mir, es zu hoffen, daß sie durch ihre einfache und vortheilhafte Bauart sich Beyfall erwerben wird.

Diejenigen, welche Kenntnisse von den Hüttenarbeiten haben, wissen, daß man desto vortheilhafter dabey verfährt, je kleiner man den Umfang machen kann, den die Erze einnehmen; indem man sie durch Handarbeiten, welche man vor dem Schmelzen unternimmt, von fremdartigen Theilen reiniget, wenn diese Handarbeiten weniger kostbar sind, als das Holz, und der zum Schmelzen jener mit so viel fremden Stof vermischten Erze erforderliche Aufwand.

Der menschliche Kunstfleiß hat zu diesem Zweck unterschiedne Mittel erfunden, die beynahe allesamt auf die spezifische Schwere der Körper sich gründen. Ich will aber hier nur von dem Mittel reden, das auf diejenige Veränderung sich bezieht, die ich hier in Vorschlag bringe. Weil man weiß, daß Körper von unterschiedner Schwere, wenn sie von einem flüßigen Wesen mit gleichen Kräften gehoben werden, durch ihren Fall sich, nach dem Verhältniß eben dieser Schwere, in besondre

Lagen

Lagen abscheiden: so hat man von diesem Grundsatz eine glückliche Anwendung auf die erwähnten Arbeiten gemacht, welche im folgenden besteht.

Nachdem man die Erze klein gemacht hat; so bringt man dasjenige, was sich nicht leicht mit der Hand absondern läßt, vermittelst einer Folge von Sieben, deren Löcher in einem gewissen Verhältniß immer stuffenweise abnehmen, als, zum Beyspiel, von 6 Linien bis zu einer Linie, zu einer gleichen Grösse, dergestalt, daß man Erze von 6 unterschiednen Klassen erhält, deren Stof gleichkörnig ist. *)

Man bedient sich an vielen Orten jener Siebe, um zugleich die Erze nach ihrer specifischen Schwere abzusondern, dergestalt, daß man sie senkrecht in Wassergefässe bringt. **) Dadurch wird eine doppelte Arbeit mit einem mahle verrichtet, Theile, die kleiner sind, als die Löcher der Siebe, durch welche sie gehen, werden abgesondert, und die Erze, welche das Sieb nicht durchlässet, werden schichtenweise nach ihrer unterschiedenen Schwere gelagert, indem sie das Wasser hebt. ***) Wenn

*) Ich nehme an, daß die Körner des Stofs der lezten Klasse, welche durch Siebe laufen, deren Löcher eine Linie betragen, einander ganz gleich sind. Wenigstens behandelt man alles, wenn es auch nicht so beschaffen wäre, als vollkommen gleichkörnig.

**) Man fängt mit dem an, dessen Löcher 5 Linien weit sind, wenn man überhaupt 6 Siebe zu der ganzen Rüstenfolge der Arbeit hat, weil die körperlichen Theile im ersten Siebe ungleich bleiben.

***) Zu Schemnitz und Kremnitz findet man die gepochten Erze vermittelst fester Siebe. Siehe Delius Taf. 21. Fig. 8. Wenn sie

Wenn diese Bewegung so oft wiederholt wird, als man es zu thun pflegt: so ist begreiflich, daß die schwersten körperlichen Theile, nemlich diejenigen, welche das mehreste Metall enthalten, *) zu Boden fallen werden, daß diejenigen, welche nicht reines Erz, und folglich leichter sind, die folgende Schicht einnehmen werden, und daß endlich das erzlose Gestein auf der Oberfläche bleiben wird, als der leichteste Körper. Diese leztern Lagen werden abgenommen, und weggeworfen, oder, nachdem die Umstände sind, noch mehr gepocht.

Man

geschieden sind: so nimmt man sie wieder vor, um sie in andern Sieben in Wassergefässe vermittelst der Arme zu bringen. Diese Arbeit ist zwar blendend in Absicht ihrer Anlage; sie würde aber dennoch eine übel verstandne Wiederholung mit allen andern, äusser den goldhaltigen Erzen seyn. In diesem leztern Falle hat jene Maschine grosse Vortheile, weil man vermittelst derselben beständig, durch das von oben zufliessende Wasser, die in Bewegung gesetzten Erze auswäschet. Dieser Zufluß hindert nicht nur, daß die Goldtheilchen, wovon der gröste Theil, (nach der Erfahrung des geschickten Vorstehers der Waschwerke zu Kremniz) sich in gewissen Stuffen abgesondert findet, nicht hangen bleiben, sondern er bringt sie auch auf die Wellplane, oder groben Tücher, die oft von dem Hanf abgenüzter Stricke gemacht werden. Die Maschine, welche ich darstelle, könnte auch nüzlich werden, wenn sie mit der zu Schemniz und Kremniz üblichen Arbeit verbunden würde, weil die Siebe niemals eine andre, als senkrechte Bewegung haben würden, anstatt daß diejenigen, die man mit den Armen bewegt, anfänglich horizontal bewegt werden, um durch die Löcher der Siebe alle Theile, die kleiner sind, als ihre Oefnungen, durchgehen zu lassen.

Es giebt Fälle, wo der Schwerspat, und das spätige Eisen Ausnahmen machen. Denn wird die Arbeit umgekehrt und verdoppelt, wie es zu Freyberg in Sachsen und in der Nachbarschaft üblich ist, um das rothgülden Silber von jenen beyden Stuffen zu scheiden. Dies habe ich vom Herrn Charpentier.

Man darf nur ein wenig über diese Arbeit nachdenken, die man in Deutschland Siebsetzen nennt: so wird man leicht wahrnehmen, daß sie sehr mühsam seyn muß. Es kömmt zuerst darauf an, daß vermittelst der Arme ein Sieb mit 50 bis 60 Pfund Erz beschweret, ins Wasser getauchet, und daß hernach der Wiederstand besieget werde, welchen das Wasser der Untertauchung eines ausgebreiteten, obschon specifisch schwerern Körpers, als das Wasser ist, entgegen setzet, nebst dem Wiederstande, welchen das Uebergewicht der Erze über das aus seiner Stelle getriebene Wasser verursacht, wenn man es in die Höhe hebt. Diese Handarbeit ist desto mühsamer, je mehr man sie mit einer raschen und öftern Bewegung verrichten muß.

Die Maschine, welche ich in Vorschlag bringe, wird einen doppelten Vortheil leisten. Sie wird 5 Leute von sechsen ersparen, und überdem noch demjenigen, der nicht entbehrt werden kann, grosse Erleichterung verschaffen. Was die Zeit betrift, so kann ich dieselbe zwar nicht bestimmen: ich glaube aber, daß eine ununterbrochene Bewegung, wie die Bewegung der Maschine ist, denen Leuten, die zur Arbeit angestellt werden, dieselbe mit merklicher Zeitersparung abkürzen soll.

Weil die Erklärung der Figuren auf der hier angefügten Tafel hinreichend ist, einen genauen Begrif von der Maschine zu geben: so habe ich eine weitere Beschreibung für überflüßig gehalten. Um aber auch jedermann zugleich in den Stand zu setzen, aus Vergleichung zu urtheilen: so habe ich eine Figur hinzugethan, welche die gewöhnliche Arbeit vorstellet. Ich verwahre mich indessen

sen zum voraus damit, daß ich diese Maschine niemals im Grossen gemacht habe, und folglich für einige leichte Hindernisse, die sich, bey ihrer Anwendung, äussern mögten, nicht stehen kann. Aber es wird jedem, auch noch so mittelmäßigen, Mechanikus leicht seyn, solche zu heben.

Fig. 1. Die gewöhnliche Arbeit.

a) Bottich, Kufe, oder Tonne, voll Wasser.

b) Sieb, das jemand mit beyden Händen wagerecht hält, und das er in das Wasser des Bottichs senkrecht niederbewegt.

Fig. 2. Grundriß der Maschine.

a) Gemeinschaftlicher Wellbaum des Wasserrades und Kammrades.

b) Wasserrad mit Flügeln, oder Schaufeln.

c) Kammrad.

d) Trilling, oder Getriebe.

e) Kurbel.

f) Zwo eiserne Vorstangen, oder Latten, die mit einem Ende an der Kurbel, mit dem andern Ende aber an dem senkrechten Arme h) befestiget sind, dergestalt, daß sie die Bewegung der Kurbel mitgetheilt bekommen und fortpflanzen können.

g) Baum, an welchem sich für jedes Sieb ein horizontaler eiserner Arm, h) befestiget findet; und zween dergleichen senkrechte, die an den Vorstangen f) stehen.

h) Horizontale Arme, die das Sieb ins Wasser tauchen, und wieder heben. Die benden senkrechten Arme sind in dem Aufriß dieser Figur nicht zu sehen.

i) Gemeinschaftlicher Wasserkrug für alle Siebe.

k) Siebe.

l) Kasten, in welche man ein verhältnißmäßiges Gegengewicht gegen das ganze Gewicht legt, womit man alle Siebe beschweren will. Sie sind an dem Baume g) befestiget, und müssen auf einem Balken ruhen, der mit Stroh oder Tauwerk umwunden ist, damit sie nicht so sehr vom Stoß leiden.

m) Balken, auf welchen die beschwerten Kasten ruhen.

Fig. 3. Senkrechter Durchschnitt der Maschine.

a) Gemeinschaftlicher Wellbaum. Das Wasserrad

b) ist unsichtbar.

c) Kammrad.

d) Trilling, oder Getriebe.

e) Kurbel, die nicht sichtbar ist.

f) Vorstange, die mit einem Ende an die Kurbel, und mit dem andern an den senkrechten Arm h) greift.

g) Baum, in welchem die Arme befestiget sind.

h) Dieselben Arme.

i) Wassertrog.

k) Ein Sieb im Wassertrog, und im Stande der Ruhe.

l) Kasten, die zum Gegengewicht der Erze in den Sieben bestimmt sind.

m) Baum, auf welchem jeder Kasten ruhet.

n) Andre Stangen, welche dazu dienen, daß man jede Stange, oder jede Latte f) besonders heben kann, damit man die Arbeit mit einigen fortsetzen könne, indessen man die andern still stehen lässet. Die Latten oder Stangen f) müssen zu dem Endzweck einen Zapfen haben, der in das Loch des senkrechten Armes h) eingreift.

o) Stange mit einer Gabel, die mit einem Ende am horizontalen Arme h) angepasset ist, und mit dem andern gabelförmigen Ende das Sieb hält. Man sehe die 6 Fig.

p) Hölzerne Rollen, welche die Gabel o) in einer regelmäßigen Richtung halten, und sie einschränken, sich in dem ihr bestimten Raum zu bewegen.

Fig. 4. Senkrechter Durchschnitt einer Maschine, welche von der vorigen nur durch ihre bewegende Kraft unterschieden ist. Sie kann die Stelle der ersten vertreten, wenn man kein fliessendes Wasser hat.

a) Mehrere Stangen mit einem Ende an dem Balken b) und mit dem andern, vermittelst eines Seils, an dem Balken f) befestigt. Diese Stangen können statt des Kastens d) dienen.

b) Zween Balken, an deren ersten die Stangen fest gemacht sind.

c) Seil, welches die Balken f) mit den Stangen a) verbindet.

d)

d) Kasten, welcher die Stelle der Stangen vertritt, wenn man der letztern entbehren will.

e) Balken, auf welchem der Kasten ruhet, oder bloß der Arm f).

f) Arm, auf welchem man den Kasten befestigt, oder an dessen Stelle man ihn an den Stangen a) vermittelst des Seils c) knüpft.

g) Baum, an welchem für jedes Sieb ein horizontaler Arm als ein Hebebaum h) fest gemacht wird.

h) Horizontale Arme, an welchen die senkrechten Stangen

i) angebracht werden.

k) Sieb.

l) Hölzerne Rollen, welche die senkrechten Stangen in einerley Richtung erhalten.

m) Gefäß mit Wasser angefüllet, worin die Siebe untergetaucht werden.

n) Verlängerter Hebebaum am Ende eines Armes h). Es sind Löcher in demselben, vermittelst deren, und eines beweglichen Nagels, man den Punkt entfernen oder nähern kann, wo man die bewegende Kraft anbringt.

o) Beweglicher Griff, vermittelst eines Nagels an dem Hebebaum n) angebracht.

Fig. 5.

a) Sieb.

b) An dem Siebe fest gemachtes Oehr, mit einem Loche, zur Einlassung des Nagels d) Fig. 6.

c) Ein anders flaches Oehr, das genau in das Loch der Gabel b) Fig. 6. passet.

 Fig. 6.

Fig. 6.

a) Stange mit einer eisernen Gabel.

b) Ein Arm der Gabel.

c) Zwo eiserne Scheiben mit Löchern, um zwischen denselben das Oehr b) des Siebs Fig. 5. fest zu machen.

d) Nadel, oder Nagel, an einer kleinen Kette, zur Befestigung des Siebes.

XXIV.

Mineralogische Bemerkungen, bey Zerlegung eines Kristalls aus Katharinenburg in Siberien, welcher unter dem Namen eines Topases gesandt worden,

vom Apotheker,

Herrn Johann Jakob Bindheim

in Moskau.

Ehe ich die hiermit vorgenommenen Versuche beschreibe, sey es mir erlaubt, einige vorläufige Bemerkungen über die Kieselerde anzuführen.

In

In der Mineralogie ist die Eintheilung und Beschreibung der Stein- und Erdarten aus dem Kieselgeschlecht wohl den meisten Schwierigkeiten unterworfen, obgleich die Bestandtheile der einfachen und reinern Sorten allgemein bekannt und unverkennbar sind, und wohin am gewöhnlichsten gerechnet wird: daß sie mit dem Stahle Funken geben, allen Auflösungen in Säuren (die des Flußspaths ausgenommen) widerstehen, von festen Laugensalzen im Feuer aber gänzlich aufgelöset werden, u. s. w. Die durch einige neuere Erfahrungen aufgebrachte Meinung, daß die Kieselerde **salzartiger Natur** sey, weil sie sich durch die Kunst unter gewissen Handgriffen und Bedingungen auflösen und kristallisiren lasse, wird ihr ohne Zweifel die Benennung einer **wahren Erde** nicht entziehen. Der Namen einer **glasartigen Erde** kommt ihr aber wohl nicht vorzüglich oder ausschliessungsweise zu, denn, wenn gleich einzelne Theile oder auch ganze Massen von der reinern Art ein glasartiges Ansehen haben, so giebt es doch bekanntlich mehrere Mischungen von Erd- und Steinarten, welche in gewissen Verhältnissen, ohne Kieselerde zu enthalten, geschmolzen und zu Glas geschmolzen werden können. Die von einigen in ältern und neuern Zeiten gehegte Meinung, daß es möglich sey, die **Kieselerde** durch eine zweckmäßige Behandlung in die eine oder andere absorbirende Erde zu **verwandeln**, und daher schliessen, daß vorzüglich die Kieselerde mit der Thonerde ursprünglich eine und dieselbe sey, ist durch die deshalb gemachten Erfahrungen noch lange nicht ausser allen Zweifel gesezt, vielmehr stehen derselben noch wichtige Gründe entgegen.

gegen. Vielleicht werden diese Zweifel durch die von der Königl. Preuß. Akademie der Wissenschaften aufgegebene Preisfrage gehoben. Indessen will ich nur für jetzt bemerken, daß es sich offenbar zeiget, daß, wenn man Kieselerde von allen fremden Beimischungen gereiniget hat, und nachher sich doch wiederum dergleichen darinn befinden, welche man nun dadurch verwandelt zu seyn glaubt, diese nur aus den dazu gebrauchten Instrumenten hergekommen sind, wie solches unter andern aus den Versuchen des Herrn Hofapothekers **Meyer** sehr deutlich hervorgehet.

In Rücksicht auf diese sichere Erfahrungen und um bey den Resultaten der gegenwärtigen Untersuchungen mir und andern nichts zweifelhaftes übrig zu lassen, habe ich alles vermieden, was dazu Veranlassung geben konnte: daher denn auch die ausgeschiedenen Theile nichts weiter enthalten, als was die Natur in dem rohen Steine gelegt hatte.

Der **untersuchte Kristall** besteht aus einer ungleichen sechsseitigen Säule mit dergleichen stumpf zugespitzten Pyramide; die Farbe gleicht der eines dunkelgelben Franzweins oder den sogenannten Böhmischen Topasen die man Zitrone nennt; er ist sehr klar, rein und hell durchsichtig; im Bruche glatt, ohne Risse, auf den Flächen etwas gestreift; in der Sonne spiegelt er vortreflich, theils mit weissen Schein, theils mit Regenbogenfarben; seine spezifische Schwere verhält sich wie 1, 755; seine Härte ist beträchtlich, so daß er stählernen Instrumenten widerstehet, ins Glas schneidet, und am Stahle Funken giebt; wenn er entweder durch warmes

Wasser

Wasser oder Kohlen bis zu einem mäßigen Grade der Wärme gebracht wird, so zieht er verschiedene leichte Körper, besonders Asche, an, und stößt sie wieder ab: mithin ist er als ein idioelektrischer Körper anzusehen. Diese Eigenschaft nimmt er auch durch das Reiben auf Haare ebenfalls an: vorzüglich merkwürdig scheint es mir aber zu seyn, daß er in diesem Zustande so gar feine Eisenfeilspähne anzieht.

In einem nicht allzuheftigen Feuersgrade ist er beständig, und vor dem gewöhnlichen Löthrohr leidet er für sich keine Veränderung, desgleichen wird er vom Borax nicht aufgenommen, und das Alkali phosphoratum, mikrokosmisches Salz genannt, bezeigt sich dagegen ebenfalls abneigend, das Weinsteinlaugensalz aber löset ihn in einem silbernen Löffel ohne Aufschäumen zu einer undurchsichtigen opalartigen Masse auf.

Die färbenden Theile auszuziehen suchte ich ihn zuerst, so gut es sich wollte thun lassen, zu zerstuffen, und brachte ihn darauf in einem Glasmörser zum feinsten Pulver, wodurch er eine weisse Farbe erhielt. Hiervon wurden 100 Theile in einem weissen Glase mit 600 Theilen Königswasser übergossen, welches aus einem Theile farbenloser und reiner Salzsäure und zween Theilen reiner verdünnter Salpetersäure bestand; darauf ward es 12 Stunden lang in gelinder Wärme gebracht, wodurch die klare Flüßigkeit eine helle goldgelbe Farbe erhielt, welche filtrirt, und die Erde mit warmen destillirten Wasser ausgelaugt wurde. Es waren nicht mehr als anderthalb Theile davon aufgelöset, die sich als dephlogistisirtes Eisen verhielten.

Um die rückständige ausgezogene Erde sowohl auf Flußspathsäure als zugleich auf Alaun zu versuchen, übergoß ich sie in einer weissen Glasretorte mit dem doppelten Gewichte konzentrirter und rektificirter Vitriolsäure, und trieb diese in eine mit etwas Wasser angefüllte Vorlage bis zum troknen Rückstand über: es zeigte sich aber keine Spur von Flußspathsäure. Das Ueberbleibsel in der Retorte ward mit warmen destillirten Wasser ausgelaugt, filtrirt und zur Kristallisazion geschickt gemacht; es waren nicht mehr als zween Theile aufgelöset, welches Kalkerde war; denn ich erhielt nichts weiter als Selenit, kein Alaun war dabey zu bemerken.

Weil nun zu vermuthen war, daß der Rückstand reine Kieselerde sey, so vermischte ich ihn mit 4 Theilen milden reinen Weinsteinsalzes in einem Glasmörser, und ließ es zwischen Kohlen in einem eisernen Instrumente fliessen. Die Erde lösete sich auf, und nachdem alles erkaltet war, so lösete ich es mit warmen destillirten Wasser auf, filtrirte und verdünnte es mit vielem Wasser.

Diese verdünnte Kieselfeuchtigkeit ward nun mit abgezogener schwachen Vitriolsäure gesättigt und übersättiget, wobey alles helle blieb, und sich nichts ausschied. Nun ließ ich es sich selbst überlassen ausdunsten, und erhielt von auflösbaren Salzen nichts weiter als Alkali vegetabile vitriolatum, und auch hier war von Alaun nichts zu spühren. In diesem mit Wasser ausgewaschenen Salze blieben kleine durchsichtige Quarzkristallen zurück: eine Erfahrung, welche von dem Herrn Assessor Klaproth zuerst gemacht worden, und welche zugleich be-

beweiset, daß unter solchen Umständen die Auflösbarkeit und Kristallisazion der Kieselerde möglich ist.

Einige bey diesem Kristall bemerkte Eigenschaften bringen ihn zwar dem Topas nahe, da aber seine Kristallfigur wie die Bestandtheile sich unterscheiden und zum Theil fehlen; so ist er nicht dafür zu halten, sondern er ist vielmehr zu den gefärbten Bergkristallen oder unechten Topasen zu rechnen, dergleichen auch in England bey Bristol, in Frankreich, in Böhmen, in Schlesien, und in mehrern Ländern gefunden werden. Noch will ich dieses hinzufügen: die Gegenwart der wenigen Kalkerde in demselben beweiset nicht, daß solche beständig, durchaus und an allen Orten darin befindlich seyn müsse; da, nach den Erfahrungen mehrerer Mineralogen, man dieselbe in dergleichen Steinen bald antrift, bald aber auch vermisset.

XXV.

XXV.

Ueber einige besonders gebildete Quarzdrusen.

von

Dr. Carl Wilhelm Rose,

in Elberfeld.

12te Tafel.

Die ungewöhnliche Bildung einer Quarzdruse, die ich vor einigen Jahren unter einer Sammlung von meist Harzer Mineralien erstand, bewog mich, nähere Nachrichten darüber und über ähnliche Stuffen einzuziehen. In Büchern, so weit meine Lectüre reicht, fand ich darüber keine Belehrung; desto mehr aber verdanke ich der ausnehmenden Gefälligkeit zweyer vortreflicher Männer, des Herrn Hofraths Sömmering in Mainz, und des Herrn Prof. Blumenbach in Göttingen. Jener überließ mir ein ähnliches Stück aus seiner Sammlung zu genauerer Untersuchung: dieser übersandte mir die deutlichste Zeichnung einer Stuffe aus dem dortigen Musäum, die ich allein hier mittheile, (Fig. 1.) da sie die meinigen entbehrlich macht, und begleitete sie mit treffenden Bemerkungen über die Beschaffenheit und etwanige Entstehungsart einer solchen Configguration. Auf einer

einer jüngst unternommenen Reise nach dem Harz und den umliegenden Gegenden hatte ich Gelegenheit, bey Hrn. Leibarzt Brückmann in Braunschweig verschiedene hieher gehörige Stücke zu sehen, und durch die gütige Verwendung eines andern Freundes auf dem Harze, noch einige zu bekommen. Es sey mir daher erlaubt, das, was ich bey diesen, wie es scheint, seltnen Crystallisations-Formen bis itzt bemerkt habe, niederzuschreiben; mehr in der Absicht, einige Mineralogen zur Vervollständigung dieser Beobachtungen zu bewegen, als etwas Neues oder bisher Uebersehenes vortragen zu wollen.

Das Eigene aller dieser Drusen besteht darinn, daß die Flächen der Quarzcrystallen nicht wie gewöhnlich ganz, sondern nur an den erhabenen Kanten eben und glatt, in den Mitten hingegen rauch und vertieft sind. Man bemerkt dies sowohl an der Pyramide als an der Säule, wenn diese sichtbar ist, welches indeßen bey den Exemplaren, die ich sahe, nur einem kleinen Theile nach und selten vorkömmt. Diese Vertiefungen, die gegen die Endspitze der Pyramiden meist abnehmen, auch wohl verschwinden, und da wo sie am stärksten sind, etwa das drittel höchstens die Hälfte einer Pariser Linie gegen die höhern Kanten ausmachen, bestehen in rauhen, also zwar unebenen aber doch nicht merklich concaven Flächen, die oft gegen die eine Seite der sie begränzenden Kanten mehr als gegen die andern geneigt, mithin etwas schief, manchmal auch abgesetzt sind. Sie bilden sich vorzüglich aus spitzen dreyseitigen, mehr hohen als breiten, glatten Blättern von verschiedener Größe und Dicke (daher das Rauhe) deren Spitzen gewöhnlich gegen die End-

Endspitze der Hauptpyramide zu gerichtet sind. Bey dieser Strucktur, die sich, daß ich dies beyläufig anführe, auch oft an den Quarzpyramiden von gewöhnlicher Bildung bemerken läßt, nur daß in diesem Falle die Blätchen viel zarter und dünner sind, und der ganzen Facette eine Art von undulirten Ansehen geben; bey einer solchen Strucktur, sage ich, die man jedoch bey diesen Stuffen weder allemal, noch in großen Parthien von der Regelmäßigkeit antrifft — sehr oft ist vielmehr die Figur schlechterdings unbestimmter — und weil diese kleinen Pyramiden mit ihren Spitzen nicht selten auch nach den Kanten abschießen, sind mannichfaltig geformte Lücken, Zwischenräume oder kleine Vertiefungen unvermeidlich, von denen denn nicht nur das Unebene des Ganzen zum Theil mit, sondern auch der verminderte Glanz der vertieften Fläche überhaupt abhängt.

Blättchen nannte ich diese Körperchen deswegen, weil sie oft sehr dünn, und wegen ihrer mannichfaltigen Coalition und Zusammenfügung mit mehrern, von irregulärer Figur sind. Genau genommen sind sie indeßen nichts anders, als mehr oder weniger hervorragende Abschnitte von sehr kleinen Quarzpyramiden oder Säulen, deren größter Theil in dem Hauptcrystalle verwachsen ist, mithin das Nemliche, was Hr. Prof. Storr in Crells chem. Annalen 1785. Bd. 2. S. 420. bey den Quarzdrusen, die man erschreckt nennt, bemerkt hat. Dies beweisen an meinen Exemplaren die stumpfe Winkel, die diese Pyramiden mit ihren Seitenflächen machen, und noch viel deutlicher die Beschaffenheit der Göttingischen Druse, von welcher sich ein Crystall so ausnimmt, als die zweyte Figur zeigt.

Schon hieraus erhellt, daß sich die Entstehungsart dieser Vertiefungen, wie auch Hr. Prof. **Blumenbach** richtig bemerkt, nicht aus einem **Einsinken**, **Zerfreßen seyn** oder dergleichen erklären laße, und daß der Eisenrost oder ocherartige Ueberzug, womit einige dieser Drusen, wie ich nachher bemerken werde, überzogen sind, hier um so weniger etwas beweise, da er oft fehlt und man ihn auch auf andern Crystallisationen häufig genug antrifft, ohne daß sie dadurch gelitten haben. Aber es giebt der Gründe gegen diese Meynung noch mehrere. Außerdem neinlich, daß bey den Drusen dieser Art überhaupt es sich oft fügt, daß die glatten, erhabenen Kanten des einen Crystalls mit der vertieften Mitte eines andern zusammentreffen, innig mit ihr vereinigt sind, ohne von ihrer Glätte an den Berührungspunkten im mindesten etwas zu verlieren; und man nicht einsehen kann, warum die supponirte freßende Substanz in einer so nahen Nachbarschaft unwirksam geblieben seyn solte; befindet sich an einer Stelle einer meiner Drusen ein Crystall, indeßen einer Facette ein anderer so verwachsen ist, daß er mit ihr eine Fläche ausmacht, und man nicht die mindeste Erhabenheit oder einen Absatz an der Stelle wahrnehmen kann, wo ein zweyter Crystall in den ersten gleichsam eingeschoben ist. Dennoch hat jede Facette, wie die zu diesem Behuf gezeichnete **dritte Figur** ausweist, ihre eigene, ziemlich regelmäßige Vertiefung. Warum sollte die zernagende Kraft gerade da zu wirken aufgehört haben, wo der Umriß des eingeschobenen

Cry-

Crystalls, in deßen Mitte sie doch auch wieder gewirkt haben müßte, anfängt?

Ferner bemerke ich an einigen nach vertikaler Richtung zerbrochenen Pyramiden eins meiner Exemplare, daß das splitterige, blättrige, auch wenn man will poröse Gewebe der Vertiefungen auf der Oberfläche sich tief bis in das Innere oder den Kern erstrecke, indeß der Bruch der Kante ebenfalls so glatt und dicht bleibt, als er auf der Oberfläche war.

Die Quarzdrusen, die von den bisher beschriebenen gerade das Gegentheil darstellen, zeigen den Ungrund der obigen Meynung abermals. Was die vertieften Crystallen im Defeckt sind, daß sind diese im Exceß. Bey ihnen sind nemlich die Kanten der Pyramiden-Flächen niedriger und die Mitten, oft beträchtlich, erhaben. Von ihnen gilt eben das, was von jenen. Vorzüglich kann ich bey meinen Exemplaren davon das bestätigt sehen, was ich zuvor von der Strucktur der Vertiefungen sagte. Denn, weil einige Pyramiden davon die Höhe von 1 bis 3 Zoll haben, so kann man an ihnen die kleinern dreyseitigen Facetten die die Erhöhung ausmachen, überaus deutlich wahrnehmen.

Bemerkenswerth zu dieser Absicht ist auch, daß sich an einer und der nemlichen Druse meiner Sammlung Crystallen von dreyerley Art finden: einige mit vertieften, andere mit erhobenen Mitten, und noch andere, wo die kleinen dreyseitigen Facetten gegen die Endspitze der Mutterpyramide zu höher als die Kanten von dieser, an der Basis hingegen niedriger sind. Der obere Theil der Quarzpyramide ist daher mit erhobenen, der untere mit vertiften Mitten.

Endlich bestätigt auch die Beschaffenheit der glatten Kanten, von denen ich ohnehin noch etwas sagen muß, das Nemliche. Ueberhaupt genommen unterscheiden sie sich von denen bey andern Drusen nicht. Sie haben den nemlichen Glanz, sind zuweilen stufenweise über einander geschichtet, auch zeigen sie manchesmal dieselben Querstreifen, die auf den Quarzsäulen vorkommen, wovon Hr. Prof. Storr a. a. O. redet, und auf einigen Crystallen so dicht an einander gereiht und mit einander parallellaufend bemerkt werden, daß man in Versuchung kömmt, sich die ganze Pyramide aus lauter über einander geschichteten Dreyecken zusammengesetzt zu denken, obwohl anderweitige Beobachtungen an Quarzdrusen dies nicht zu verstatten scheinen. — Die Breite der an der nemlichen Facette oft ungleichen Kanten ist theils der Größe der Pyramide, theils der Ursache nach verschieden, die die Vertiefung oder Erhöhung bewirkte. Manchesmal fehlen sie an einer Seite ganz, indeß sie an der entgegen stehenden sehr beträchtlich sind. Ihr innerer Umriß, oder diejenige Seite, womit sie an die Vertiefung gränzen, ist nie ganz scharf bestimmt, sondern mehr oder weniger, doch ohne Ordnung gezackt und von der geraden Linie abweichend. Die Zacken sind oft spitz, oft nicht: allemal aber ist die Seitenfläche der Kante, d. h. die welche die Dicke der Kante bis zur Vertiefung ausmacht, glatt und wie polirt. An Zerfreßung denkt man also auch hier nicht.

Die fünf Drusen, von welchen diese Beschreibung genommen ist, sind sämmlich von milchweißer Farbe (die Sommeringsche ausgenommen, die sich mehr ins Aschgraue zieht) nicht ganz durchsichtig und alle vom Harz. Die im Göttingischen Musäum stammt noch aus der Büttnerschen Sammlung, und ist nach der Angabe des vorigen Besitzers vor nun wohl fast hundert Jahren zu Lautenthal gebrochen. Meine drey Exemplare sind von der Juliane Sophie bey Zellerfeld, Schulenberger Revier. Die eine ist mit der dort häufig vorkommenden gelbbraunen crystallinischen Pechblende und etwas Bleyglanz auf der untern Seite durchzogen; die andere hat sich um weißen und durchsichtigen Rhomben-Kalkspath angesetzt; die dritte ist mit einigen unvollkommenen Bleyglanzwürfeln besetzt, die dem ersten Anblicke nach auf der Oberfläche zernagt und ausgehölt scheinen, ohngefähr wie die vom Isaak bey Freyberg in Sachsen, genauer betrachtet aber wahre kleine, unordentlich zusammengehäufte Crystallen sind, an deren einigen die vierseitige Pyramide deutlich zu erkennen steht, auf und um welche sich Quarzcrystallen mit Vertiefungen angelegt haben. Die kleine Druse Hrn. Hofr. Sommering ist wahrscheinlich auch aus der Grube. Ein ihr sehr ähnliches Stück von daher, die Vertiefungen abgerechnet, ist wie sie auf einer Seite mit kleinen unregelmäßigen Quarzcrystallen, mit graugelblich weißen und braunen sogenannten sattelförmigen Eisenspath, der sich zuweilen in die stark vertieften Mitten, in deren Inners er sogar hier und da hineingeht, gelegt hat, und mit wenigem gelben Kupferkies besetzt. Etwas eingesprengten

ten Bleiglanz führt sie auch. — Indeßen giebt es von andern Orten des Harzes, z. B. vom Burgstädter Zuge bey Clausthal ähnliche Stücke ebenfalls.

An der Göttingischen, der Form und Größe nach, nähret sich ein eizelner an zwey Seiten etwas beschädigter eisenschüßiger Bergcrystall, der sich wie die folgenden, in der Sammlung unsers vortreflichen Mitglieds, Hrn. Leibarzt Brückmann in Braunschweig befindet. Die vertiefte Mitte ist mit Eisenocher bedeckt. Man fand davon im Schachte Birnbaum, am Glasebacher Stollen, an der Strasberger Gränze, zwey Stunden über Harzgerode, Schauenburgl. Gebiets, eine ganze Druse.

Ein anders Stück, vom Glücksstern im Anhalt-Bernburgischen besteht aus gelbbräunlichen, oder mit Eisenocher überzogenen ziemlich großen Crystallen, die man dort Topasen mit eingefaßten Ecken nennt. Sie haben oft starke Vertiefungen.

Ein amethystfertiger Quarzcrystall über 4 Zoll hoch und 3 Zoll breit aus dem Altaischen Schneegebirge, hat auf zwey Seiten der Pyramide der Länge nach tiefe, etwa einer Linie breite Furchen, die ungleich sind und schräg etwas tief eingehen. Eine bildet da wo sie sich von der Kante erhebt, eine breite Erhabenheit, mit stumpfen rundlichen Rande, derjenigen ähnlich, die man auf den Flächen einiger Kalkspathdrusen zuweilen wahrnimmt.

Ein einzelner Quarzcrystall, vom Cap-Diamant in Canada, ist inwendig von zerstörter, blätterichter Fügung mit Einschnitten und Höhlungen auf der Ober-

 fläche.

fläche. Ohngefähr in der Mitte liegt ein kleinerer Crystall, von dem man sagen möchte, er habe sich herausgezwungen und die Pyramide zerbrochen. — Doch ich fühle wie schwer es sey, Stuffen die man nicht oft genug gesehen hat, gehörig zu beschreiben. Lieber noch einige Bemerkungen über die Harzischen Quarze.

Die ausnehmende Deutlichkeit und die vervielfachte Zahl, womit sie ihren Charackter darstellen, scheint sie der Beschreibung werth zu machen. Die Abbildung der Göttingischen Druse zeigt beydes. Zwey der meinigen haben ohngefähr achtzig Pyramiden, an deren jeder das Gepräge kennbar ist. Schwächere, einzelne Spuren von erhabenen oder aufgesetzten und von vertieften Mitten sieht man an den Quarzdrusen öfters.

An den meisten, wenn ich nicht sagen darf, an allen Crystallen der Drusen mit beyderley Arten von Mitten, die ich vor mir habe, läßt sich, wenn es der Grad ihrer Durchsichtigkeit erlaubt, ein Kern erkennen, um den sie sich gebildet haben. In einigen kleinern auf dem Bleyglanze befindlichen Crystallen des einen Stücks läßt er sich vorzüglich gut ausgedrückt als eine regelmäßige, scharf zugespitzte durchsichtige Pyramide bemerken in andern erscheint er nur als eine milchigte, zuweilen nicht genug ausgebildete, oben abgerundete Materie. Bey der Sömmeringschen Druse findet etwas Aehnliches statt. Es ist bekannt, daß der Quarz von der überhaupt an manchen, andern Crystallisations-Anomalien reichen Grube Juliane Sophie oft mehrfach aufgesetzt, und in Zickzack oder eines abgestumpften, im im Durchschnitt gesehenen Kegels, ähnlicher Form vorkömmt.

Alle drey Stücke endlich haben Kennzeichen einer mit ihnen vorgegangenen gewaltsamen Erschütterung. Quer durch das Faustgroße Stück der einen Druse, und noch zweymal in verschiedenen Richtungen an den Seiten, geht ein Riß, etwa einen halben Zoll tief. Das Nemliche sieht man an der einen Seite des andern, und an zwey Crystallen des dritten, die nahe an ihrer Basis rundum wie abgelöst sind. Dennoch sitzen sie fest auf. In die Spalte der einen Seite haben sich kleine Quarzspitzen und Trümmerchen eingesetzt. Allen diesen Ablösungen sieht man es an, daß sie bereits im Schooße der Erde entstanden, und in so fern nicht zufällig sind. —

Aus begreiflichen Ursachen unternehme ich von allen diesen Phänomenen keine Erklärung, ob wohl man so für sich manches dabey denkt.

XXVI.

Einige Nachrichten

von der

Chrysopras Gräberei

auf den

Bergen zu Kosemütz und Gläsendorf: *)

Von dem Kosemützer Berge.

Dieser Berg auf welchem bisher am meisten auf Chrysopras geschürft worden, gehört zum Dominio von Kosemütz. Er liegt von Breslau aus, eine Meile hinter Nimptsch, und da die gewöhnliche Fuhr- und Poststraße von

*) Anmerkung der Herausgeber. Gegenwärtige Nachrichten, die ersten die wir von der Gewinnung und den Lagerstäten des Chrysopras erhalten können, geben wir so wie wir sie empfangen haben. Aus Mangel der Lokalkenntniß und der hierbei angeführten verschiedenen Stein- und Erdarten haben wir es nicht wagen können darinn etwas abzuändern: wir hoffen aber demohnerachtet, daß diese Nachrichten den Mineralogen willkommen seyn werden, bis einmal eine vollständigere Beschreibung davon erscheint.

von Breslau nach Frankenstein, Glaz, Landek rc: über den Mittelrücken desselben geht, so erreicht man denselben gleich hinter dem Wirthshause oder Kretscham von Kosemüz, als den sogenannten **Windmühlberg.** Seine Richtung ist der Länge nach meist von Mitternacht nach Mittag und die Höhe beträgt ohngefähr 20 Lachter: die Fläche, von welcher ich die Höhe zu messen angefangen, ist die Höhe des Wassers, welches gegen Abend, am Fuß des Berges, aus dem sogenannten Sieben-Brunnen hervorquillt, und in einem etwa 15 Schritt langen Kanal nach einen kleinen Forellen-Teich fließt. Genannter Brunnen ist der niedrigste von 7 Stollen, welche daselbst vor nicht vielen Jahren noch alle sichtbar gewesen seyn sollen, und von welchen auch noch vor 6 Jahr drei sichtbar gewesen, nunmehr aber bis auf diesen benannten Siebenbrunnen alle verschüttet sind. Es scheint dieser Stollen, welche ohngefähr 1 Lachter hoch und 2½ Schuh breit ist, zu Benehmung des Wassers hauptsächlich getrieben worden zu seyn. Er ist in einem vesten Hornstein mit Amiantschnüren, in weitern Fortgang aber in andern Steinarten, fortgetrieben worden, und ob ich gleich vor Ort gewesen bin, so kann ich doch dessen Länge nicht bestimmen, weil wegen des Wassers schwer darin fortzukommen, und die Absäze an den Seiten des Stollens eingefallen waren.

Nach der Magnet Nadel war selbiger im weitern Fortgang nicht nach der anfänglichen Richtung von Abend nach Morgen fortgetrieben, sondern wendete sich linker Hand mehr nach Mitternacht und theilte sich alsdann rechter Hand durch einen andern Stollen, der aber viel früher aufhörte. Hier und da ragte sowohl die weisse und grüne zwischen den Steinen in den Klüften sich befindende Steinmark ähnliche Masse, theils auch einige schlechte Chrisopras Steinart hervor, allein es war alles dichter wie auf der Sohle der tiefsten Grube.

Die andern beyden erwehnten Stollen sind ebenfalls in dieser Höhe und in dem nemlichen Gestein, allein ich bin solche nicht ausgegangen: vor etlichen Jahren habe solche zwar etwas beräumen laßen, sie sind aber seit der Zeit durch die von den großen Wassergüssen heruntergewälzten Berge wieder verschüttet worden. Wenn man von diesen 3 Stollen auf die Beschaffenheit der übrigen schließen will, so muß dieses ein sehr kostbares Unternehmen gewesen seyn, dessen Absicht nicht zu errathen, und worin vermuthlich auf edle Metalle gesucht worden. Man siehet aber keine Ueberbleibsel von dem Abraum oder Halden, welche doch durch Führung dieser Stollen veranlaßt und derentwegen der Berg in Gestalt eines halben Mondes seigergrade in einer Höhe von etlichen Lachtern abgetragen worden ist. Uebrigens ist der obere Theil des Berges, worauf bisher geschürft worden, ganz unfruchtbar; auf den Seiten links und rechts aber sind die schönsten fruchtbarsten Ackerstücke:

Von den Gläsendorfer Bergen.

Der Rosemützer Berg scheint den Anfang des Tradas Zugs, von einem Gebirge zu machen, was sich von da bis drey Meilen weit nemlich bis ½ Meile von Glatz

Glatz erstreckt, und in welchen nach der Erd- und Steinart zu schließen, überall Chrysopras gefunden werden kann: nur kommen mit unter Berge vor, wo nichts wie fortgehender Serpentin mit dem darin gewöhnlichen Steinmark und Asbest sich zeiget. Vorzüglich aber ist auf denen der Gemeine zu Gläsendorf gehörigen, eine halbe Meile von Kosemütz gegen Mittag gelegenen Bergen schon seit vielen Jahren theils auf besondern königl. Befehl geschürft, theils daselbst seit noch mehrern Jahren von habsüchtigen Leuten geraubt, theils bey dem Ausraden der darauf stehenden Fichten manches gute Stück gleich unter der Damm-Erde gefunden worden. Ueberhaupt schreiben sich die eigentlich schönen Grünspan-grünen durchsichtigen, harten und quarzartigen Chrysoprassteine meistentheils von diesen und nicht von den Kosemützer Bergen her, wo solche in verschiedener Art ausfallen: hier aber bleibt es blos bey der quarzartigen Steinart. Der größte Theil dieser Berge wo diese Steine gefunden werden, ist mit Kiefern bewachsen, und nur hier und da sieht man, und zwar meist nach der Abend-Seite zugeworfen Schürfe: daher man bey Aufsuchung der gedachten Steine ganz im Finstern tapt, zumal die Gattung des Bodens unter der obern faulen Nadel-Erde sehr verschieden ausfällt: es giebt daher auch hier dem Anschein nach weniger Hoffnung wie zu Kosemütz: man findet solche meist in ein oder etliche Schuh, tiefe als einzelne Stücke, und oft häufig in einm schweren mit allerhand weißen und braunen Steinen gemengten lettenartigen Boden, der viel gröber, wie der Kosemützer ist. Unter tausend

Stücken, welche Klumpenweise untereinander liegen, ist oft nicht ein brauchbares; alles ist durchwachsen, knorrig, klüftig, löcherich und weißfleckig, so, daß oft nicht ein klares Auge, wie zu einem Hemdeknopf, darinn zu finden ist: indessen, so lange man dergleichen findet, bleibt man doch immer in der Hoffnung, daß einmal ein gutes Stück mit unterlaufen wird, und man geht daher selten in die Tiefe, sondern es werden bloße Röschen geführt: öfters findet sich auch an allen Steinen eine schöne grünspanfarbige markähnliche Masse die sehr betrügerisch ist; kurz man arbeitet und wühlet immer im täuschenden Anschein der Wahrscheinlichkeit und Hoffnung eines guten Funds. Hr. Oberst von Regler der ebenfalls im Jahr 1786. vom Aprill bis Ende October, mit verschiedenen Mineurs in diesen Bergen, auf Allerhöchsten Königl. Befehl, täglich durch 12. 15. bis 20 Mann graben, und 600 Rthl. und mehr daran wagen laßen, ist ebenfalls nur anf der Oberfläche geblieben und hat so den größten Theil des Berges durchsuchen laßen, und auf diese Art schöne Steine, obwohl auch eine große Menge, zwar dem Anschein nach gute, aber innerlich unbrauchbare Steine gefunden. Verschiedentlich haben seine Leute durch einen Querschlag den Gängen von Chrysopras artigen Steinen nachzukommen gesucht, allein es hat so wenig diese Bergmännische Arbeit auf den Glasendorfer Bergen gefruchtet, als der gemachte Versuch zu Kosemütz, da man von der Sohle einer Grube von etwa 40 Fuß tief, wo allerhand Chrysopras Gemenge war, einen Schacht von etlichen Lachtern heruntersenkte, welche incl. der Zimmerung über 120 Rthl.

gekostet,

gekostet, und wodurch platterdings nichts ausgerichtet werden können. *) Endlich ist es auch auf diesen Bergen wie zu Kosemütz möglich, in einer Tiefe von 20 bis 22 Ellen oder in 7 bis 8 Lachter Tiefe guten Chrysopras zu finden, wie dieses dem Steinschleifer Friedrich geglückt, und mir eben auch:

Besonders merkwürdig schienen mir die in einem rothen Jaspis Steine, worinn die grünen Chrysopras Adern durchgingen, und oft zwischen dem Jaspis anhaltende Gänge bildeten, die zwar klar aber von lichter Farbe waren: es sind davon dergleichen große Stücke zu gewinnen, daß Tischblätter daraus gemacht werden können. Ausser dieser rothen oder auch lichtbraunen Jaspis-Art, welche auch oft an den Chrysopras Klumpen die Schale machten, oder damit durchwachsen sind, und einer Menge Bergflachs, habe ich nichts von andern in die Augen fallenden Steinen, als weisse unreine Platten gefunden. Eigentlich hat das Wasser, die Versuche in mehrerer Tiefe allemal gehindert; noch muß ich anmerken, daß in der Gegend vom Zotenberg bey Möllendorf einige Gegenden ebenfalls die Bergart vom Tage aus zeigen, wie die Kosemützer, ja ich habe sogar daselbst auch dieselben Opal Arten gefunden.

Allge-

*) Die Steinart welche meist hornsteinartig wurde, war in dieser Tiefe sehr schwer zu gewinnen; die Steinmarkähnlicher Adern veränderten sich alle in eine veste halb durchsichtige Art Cachelong und hier und da fand sich Kalkspath:)

Allgemeine Nachrichten von der Gräberei.

Die Nachrichten, die ich von Aufsuchung des Chrysopras erhalten können, gehen nicht weiter als bis auf die Jahre 1740 und 41. zurück ganz in der Stille. Es hat nemlich der jetzt auf eine sehr geringe Art zu Breslau noch lebende alte Herr von Goldbach, als damaliger Besitzer von Kosemütz, durch Verbot (dienstflichtige Unterthanen) fleißig darnach wühlen laßen, und vorzüglich ist dieses geschehen, wenn seine Frau in die Wochen kommen sollen, nach deren Niederkunft er sodann die gefundenen grünen Steine mit einem Gevatter Briefe nach Hofe geschickt. Es soll dieser Familien Vorfall nicht selten die Chrysopras Gräberei veranlaßt haben, so daß am Ende solcher Transport nicht mehr angenommen worden: fast möchte man glauben, daß die Steine nicht recht viel getaugt haben, ohnerachtet des Lärmens, der noch heut zu Tage von der vorzüglichen Güte dieser Steine gemacht wird. Es sind nemlich bloße Röschen gemacht, und am tiefsten 4 bis 6 Fuß solche gesucht worden. Dies geschiehet auch noch, und auf eben diese Art wird auf den Gläsendörfer und Schröpsdorfer Bergen, ein halbe Meile davon zu Werke gegangen: es wird eigentlich nur gewühlt, und ist nicht zu läugnen, daß unter diesen Steinen mannigmal gute Stücke vorkommen: wie ich denn selbst so glücklich gewesen bin, ein sehr schönes und zwar das beßte Stück in der ganzen Zeit von 4 Jahren, in welcher ich dabey die Aufsicht gehabt, gleich unter der Damm Erde im Letten $1\frac{2}{1}$ Schuh tief zu finden. Es liegen sowohl auf den Kosemützer

semützer als Gläsendorfer Bergen große Stücken einzeln und in unförmlichen Klumpen, zu Kosemütz aber mehr in ungleichen und gebogenen unebenen Platten, welche wohl mannigmal eine Elle lang und breit sind, und zwar sowohl in der gewöhnlichen Erdart unter der Damm Erde als auch in den obern lockern Serpentinstein-Lagen; derjenige Theil des Berges aber, wo bisher nach Chrysopras gegraben worden, welches zu Kosemütz meistens nur auf der Anhöhe geschehen, ist ganz durchwühlt, und nur selten trift man noch eine veste Stelle an. Es war aber diese Art die allerwohlfeilste, und ich bin der vesten Meynung, daß nur auf diese Weise Chrysopras mit Vortheil gesucht werden kann: indem die Gruben- und Schacht-Arbeiten sehr kostbar und dabey sehr ungewiß sind. Der alte Herr von Netz, der nachmalige Besitzer von Kosemütz hat darauf ebenfalls durch Hofgärtner diejenigen Stellen durchwühlen laßen, welche der von Goldbach unberührt gelaßen: dabey ist am Zufällen der Löcher und Ebenmachen des Bodens nicht gedacht worden, daher der Berg, wie gesagt, sehr wüste aussieht, und wo noch vester Berg ist, wird solcher erst unter den geworfenen Schurfen 1 oder 1½ Ellen tief gefunden.

Nach der Zeit des v. Goldbach und v. Netz hat der Goldschmidt Lösch und andere mehr Erlaubniß zum Schürfen gehabt, und man hat bis zu einer Tiefe von 40 Fuß abgesenkt, und guten Chrysopras heraus gefördert. Seine Majestät der König zahlten damals für eine Kiste ¾ Ellen ins Gevierte 40 Rthl.

und

und es kam auf die Menge grüner Steine an, wenn einer zu seinen Kosten gelangen, oder dabey noch gewinnen wolte: soviel habe ich erfahren, daß sowohl der Lösch als der Steinschneider Friedrich zu Friedeberg und ein gewisser Goldschmidt zu Gnadenfrey auf keine Weise dabey gewommen, sondern alle zugesetzt haben.

Dazu kommt noch, daß dies Unternehmen eine unabwendliche Aufmerksamkeit erfordert, und eine einzige gefehlte Minute, in welche etwa ein guter Stein von den Arbeitsleuten auf die Seite geschaft wird, ein unersetzlicher Verlust seyn kann; weil es würklich etwas seltenes ist, diesen Stein in der vollkommenen Güte und in der Art zu finden, worin er geschätzt wird:

Von den geführten Gruben zu Kosemütz.

Es ist schon angemerkt worden, daß man in der Tiefe einigemal eine Menge schöne Chrysopras-Steine und wenigstens soviel gefunden, daß die Kosten einer Grube von ohngefähr 40 Fuß tief, hinlänglich belohnt wurde, seit dem Jahr 1781. mehr in der Tiefe als nur obenhin, und zwar durch Absenkung eines ordentlichen Schachtes oder einer Grube nach dergleichen Steinen gesucht. Die Länge einer Grube war ohngefähr 2 Lachter ins Gevierte, mannigmal auch eine Elle mehr, kurz so, daß darinn ungehindert von 4 Mann gefördert werden konnte, zwei mit Spizhauen zum lösen der Steine oder Erde, und die beyden andern

mit

mit Schaufeln, den Abraum fortzuschaffen: wenn denn schon ohngefähr 6 bis 7 Schuh abgesenkt war, so daß nicht mehr über sich geworfen werden konnte, so ließ man an einer Seite der Grube, und zwar außerhalb derselben, wo es das schlechteste Geschick hatte, einen Theil zu einer Bank bis nach und nach wiedrum 6 bis 7 Fuß tief, absenken. Wenn daher die Grube schon 4 Absätze oder Bänke hatte, so waren schon 8 Arbeitsleute nöthig um die durch den Abraum entstehenden Halden, etwa 2 Ellen von dem Rande der Grube, wegzuschaffen, und da noch dichte vor den Halden ein Wassergraben gezogen werden mußte, so waren oben schon zwey Mann erforderlich daher ist leicht einzusehen, daß bey mehrerer Tiefe und wenn von beyden Seiten auf diese Art gefördert wurde, über 20 Mann erforderlich gewesen, besonders wenn die Halden sehr hoch wurden. Demohnerachtet sind die Kosten lange nicht so beträchtlich, wie durch Bergmännische Methode und Arbeiten: denn da diese Leute als Tagelöhner, wozu noch dazu starke, robuste beurlaubte Soldaten und in Steinbrüchen geübte Steinbrecher genommen wurden, für 16 Stunden des Tages 4 gr. erhielten ꝛc.: (worunter freilich 4 Feierstunden gehören. folglich nur 12 Stunden zu rechen sind:) so arbeitete ein solcher doch für diese 4 gr. in zwölf Stunden mehr, als 2 Bergleute in 2 Schichten pro. 12 gr.

Da man aus öfterer Erfahrung wahrgenommen, daß gute Steine meist in einer sehr fetten dunkel ockergelben Erde sich gefunden, sogleich nach geführter Rösche unter der Damm Erde sich gezeigt, so ist dieses

als

als ein Merkmahl angenommen worden, daß man da einschlagen könne; wo sich aber fortgehende Felsen oder gewöhnliche graue Lehmart gezeiget, von weitern Versuch abgelaßen worden. Allein es ist auf ersterm so wenig zu trauen, wie auf letzterm die Hoffnung aufzugeben. Es giebt wohl auch keine untrügliche Merkmahle denn da der Chrysopras, welcher hauptsächlich gesucht wird, nur nach dem Grad der Farbe, der Reinheit, der Durchsichtigkeit, und dann nach der Größe seinen Werth hat, so ist auch leicht einzusehen, daß dieser Zufall nicht von der Einsicht und Geschicklichkeit in dem modoprocedendi abhängt, und folglich der Kostenbetrag bey Gewinnung derselben allemal sehr ungleich ausfallen muß weil, wie gesagt, es nicht auf die Menge sondern Güte derselben hauptsächlich ankommt, und bey er größten Härte und schönste Farbe solche entweder zu satt sind, oder doch nicht auf einen Zoll im Quadrat gleiche Reinheit haben. Wenn man aber alle grüne Steine auf diesen Bergen Chrysopras nennen will, so geht solche Benennung durch viele Stein-Arten fort, und findet sich solcher in großer Menge. Dieses wäre wohl aber nicht Charactermäßig, indem die Opalarten dazu nicht, sondern blos der Hornstein, oder vorzüglich die Quarzarten dazu gerechnet werden können. Es sind diese Steinarten welche man durchgängig Chrysopras nennt, auch noch eben so unterschieden, in Ansehung der mehreren oder wenigern Farbe, als der Bestandtheile selbst; folglich auch in dem Grade der Härte. Ja dieser letztere Unterschied wird oft blos erst in dem Anschleifen sichtbar, da denn die den vestern Quarzstein durchsetzende de weiche Opalart, sie mag klar oder wolkig seyn, wenn sie auch die schönste grüne Farbe hat, beym Schleifen keinen Glanz annimmt, selbst wenn die größte Mühe dabey angewendet wird, die übrigen Theile aber die Politur annehmen: Es kann aber auch ein solcher grüner Stein, der ganz Opalartig ist, welches wohl leicht an dem zu glänzenden oder auch unschälartigen Bruch, zu sehen ist, doch auch noch einen Grad der Härte haben, welcher eine schöne Politur annimmt: es sind es aber diese Steine, die den sämtlichen Chrysopras in den Verdacht gebracht, daß er seine Farbe verändert, übrigens aber liegt der Chrysopras in mehrerer Tiefe selten ordentlich zu Gange, sondern er setzt durch die schichtweise unter einander liegenden Erd- und Stein-Maßen durch, welche sich theils flach ausbreiten, auch sich oft niederwärts senken, und so kommt er aus einer Lage in die andere, und steigt und fällt mit den unterschiedenen Arten des untereinander liegenden Gesteins, oder der kalkartigen auch oft nur gewöhnlichen Lettenart. Oefters vertrümmern sich die grünen starken Klüfte in den Stein- oder Erdlagen ganz und gar, und es giebt nur selten an den bröklichten milden grünen Kreuz- und Querklüften, welche alles durchziehen, kleine Ecken von Chrysopras Steinen. Noch muß ich anmerken, daß solcher auch oft in den zwischen den vesten Gestein befindlichen breiten Fäulen oder Erdklüften, Nester- oder Nierenweise zu finden ist, eine Chrysoprasart die meist zwischen den Opal und Chalzedon das Mittel hält:

Oft ist solcher auch nur ein Uebergang des Chalzedons, und finden sich davon gelbe, Chrysolit grüne und dunkelgrüne Stückchen oder Schaalen, so wie von denselbigen Farben ganz Opalartige:

Aus allen diesen ist wohl leicht zu ersehen, daß zu der Wahl des Orts, wo man einschlagen laßen will, gut Glück zustehen muß; man hat z. E. noch voriges Jahr an einem Ort, wo beständig und noch in einer Tiefe von 16 Fuß und weiterhin von 24 Fuß blos derbe graue gewöhnliche Lettenart, unbesorgt fortgefahren, und einen anhaltenden Gang von Chrysopras, Plattenweise, gerade nach Mittag zu, senkrecht fortgehend gefunden. Es waren vielmehr gute Steine hier befindlich, als wo dem Anschein nach sich alles gut anließ, wo alle Steinart sich grünlich zeigte, und es waren an den ersten Platten oft Handbreite große und gute Stücken Chrysopras, nur bestand seine Güte mehr in der Farbe, als in der Durchsichtigkeit, auch waren solche mit viel gelben auch dunkelgrünen, sehr hellen, aber weichen Adern durchzogen: noch habe ich auch in einem lockern gleich nach der Damm Erde vorgefundenen Dach von Serpentinsteinen in welchen mit unter onychartige braungelb und weis gestreifte Steine lagen, vor 3 Jahren sehr gute Chrysopras Steine und zwar von besonders dunkelgrüner Farbe gefunden, welche mehr Schmaragd als Grünspanartig waren: darauf kam die sonst erwünschte rothe helle Erdart welche den Magnet sehr anzieht, mit einer erstaunlichen Menge Chrysopras Platten und irregulären Klumpen, die aber alle, so schön sie aussahen wenn sie frisch

frisch aus dem Berge kamen, bey näherer Untersuchung und ferner Behandlung nichts taugten:

Allgemeine Beschreibung der Stein nnd Erd-Arten auf dem Kosemützer Berge:

Die Haupt Steinart auf diesem Berge ist Serpentin mit eingemengten Asbest, Amianth, Talk, oder auch Speckstein Art, Steinmark, Glimmer und so weiter: dieser Serpentinstein ist es auch, welcher auf den Kosemützer Berg zu Tage aussteht, und zwar zweierley Serpentinstein welcher in mehrerer Tiefe sehr bröcklich, mit vielen weißen ganz klebrichten Gängen und Klüften anhält, welche oft 2 Finger breit seiger graden Gang nehmen, oder es ist diese einem Steinmark ähnliche Masse von grüner Farbe. Oft verändert sich derselbe iu einer Tiefe von 26 und mehr Fuß in ein Gemische welches das Mittel von der Erd- und Steinart hält, und schwer zu unterscheiden, oder in sehr nassen und klebrichten Lagern von lauter kurzen unordentlich figurirten Steinen, oder variirt auf andere Art,

Was an Erdarten gleich nach der Damm Erde sich zeigt, oder auch hier und da zu Tage aussteht, ist eine dunkelbraune rothe, fast wie Bolus aussehende Erde, dann folgt manchesmal eine sehr bunte, grüngelb, roth und weiß gemischte Erde, mit fetten grünen Gängen wie Berggrün an Farbe auch öfters eine wie dunkel Ocker aussehende Erde: sehr oft, besonders in der Tiefe von 18 bis 20 Fuß, fand sich auch nach diesen fetten

Erdlagen der Serpentinstein wieder, oder ein anderes vestes knorriges Gestein, welches blos wie ein Steingewebe aussieht, und wovon die Stücken, wenn sie am Tage eine Weile der Luft ausgesetzt sind ausgelaugt beinahe wie Bimsstein aussehen: dies ist allemal sehr schwer zu gewinnen, weil das kleine Geäder oder Gewebe sehr vest, und die großen Knorrigen Klumpen davon oft die einzige veste Masse ausmachen, worauf die obere Wand der Grube stehet, und wenn solche, wie es geschiehet, sich just nicht weit von der abgesenkten Wand ausschneiden, so ist übel fortzukommen weil solche oft sehr tief ausreissen, und dadurch die Wand unsicher machen übrigens sieht dieses Gestein wie die bunte daran gränzende Erde das: Sehr oft folgte nach dieser oder statt dieser gleich der Serpentin, nur sehr kurz klüftig mit einer klebenden weissen oder ganz grünen Steinmark ähnlichen Masse, da man den oft 7 bis 8 Fuß in eine beschwerliche Arbeit geräth indem alles kurzklüftig, und bey jedem Hieb mit der Spizhaue nur kleine Stücke sich lösen und der Stein nie in großen Lagen vorkommt; nach diesem aber folgen öfters wieder ordentliche flache flözähnliche Lagen von Erde, welche sich in Asbestlagern, Bauch oder Muldenförmig ausschneiden, nnd ganz schmale bunte Saalbänder sowohl an der Dekke als Sohle haben, welche aber so blättrich und klebrich, daß man davon nichts ganz erhalten können, besonders da die Hauptgräberey allemal in der nassen Jahrszeit vorgenommen wurde, wodurch und weil der Berg weder einen Baum noch sonst eine trokkene schattige Stelle hatte, alles immer verdorben ward: sehr oft aber erfolget da, wo die

feinen

feinen senkrechten milden weißen Gänge sich anheben, und denn in Fortgang weisse oder grüne Platten formiren, eine Bank von einer granitartigen Sandlage, die oft über einen Schuh breit alles durchschneidet, mit einem sehr festen Knorrigen, bunten Saalband, und mit lauter fetten, durchziehenden bröcklichen grünspangrünen Adern durchwebt ist: man hat mich versichern wollen, daß dadurch alle Hoffnung auf guten Chrysopras zu kommen abgeschnitten sey: allein ich habe eben darauf verschiedene sehr dunkelgrüne, wiewohl nur an den bröklichen Kreuz und quer Klüften hier und da befindliche Ecken von guten Steinen gefunden, und in mehrerer Tiefe lichtgrünen seiger grade heruntersezzenden Chrysopras wovon ein Stück im Quadrat 3 Zoll ganz klar aber von blasser Farbe war: auf diese granitartige Sandlage bin ich manchmal in einer Tiefe von 15 Ellen zweimal gekommen, aber es kam nie solcher körniger glimmriger Sand in Menge, in der Tiefe von 3 bis 4 Ellen ohne Saalband vor.

Genauere Beschreibung einiger Gruben bey Rosemütz.

Die Grube, welche auf dem Berge und zwar gleich oben nahe an der Landstraße, am Abhang des Berges und nahe an dem Fußsteig zum Siebenbrunn herunter gemacht wurde, hatte schon 32 Fuß Tief, ehe sie verlaßen wurde. Es fanden sich zwar viele Spuren und kleine Adern von Chrysopras, allein da solche nur ganz milde und bröcklich waren, so wurde, besonders da oben beschriebener granit artiger Sand in mehr wie 3 Ellen Tiefe anhielt, und daran nichts wie einige weisse sehr klare Opalarten in dem auf der einen Seite fortgehenden Serpentinstein gefunden wurden, von weiterer Fortsetzung abgelaßen: ausserdem kamen sehr viele Schnüre von Amiant vor.

In der zweiten Grube, welche gegen Morgen, Mittag zu, in einer Tiefe von 26 Fuß, 40 Fuß breit von Morgen nach Abend, an der Ekke des Feldes gegen Dommüß zu geführt worden, fand sich auf der einen Seite, gegen Mittag und Morgen zu, nach der Damm Erde fortgehender Serpentinstein, wovon kein regelmäßiges Steigen und Fallen anzugeben: alles Gestein war von lauter kleinen und großen Adern der oft gedachten Steinmark ähnlichen Masse durchbrochen, wovon die stärksten zwey Zoll breit zwischen 70 und 80 Grad Gang nahmen; oben war diese Masse wie Käse, löchrig und weich, auch oft so leicht, daß solche, wenn sie trokken war, schwimmen konnte: es brauset solche mit Essig und färbt ihn schwarz. Im Fortgang zeigten sich diese Adern vester, und in der Tiefe von 60 Fuß wie Kalkspath: auch fand ich ein ziemliches dem gebrannten weißen Thone vom englischen Steinguth ähnliches Stück ohngefähr 8 Zoll lang, worin natürliches Berlinerblau befindlich war: im weitern Fortgang, zeigten sich diese Gänge grünlich oder röthlich, und da endlich in 24 Fuß Tiefe der Serpentinstein, welcher auch öfters so vest war daß er gesprengt werden konnte, in ganz kurz klüftigem Gestein aufhörte, so fand sich darauf ein Konglomerat von

von allerhand Steinen und Erdarten die ganz safrangelbe und grüne Ablösung mit schwarzen fetten dendritischen Zeichnungen hatten: alles war in einander sehr veste gemengt, und gedrängt; mitunter kamen kleine Nüßgen von Chalzedon und Chrysopras vor, welches aber bald nachließ, und da blos ein Serpentinstein Gefüge sich wieder zeigte, so wurde von weiterm Versuch abgelaßen: noch muß ich die andere Seite der Grube beschreiben, nehmlich vom Abend und ein Theil der Mitternacht: hier fand sich bis auf die Sohle von 26 Fuß Tiefe eine sehr strenge, röthlich gelbe, fette Walken ähnliche Erdart, welche am Tage wie geröstet Eisen anschießt, darinn fanden sich Nesterweise allerhand Arten von Steinen da denn auch die Erden bald gelb, bald roth, oder grün aussahen. In der Ecke zwischen Mitternacht und Morgen war ein seiger niedersetzender Gang in Schnüren oder Nüsselweise in dunkelrothen oder schwarzen schmierigen Lagen mitten durch eine feine bunt melirte Erdart: die grüne Farbe war vortreflich schön, und oft so dichte wie Türkis, so daß ich verschiedenes davon anschleiffen laßen. Da ausser diesem aber sich nichts beträchtliches gefunden, wurde die Grube, nachdem solche mit 20 Menschen 8 Wochen lang belegt gewesen, auch verlaßen, und erst das Jahr darauf weiter gegen Abend zu vergrößert, weil sich gegen diese Seite mehrere und bessere Spuren von Chrysopras zeigten. Bey der Gelegenheit wurde mit dem Abraum die vorige Grube verstürzt, und noch 20 Fuß gegen Abend zu abgesenkt, so daß die Grube, wie sie verlaßen wurde, 48 Fuß Tiefe hate, und fand ich bey dieser

ser Absenkung, daß der oberwehnte niedersetzende Gang von dunkelgrüner kalkartigen Masse immer fort anhielt: allein auch diese Arbeit wurde nicht nach Verhältniß der Kosten belohnt, sondern es blieb beym betrüglichen Anschein hier und da Nesterweise etwas Chrysopras wol mit unter gute Stückchen, aber nicht über einen Zoll, lauter Nüßchen oder Schnürenweise: selbst wie die Grube verlaßen wurde, war das braune veste Gestein und die Erdart auf der Sohle noch so beschaffen, wie in mehrerer Höhe; Uebergänge in Chalzedon und in die Opal und Spekstein-Art rc. lauter grünliche, bunte und dunkelgrüne kalkartige Adern; nur fanden sich die weissen und grünlichen Platten nicht mehr die sonst Klumpenweise und häufig in mehrerer Höhe lagen und sehr oft verschiedene merkwürdige Uebergänge von einer Steinart in die andere machten:

In der 3ten Grube dicht an der Windmühle gegen Mitternacht fand sich gleich nach der Damm Erde eine Menge von Glasartigen weichen Chrysopras, oder lieber grünen Opal der aber nicht einmal ohnerachtet seiner völligen Reinheit und glaßartigen Helle, zu schleifen möglich war sondern immer ein mattes und fettes Ansehen behielt. Uebrigens hatten die vorkommenden Steine und auch die Erdart keine Aehnlichkeit mit der vorigen: die Steinart bestand meist in lauter stehenden Gängen, aus grün und weiß melirten Opal Platten oder braunen Feuersteinen, woran Opalartige Schaalen aber voller Risse und Klüfte, Mokkos Arten mit brauner Onychartigen Einfassung und mit dunkelgrünen Letten, wa-

waren; es war blos ein Gefüge von runden Serpentinsteinen, und hier und da kleine weiße Platten, die sehr leicht waren: in Tiefe von 20 Fuß hielt der Serpentin, und auch eine fast steinartige graue Erde an, worinn eine rothe Opal Art, die nach 4 Fuß Tiefe immer mächtiger durchsetzte, wovon ich aber wenig behielt weil die Menge die ich mir gesammelt, mit den Halden wieder, aus Versehen beym Einstürzen der Grube, hereingeschmissen wurden: auch fand sich mit unter sehr vieler Amiant, und ganze Klumpen sogenannten Bergflachs.

In der 4te. abgesenkten Grube ohngefehr 20 Schritt davon gegen Mitternacht fanden sich ebenfalls in einer dunkelgrauen schweren Lettenart nichts wie weisse liegende Platten, und Opalartige seiger grade gehende $\frac{1}{8}$ Zoll breite Gänge von dergleichen schmalen Platten wie in der 3te. Grube, daher noch 14 Fuß Tiefe abgelaßen wurde. In der 5te. Grube von der Mühle etwas mehr gegen Abend zu hielt eben auch die schwere graue Lette an, und da in 5 Ellen Tiefe sich keine Spuren von Chrysopras zeigten, so wurde eben auch nicht weiter fortgefahren: Indessen da feste grosse Platten von weissen lichtgrünlichen auch amethistfarbigen Quarz und Chalzedon vorkamen, so waren die grünlichen Platten das folgende Jahr die Veranlaßung, daß die Grube tiefer abgesunken wurde, indem auch sonst fast keine Stelle mehr übrig war und hier fand sich in einer Tiefe von 18 bis 20 Fuß ein fortgehender Chrysopras Gang in Platten, der donlegig sich senkte sonst aber seinen perpendiculairen Gang fast ganz nach Mittag zu nahm auch noch weiter forsetzte: weil aber keine Kosten mehr angewandt werden sollten, nicht bis zu Ende nachgetrieben worden:

Ich übergehe mehrere seit 4 Jahren geworfene Schürfe und gemachte Gruben auf Chrysopras theils weil es nur Wiederholungen geben würde, und will ich nur noch etwas von der vorjährigen letzten Grube erwehnen, die just auf der Höhe und Mitte des Berges in 2 Jahren bis auf die Tiefe von 36 Fuß und etwas drüber abgesenkt wurde, und ohngefehr 7 Ellen Breite und 8 Ellen Länge hatte: gleich von oben, nachdem die darauf befindlich geworfenen Schürfe abgeräumt worden, fand sich eine durchaus ausgebreitete dunkle fast rothe Erde, welche gegen Mitternacht einen Schuh tief und gegen Mittag und ein Theil Morgen eine Elle tief anhielt, darauf eine sehr feine bunt melirte schöne Erdart, worin breite Lagen von Berggrüner Farbe 5 bis 6 Zoll breit vorkamen, welche manchmal gelbe und schwarze Streifen, besonders aber vielen Glimmer hatten; theils auch eine dichte Erdart, wie ein graues Steingewebe voll röthlicher und grüner Adern: hier und da schien dieses in eine ordentliche Steinmasse überzugehen, und so vest zu werden, daß es fast nicht zu gewinnen war, und fast alle Stunden die Spitzhauen geschärft werden mußten; darinn fanden sich denn sehr schöne dunkelgrüne Adern, und hier und da kleine Ekken von fast Schmaragd grünen Steine, sie waren aber nur wie Erbsen, und die meisten nicht einmal so groß, endlich wurde fast alles grün, und besonders zeigte sich wieder schlechter, kurzklüftiger quarzartiger Chrysopras, darauf folgte aber wieder ein flacher Durchschnitt von beynahe ¼ Ellen breit mit körnigten glimrigen Sand voll kalkartigen grünen Adern mit einem bunten Saalband, darinn lauter knorrigte Nüssel mit einer groben Amiantart, welche von Morgen nach Abend über die ganze Grube sich verbreitete. Hierauf kam das gewöhnliche Knorrige braune Gestein was sich am Tage zwar noch mehr verhärtete, nach und nach aber die in dem Gewebe oder Geäder enthaltene grüne, rothe und gelbe Erde oder auch oft nur dunkel Okre gelbe Erde durch Luft und Regen verliehrt, und ganz leicht und gleichsam aus gesogen aussieht: bald aber kam wieder eine milde etwas gelbere Erdart, welche einige Ellen anhielt, worin fast lauter grade heruntergehende weiße milde Adern anhoben, die sich nach und nach in weiße oder grüne Stein-Platten veränderten, und sich nach und nach wieder auskeilten: Einige davon sahen sehr schön grün aus, und waren über Zoll breit, allein nach etlichen Tagen sahen diese Steine alle matter und wie zersplittert aus, darauf hielt wieder etliche Fuß der gewöhnliche Serpentinstein an, in lauter kurzen Stücken und nassen grünen Lagern wodurch wieder grüne Gänge von 1 Zoll stark niedersetzten; wie diese sich nach und nach verloren kamen wieder sehr milde gelbe Erdlagen, die manchmal nur 2½ bis 3 Zoll über einander lagen, worinn wieder die weißen und grünen Gänge, bis am Ende alles in der Tiefe von 36 bis 40 Fuß in dem vesten Serpentinstein wieder zusammen kam.

XXVII.

XXVII.

Auszug eines Briefes

des

Herrn Dr. Wallbaum, an den Herrn Dr. Bloch,

die

Dosenschildkröte betreffend *).

Es ist in Europa keine oder gar selten Gelegenheit ausländische Schildkröten mit allen ihren Gliedmassen zusehen. Man muß sich deswegen begnügen die Schaalen derselben allein genau zu betrachten, um den specifiken Charakter daher zu nehmen. Da ich in meiner Sammlung eine Schaale

*) Mein Freund begleitete diesen Brief mit der Schildkröte selbst, die er genau beschreibt. Er wirft die Frage auf, ob sie mit meiner Dosenschildkröte übereinkommè, oder ob sie eine Varietät sey? denn meine Beschreibung paste nicht genau darzu. Nach angestellter Vergleichung fand ich, daß sie die nehmliche Art sey, und daß die Abweichungen des Wallbaumschen Exemplars theis von einem Zufalle, theils von Alter herrühre. Ich bemerkte nehmlich, daß an der seinigen die obere Seite nicht gewölbt, sondern flach war, und daß an der untern Seite der große Deckel eine flache Vertiefung hatte. Ferner war die braune Farbe viel dunkler und mehr ausgebreiteter, besonders an der untern Seite, dieses ist aber ohnstreitig entweder die Wirkung des Alters oder des Aufenthalts in einer sumpfigten Gegend, beides hat man durchgängig bey allen Schaalthieren weg-

le gefunden habe, welche Ihrer Dosenschildkröte in den mehresten Theilen ähnlich ist; so will ich Ihre Entdekkung durch diese kurze Beschreibung bestätigen. Der ganze Harnisch ist im Umfange oval und scharfkantig, vorn eingekerbt; oberwärts hoch gewölb; um die Mitte des Rückens flach, und über dem Rückgrad mit einer unterbrochenen, etwas hervorstehenden Ribbe begabet; unterwärts fast flach, und allenthalben von zwo beweglichen Klappen zugeschlossen; *) übrigens 5 Pariser Zoll lang, 4 Zoll breit und 2 Zoll hoch. Er hat eine schwarzbraune Farbe, welche am Schilde mit kleinen strohgelben, ovalen und länglichen Flecken, und am Brustbeine mit weißgelben Wolken erleuchtet wird. Der Schild ist hoch gewölbt, in der Mitte flach gedrückt, und auf seiner Scheibe mit 13 aneinander stossenden, ungleichen, vieleckichten, und nach der Form des Umfangs feingestreiften Schuppen bekleidet, wovon 5 secheckichte, und mit einer linienförmigen, erhabenen Ribbe begabte Schuppen über den Rückgrad liegen. Der Rand um der Scheibe ist ziemlich breit, an beyden

weggenommen. Da übrigens einige Naturforscher Zweifel geäussert, und geglaubt haben, daß der besondere Bau der Unterschaale vielleicht von einem Zufall herrühren könne; so dient dieser Brief allerdings zur Bestätigung dessen, daß sie wirklich eine besondere Art sey, und hat die Gesellschaft aus diesem Grunde seine öffentliche Bekanntmachung für gut gefunden.

Dr. Bloch.

*) Testudo, clusilis scuto valde convexo, interrupte carinato Sterno planiusculo, integro & bivalvi.

den Seiten des Schildes steil aufgerichtet, und unten mit einer scharfen herausstehenden zahnlosen Kante versehen: über den Hinterfüssen hat er eine abschüßige Richtung, gleichwie auch über den Vorderfüssen und dem Halse, wo er ein wenig gezähnt, und gerade über den Kopf eingekerbet ist. Auf demselben liegen 23 ungleich viereckichte und winklicht gefurchte Schuppen. Das Brustbein ist eyförmig, und fast so groß als der Umfang des Schildes. Es hat keine Ausschnitte oder Lücken für die Füsse, dergleichen man an andern Schildkröten findet. Es bestehet aus zwo ungleichen, abgerundeten, und winklicht gefurchten Klappen, welche zwar durch das innere Blatt des Knochens an einander gewachsen, aber auswendig durch eine überzwerche, tiefe Furche so von einander abgetheilet sind, daß sie sich bewegen lassen. Die Vordere Klappe ist nur wenig flach, im Umfange halbkreißförmig, und steiget etwas gekrümmet auf. Die Hintere übertrift die Vordere in der Länge und breite, ist grössestentheils kreisförmig, aber bey dem Gelenke abgestutzt. Ihre Unterfläche ist bey dem Umfange ein wenig gewölbt, in der Mitte aber eingedrückt. Das Schloß oder die Verbindung des Brustbeins mit dem Schilde, welches man an beyden Enden des Gelenkes der Klappen findet, ist eine kurze knorpelichte oder sehnichte Fuge zwischen den niedrigen, stumpfwinklichten Fortsatze des Randes, der nach innen gewendet ist, und dem Brustbeine, welche bey der Bewegung der Klappen nachgiebet. Aus der Beschaffenheit der Fuge und geringen Dicke des Schildes urtheile ich, daß dieser Harnisch von einer Sumpf-

schild-

schildkröte sey. Ihre Heimath ist mir unbekannt *). Ich habe sie von dem edelmüthigen Kunstverwalter Herrn Spengler in Copenhagen erhalten, dem ich hier öffentlich meinen schuldigen Dank abstatte.

XXVIII.

Etwas über den Demantspat.

von Klaproth *).

Unter dem Namen Demantspat, (Spat adamantine) ist ohnlängst von einigen Schriftstellern einer neuen Steinart erwähnt, und deren äusseres Ansehen im Journ. de physique des Hrn. Rozier vom M. März 1787, vom Hrn. Abbé Hauy beschrieben worden. Gedachte Benennung hat ihren Grund sowohl in der ungemeinen, dem Demant nahekommenden Härte des Steins, als auch in dessen Anwendung, indem man in Indien und China sich des Pulvers davon zum Schleifen und Poliren der Edelsteine bedient. Herr Greville Par-

*) Im ersten Stück S. 15. dieses Bandes habe ich bereits angezeigt, daß diese Schaale einer Landschildkröte gehöre, die in Nordamerika zu Hause ist.

*) Obiger Aufsatz ist ein kurzer Auszug einer ausführlichen Abhandlung, welche der Verf. am 3 April 1788 in der Königl. Preuß. Akademie der Wissenschaften abgelesen hat.

Parlamentsglied, und Besitzer eines, der reichsten und vollständigsten Kabinets in London, der ihn zuerst für seine Sammlung erhielt, machte mehrere Naturforscher in England und Frankreich damit bekannt, und hat auch die Gefälligkeit gehabt, mir davon zu übersenden, in der Absicht, dessen chemische Zergliederung zu versuchen.

Es macht diese Steinart zwey Abänderungen. Von der erstern derselben, welche in China zu Hause ist, kommen die regelmäßigen Stücke in sechsseitiger Säulenform, ohne Endspitzen, vor, in der Grösse von einem halben, bis ganzen Zoll höher, und $\frac{3}{4}$ Zoll Breite. Die Farbe ist grau, mit mehrern Abstuffungen. In ganzen Stücken ist der Stein undurchsichtig, in dünnen Lamellen aber, und an den Kanten ist er durchscheinend. Er hat einen glänzenden Bruch, und ein spätiges Gefüge, wovon er auch schon äusserlich feinstreifig erscheinet. Die Seitenflächen sind mit einer zarten sehr fest ansitzenden Rinde von silberglänzenden Glimmerschüppgen, hie und da mit rothen Feldspat partikeln untermischt, überzogen; auch fand sich an einem Stück zarter, gelber Schwefelkies angeflogen.

Die Härte des Steins ist ausnehmend, daher er nicht nur, so leicht als Demant, in Glas schneidet, sondern auch Bergkristall und andere harte Steine ritzet.

Seine specifische Schwere fand ich 3710 — 1000. Ein zufälliges Merkmal dieses chinesischen Demantspates besteht darinn, daß magnetisches Eisen in kleinen kristallinischen Körnern in ihm eingesprengt ist, welche sich durch den Magnet sehr gut absondern lassen, wenn der Stein zuvor mäßig zerklopft worden.

Die

Die zweyte Abänderung, oder der Indianische Demantspat, welcher von den Einwohnern zu Bombay **Corundum** genennt wird, unterscheidet sich von jener chimischen durch eine weissere Farbe, und ein deutlicheres spätiges oder blättriges Gefüge, wie auch, daß das hier ebenfalls gegenwärtige magnetische Eisen, in noch kleinern Körnern, nicht eigentlich im Stein selbst eingesprengt ist, sondern nur an dessen äussern Seiten ansitzt.

Weit merkwürdiger aber ist dieser Stein in chimischer Rücksicht. Die Hartnäckigkeit, womit er der Zerlegung wiederstehet, ist ausserordentlich, und so viel ich glaube, ohne Beyspiel: daher ich durch die bey andern harten Steinen sonst anwendbare Verfahrungsart, wodurch die Kraft, vermittelst welcher die ungleichartigen Bestandtheile sich anziehen, überwunden wird, bey dieser Steinart nur wenig auszurichten vermogte.

Zur Untersuchung erwählte ich den Demantspat aus China, und unterwarf davon 300 Gran gehörig vorbereitet, der Zergliederung. Ich konnte aber damit nicht eher zu Stande kommen, als nach einer 12 mal wiederholten Schmelzung mit Alkali, welches ich, da es, im wilden Zustande, keines merklichen Angrifs fähig war, im kaustischen Zustande anwendete; und zwar in einem, zuletzt bis auf 15 Theile kaustisches Mineralalkali gegen einen Theil des Demantspates steigenden Verhältnisse; welche Mischungen jedesmal 5 Stunden lang in dem stärksten Feuersgrade erhalten wurden, den nur das silberne Schmelzgefäß auszustehen vermogte.

Nach jedesmaliger Schmelzung wurde die Masse mit kochenden destillirten Wasser aufgeweicht, filtrirt, und der geringe Antheil Erde, den das Alkali aufgelöset hatte, durch Säuere niedergeschlagen; worauf das rückständige unzerlegte Steinpulver wiederholentlich durch kochende Digestionen mit starken Säuren extrahirt wurde.

Durch diese wechselsweise mit ätzenden Mineralalkali und concentrirten Säuren angestellten, mühsamen Behandlungen gelangte ich endlich dahin, den Demantspat in seine Bestandtheile zu zerlegen, deren Natur ich nunmehr zu erforschen bemühet war.

Das Resultat dieser Untersuchung, welcher ich, mehr als 3 Monate lang, alle meine erübrigte Muße aufgeopfert habe, besteht darinn, daß der Demantspat, nachdem er von dem eingesprengten magnetischen Eisen befreyet worden, welches den fünften Theil des Gewichtes vom rohen Steine beträgt, aber nicht eigentlich zu seiner Mischung gehört, aus Alaunerde, und einer besondern, bis jetzt noch nicht bestimmten Erde, in dem Verhältniß als 2 gegen 1 verbunden, bestehet.

Diese letzte Erde ist nicht, wie ich der Regel nach erwarten durfte, Kieselerde. Denn, ob sie gleich mit letzterer die Unauflösbarkeit in Säuren gemein hat, so unterscheidet sie sich doch dadurch wesentlich, daß sie in schmelzenden Feuer beständigen Laugensalzen nicht, wie die Kieselerde auflöslich ist.

Ob sie aber eine, vielleicht noch nicht völlig zerlegte Mischung zweyer oder mehrerer der bekannten einfachen Erden sey, oder ob sie nicht vielmehr für eine neue, selbst ständige, einfache Erde angesehen werden könne, will ich so lange unentschieden lassen, bis erst weitere Erfahrungen mehr Licht über die Natur derselben verbreiten werden. Regi-

Register
der Nahmen und Sachen.

A.

B.

*

Blatt-

Chac

D.

E.

T.

V.

W.

Y.

Z.

Bemerkte

Bemerkte Druckfehler.

Seite 1 Zeile 15 für Alvi lies Alni.
— 9 — 1 für Doctor Marcus Elieser Blochis lies D. Markus Elieser Blochs.
— 23 — 9 — terminus lies die Kunstwörter.
— 26 — 9 — läufig lies geläufig.
— 28 — 13 — Zusammenseiterung lies Zusammensinterung.
— 39 — 15 — laborterie lies laporterie.
— 91 — 16 — lilac lies lila.
— 97 — 10 — tumelos lies tumulos
— 100 — 28 — Klangenfur lies Klagenfurt.
— 105 — 3 — haemiphaerico lies haemisphaerico.
— 109 — 25 — glancus lies glaucus.
— 113 — 13 — glancescens lies glaucescens.
— 118 — 24 — crastitudine lies crassitudine.
— 123 — 4 — einem lies einen
— 134 — 22 — sensichtsvollen lies einsichtsvollen.
— 137 — 1 — Bryon lies Bryum
— 138 — 27 — coecinum lies coccineum.
— 142 — 14 — Beja lies Brya
— 148 — 12 — selt am lies seltsam.
— 156 — 21 — der vielmehr lies oder vielmehr.
— 23 — 1 — Schwedischen lies Schlesischen.
— 81 — 3 — saffrangel b lies saffrangelb.
— 82 — 6 — abgenutzt lies abgestutzt.
— 151 — 8 — parpurascens lies purpurascens
— 165 — 22 — den lies denen.
— 192 — 4 — flatt lies flach.
— — — 16 — flatt lies flach.
— 168 — 1 — Sallatrix lies Saltatrix.
— 267 — 4 — eizelner lies einzelner.
— — — 18 — amethystfertiger lies amethystfarbiger.
— 271 — 20 — Anniantschnüren lies Amiantschnüren.
— 280 — 16 — schönste lies schönsten.

II.13 I^te. Tafel.

C. F. Hornstedt. del: A. Wohlgemuth f.

Fig. 8.

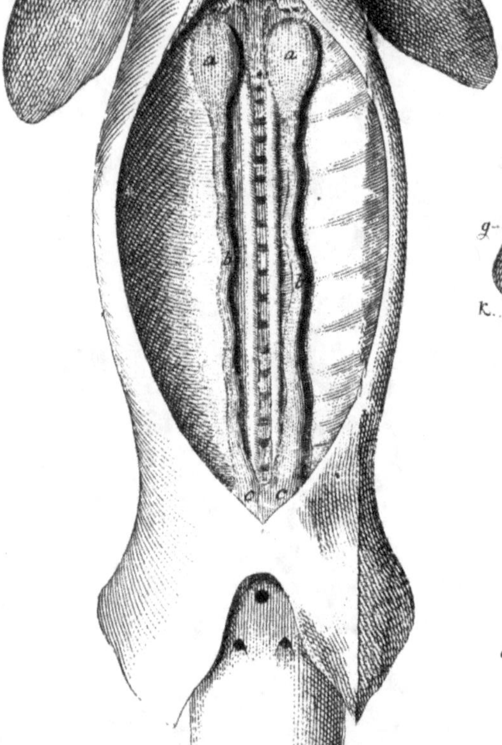

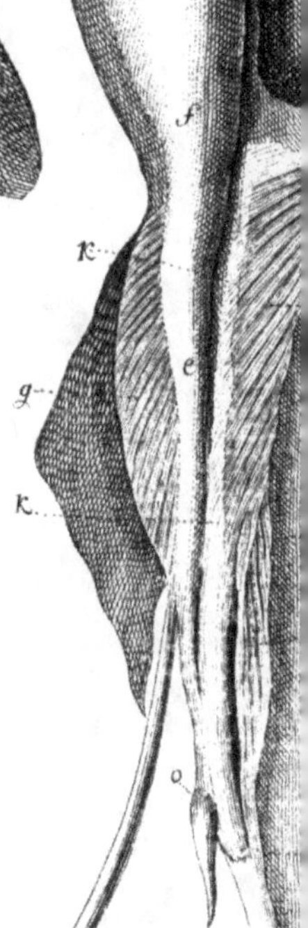

Fig. 3.

Picaas fc:

Taf. 2.

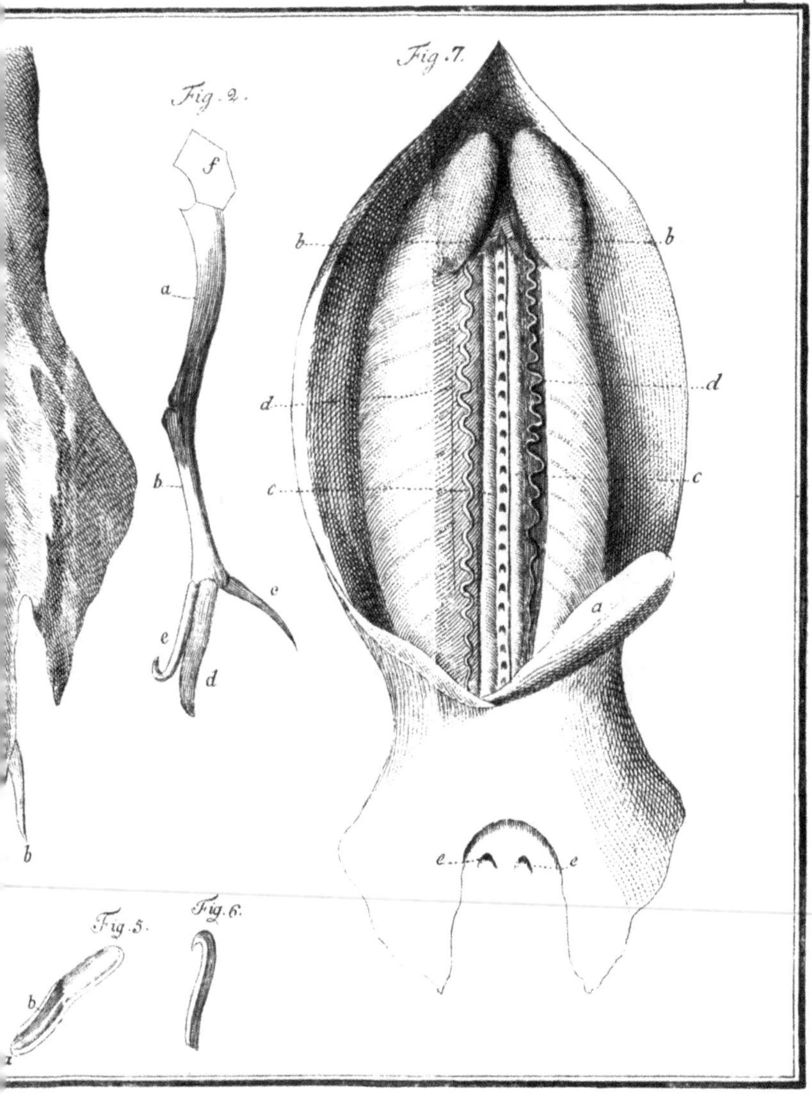

3te Tafel

Fig. 1.

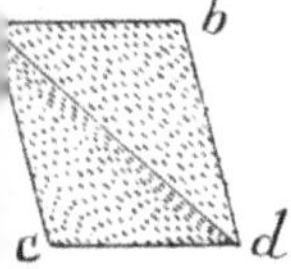

Fig. 2.

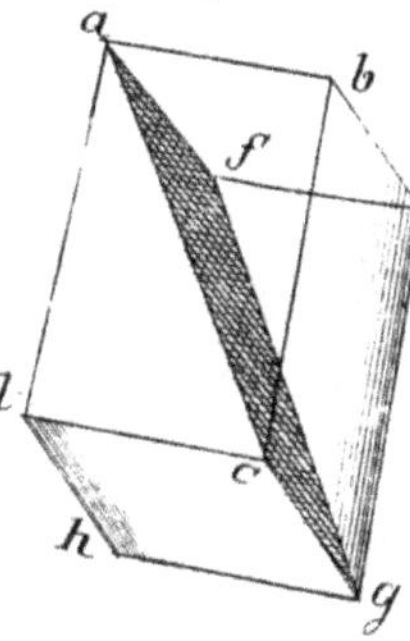

Fig. 5.

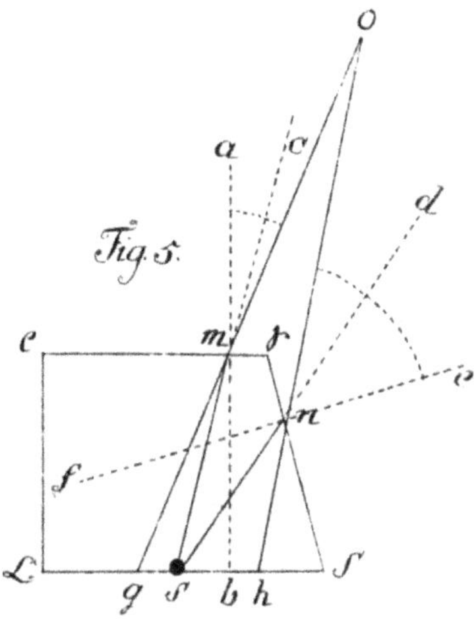

Fig. 3.

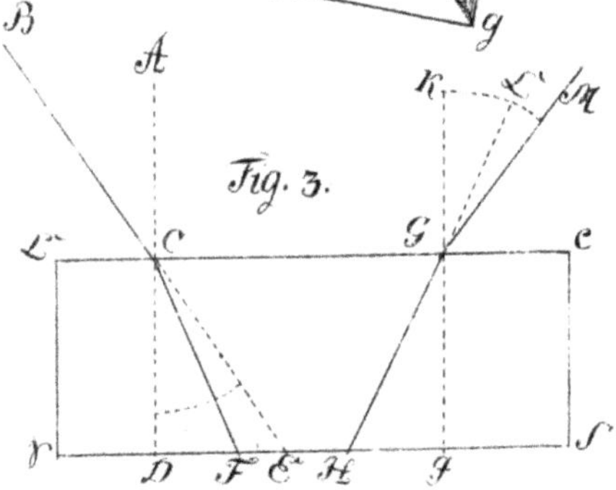

Fig. 4.

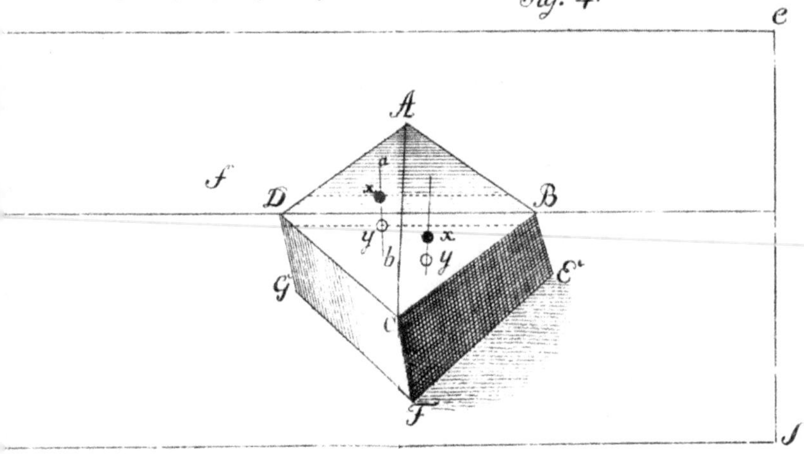

4.te Tafel.

g. 6.

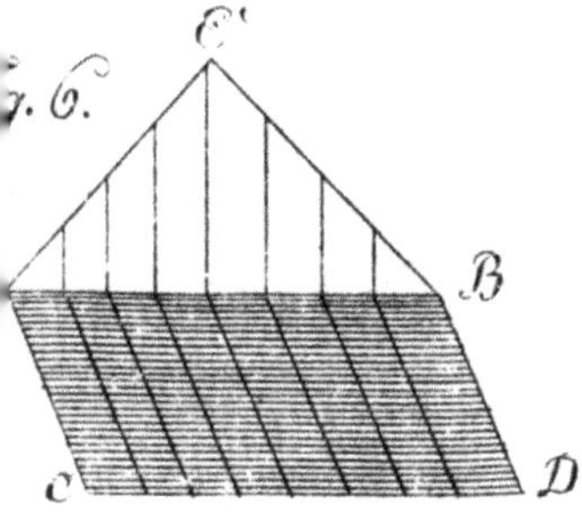

Fig. 7.

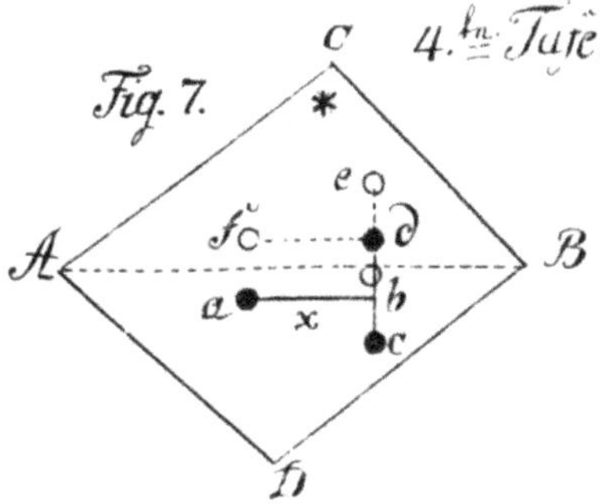

8.

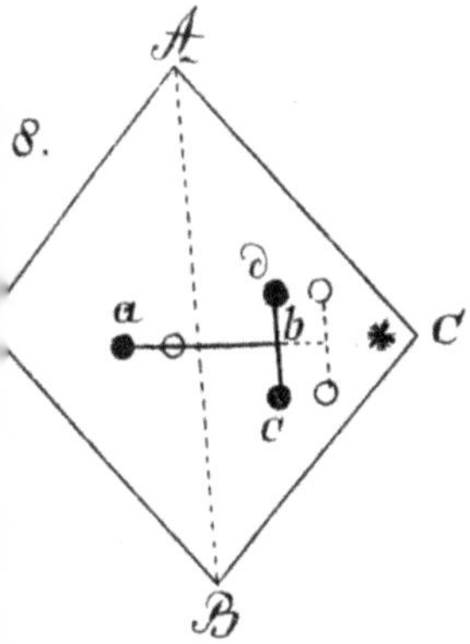

Fig. 9.

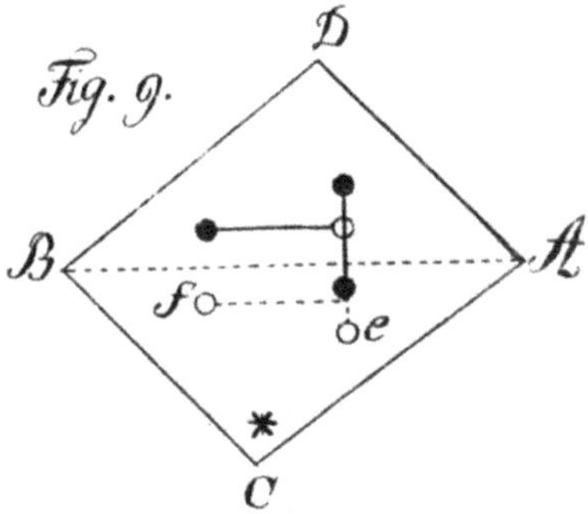

g. 10.

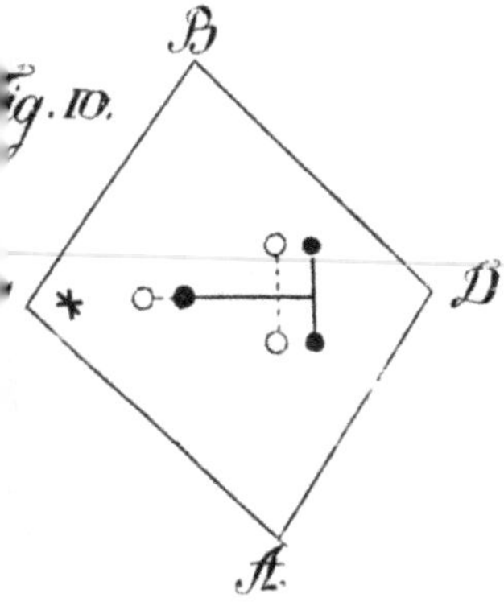

Fig. 11.

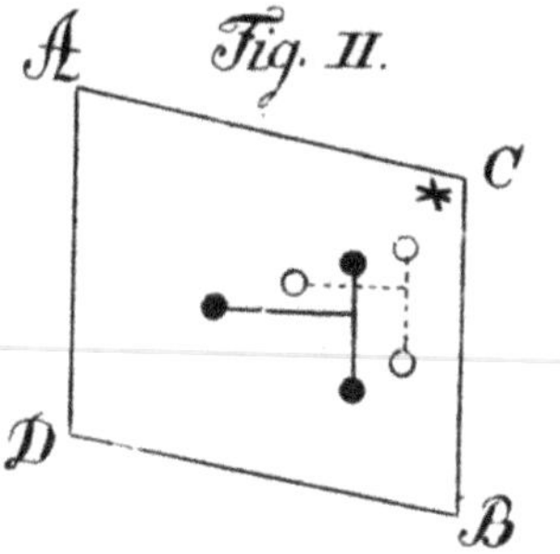

Taf.

Kalmia polifolia   v. Wangenh. pinx. & del.

Aesculus lutea

6.te Taf.

v. Wangenheim. del. & pinx.

No

3.

No. I.

4.te Tafel.
4.
3.
der Weg von Nimtsch nach Pangel.
Mitternacht.
Mittag

Johnnes Carl Nehrlich, pinxit. 1787.

S. ½ Tafel.

Dorf Zietzow
Dorf Schrampe
M
M
70
125
120
125
90
M
70
45
40
17
M
Postweg von Saltzwedel
Stadt, Kloster,
und Amt, Arendsee.
Postweg
W
O
S
10 30 50 70 90 100 200 300 400 Ruthen Rhl.

PLAN
von dem Faulen-See, bey Gentzien.
und dem Arendſeeschen See, bey
dem Städtchen Arendſee, in der
Altemarck. 1786.
Postweg nach Lentzen
Weg nach Harpe
der Faule-See
hält 594. Morg. 130 R.
Kiehn Camp
Sand Berge
alter Burgwall
Garten
Dorf Gentzien
Luch
Weg nach Seehausen

10.te Tafel.

Fig 2.

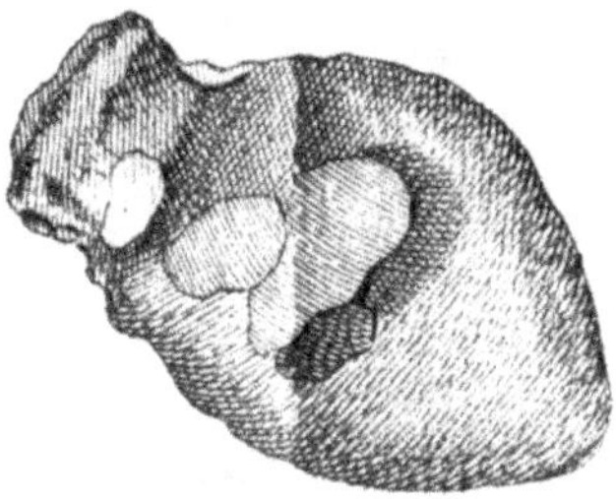

Fig. 1.

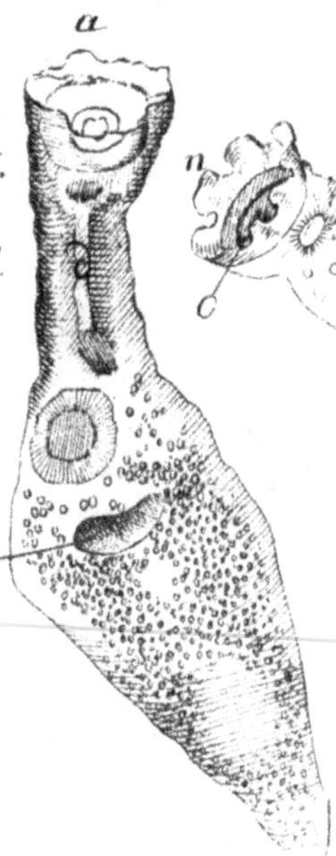

Fig. 3.

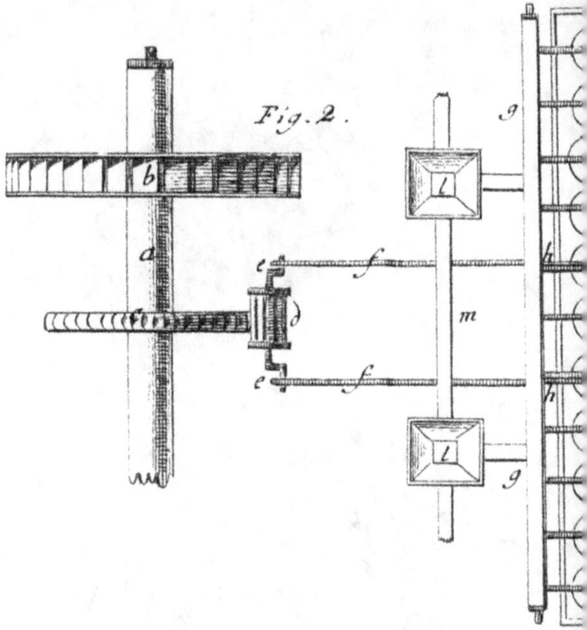

Fig. 2.

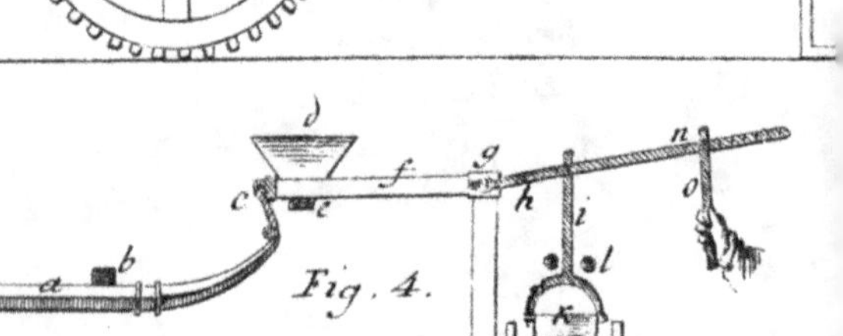

Fig. 3.

Fig. 4.

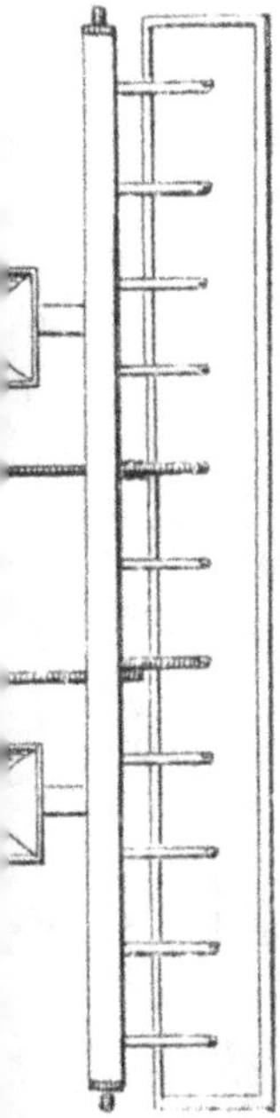

Fig. 1.

Fig. 6.

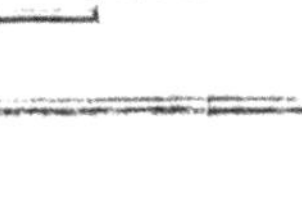

Fig 5.

Fig. 3.

12. te Tafel.

Fig. 2.